高职高专电气电子类系列教材

岗课赛证融通
特色教材

电工技术与实训

陈忠仁　柳建召　主　编
陈　越　梁奇峰　副主编
王　丽　主　审

化学工业出版社

·北京·

内容简介

本书为校企合作双元制教材，选取贴近生产实际的项目，按照任务驱动、教学做一体化要求编写。全书由6个项目、24个任务组成，每个任务都由任务引入、相关知识、任务实施、任务测评、知识拓展和习题等环节组成。所选项目包括：电工安全操作与触电急救，直流电路的安装与测试，单相交流电路的安装与测试，三相交流电路的安装与测试，变压器、互感器的安装与测试，动态电路的分析与观测。本书配套电子课件和教案，可登录化工教育网站（http://www.cipedu.com.cn）免费下载使用。

本书适合作为职业院校电气类、机电类、自动化类、电子信息类专业电工技术或电路基础课程的教材，也可作为特种作业电工操作证的培训教材。

图书在版编目（CIP）数据

电工技术与实训 / 陈忠仁，柳建召主编. -- 北京：化学工业出版社，2024.8. --（高职高专电气电子类系列教材）. -- ISBN 978-7-122-45927-5

Ⅰ. TM

中国国家版本馆 CIP 数据核字第 2024DV6507 号

责任编辑：杨　琪　葛瑞祎　　　　　　　文字编辑：宋　旋
责任校对：刘　一　　　　　　　　　　　装帧设计：刘丽华

出版发行：化学工业出版社
　　　　　（北京市东城区青年湖南街 13 号　邮政编码 100011）
印　　装：北京七彩京通数码快印有限公司
787mm×1092mm　1/16　印张 16½　字数 433 千字
2024 年 10 月北京第 1 版第 1 次印刷

购书咨询：010-64518888　　　　　　　　售后服务：010-64518899
网　　址：http://www.cip.com.cn
凡购买本书，如有缺损质量问题，本社销售中心负责调换。

定　价：49.00 元　　　　　　　　　　　　　版权所有　违者必究

前言

电工技术是职业院校电气类、机电类、自动化类、电子信息类等相关专业学生必修的一门专业基础课程。在传统的电工技术课程教学实践中，常常注重电工理论的讲解，动手实操较少，或者用简单的实验来替代，不利于电路理论的理解和掌握。本书力图将理论和实训有机结合起来，在理论讲解之后立即进行相关的实训，用理论指导实训，再通过实训反过来加深对电路理论的理解。

本书采用当前职业院校倡导的任务驱动教学理念与项目式教学法，遵循"教、学、做"一体化的编写思路。本书由六大项目组成，每个项目下有若干任务。在任务编排的顺序上，先以实际的工作情境将任务引入，接着介绍与任务相关的知识点，然后是任务的实施，最后是任务测评。任务实施主要训练学生的动手实践能力、理论的应用能力，因而是教学的重点。在每一个任务后面，还附有知识拓展，知识拓展的内容和各任务有一定的联系，内容简练，主要用于开拓学生的视野，激发学生的学习兴趣。

本书内容安排紧凑，语言简单明了、通俗易懂；对任务实施过程中的步骤介绍简洁，设计精心；在任务测评中，根据实训的实际情况设计了评分标准，教师可据此进行考核。每个任务后的习题可起到加深理解和画龙点睛的作用。

本书由中山职业技术学院陈忠仁、中山市三民金属处理公司柳建召任主编，广东理工职业学院陈越、中山火炬职业技术学院梁奇峰任副主编，中山职业技术学院何业军、陈果、邓桂扬等教师参与了本书部分项目和任务的编写工作。本书由中山职业技术学院王丽主审。

本书还可以作为特种作业电工操作证的培训教材。我们将为使用本书的教师提供电子教案和教学资源，需要者可以到化学工业出版社化工教育网站 http://www.cipedu.com.cn 免费下载使用。

由于时间仓促，加之编者的水平有限，书中难免存在不足之处，敬请读者批评指正。

编者
2024 年 1 月

目录

项目一 电工安全操作与触电急救 / 001

任务一 电工安全操作 001
  任务引入 001
  相关知识 002
    (一)电力系统 002
    (二)安全电压及用电安全措施 005
    (三)电工安全操作规程 006
    (四)电工安全用具操作基础知识 008
  任务实施 013
  任务测评 015
  知识拓展——电气火灾及其电气防爆知识 015
  习题 017

任务二 触电知识与触电急救 018
  任务引入 018
  相关知识 018
    (一)触电及影响人体触电危害程度的因素 018
    (二)触电原因及触电类型 020
    (三)触电急救 022
  任务实施 024
  任务测评 025
  知识拓展——防雷技术 026
  习题 028

项目二 直流电路的安装与测试 / 029

任务一 直流电源的输出与测试 029
  任务引入 029
  相关知识 030
    (一)双路直流稳压电源 030
    (二)万用表 031

（三）测量基本知识 ··· 033
　　（四）测量误差的表示方法及分类 ·· 033
　　（五）电工测量仪表概述 ··· 035
　任务实施 ··· 036
　任务测评 ··· 037
　知识拓展——磁电系仪表 ·· 038
　习题 ·· 040

任务二　电路元件的识读与测量 ·· 041
　任务引入 ··· 041
　相关知识 ··· 042
　　（一）电阻元件 R ·· 042
　　（二）电容元件 C ·· 043
　　（三）电感元件 L ·· 045
　　（四）电源 ··· 047
　任务实施 ··· 050
　任务测评 ··· 053
　知识拓展——温度变化对电阻的影响 ··· 054
　习题 ·· 054

任务三　简单直流电路的安装与测试 ···································· 055
　任务引入 ··· 055
　相关知识 ··· 056
　　（一）直流电基本知识 ··· 056
　　（二）电路基本变量及其测量 ··· 057
　　（三）电路的工作状态 ··· 062
　任务实施 ··· 064
　任务测评 ··· 065
　知识拓展——汽车电路 ··· 066
　习题 ·· 066

任务四　基尔霍夫定律的应用 ·· 067
　任务引入 ··· 068
　相关知识 ··· 068
　　（一）电阻元件的欧姆定律修正 ·· 068
　　（二）基尔霍夫定律 ··· 068
　　（三）基尔霍夫定律的应用 ·· 070
　任务实施 ··· 072
　任务测评 ··· 074
　知识拓展——测量结果的评定 ··· 074

习题 ·· 075

任务五　电阻串并联电路与电桥电路测试 ·· 077
任务引入 ·· 077
相关知识 ·· 078
（一）电阻的串联连接 ·· 078
（二）电阻的并联连接 ·· 079
（三）电阻的混联 ·· 080
（四）平衡电桥 ··· 080
（五）直流单臂电桥 ··· 081
（六）电阻的星形、三角形联结及其等效变换 ·· 083
任务实施 ·· 085
任务测评 ·· 087
知识拓展——电工仪表量程的扩大 ··· 087
习题 ·· 088

任务六　多电源电路的安装与测试 ·· 090
任务引入 ·· 091
相关知识 ·· 091
（一）线性电路 ··· 091
（二）节点电位法 ·· 091
（三）线性叠加定理 ··· 093
（四）线性电路的齐次性定理 ··· 095
任务实施 ·· 095
任务测评 ·· 096
知识拓展——非线性电路 ··· 097
习题 ·· 098

任务七　等效电源电路的安装与测试 ··· 098
任务引入 ·· 099
相关知识 ·· 099
（一）二端网络 ··· 099
（二）戴维宁定理 ·· 099
（三）诺顿定理 ··· 103
（四）最大功率传输定理 ··· 103
任务实施 ·· 105
任务测评 ·· 107
知识拓展——电能的无线传输方式 ··· 108
习题 ·· 108

项目三 单相交流电路的安装与测试 / 110

任务一　白炽灯照明电路的安装与测试 ·· 110
　　任务引入 ··· 110
　　相关知识 ··· 111
　　　　（一）正弦交流电的三要素 ·· 111
　　　　（二）电磁系仪表的工作原理 ·· 113
　　任务实施 ··· 114
　　任务测评 ··· 116
　　知识拓展——电光源照明的发光方法 ·· 117
　　习题 ··· 118

任务二　机床照明电路的安装与测试 ·· 118
　　任务引入 ··· 118
　　相关知识 ··· 119
　　　　（一）复数与相量 ·· 119
　　　　（二）纯电阻性单相交流电路 ·· 120
　　　　（三）数字示波器 ·· 122
　　任务实施 ··· 123
　　任务测评 ··· 127
　　知识拓展——数字仪表 ··· 127
　　习题 ··· 129

任务三　RLC 交流电路波形观测 ··· 129
　　任务引入 ··· 130
　　相关知识 ··· 130
　　　　（一）纯电感正弦交流电路分析 ·· 130
　　　　（二）纯电容正弦交流电路分析 ·· 132
　　　　（三）RLC 串联交流电路分析 ·· 134
　　　　（四）功率 ··· 135
　　任务实施 ··· 136
　　任务测评 ··· 137
　　知识拓展——漏电保护原理 ··· 138
　　习题 ··· 139

任务四　日光灯照明电路的安装与测试 ·· 139
　　任务引入 ··· 140
　　相关知识 ··· 140
　　　　（一）功率因数 ··· 140
　　　　（二）功率因数表的原理和接线方法 ···································· 141

（三）无功补偿及其移相电容器容量的计算 …………………………… 142
　任务实施 …………………………………………………………………… 143
　任务测评 …………………………………………………………………… 145
　知识拓展——电动系仪表的原理和结构 ………………………………… 146
　习题 ………………………………………………………………………… 147
任务五　谐振电路的安装与测试 ……………………………………………… 147
　任务引入 …………………………………………………………………… 148
　相关知识 …………………………………………………………………… 148
　　（一）串联谐振 …………………………………………………………… 148
　　（二）并联谐振 …………………………………………………………… 150
　任务实施 …………………………………………………………………… 152
　任务测评 …………………………………………………………………… 156
　知识拓展——谐振在电子整流器电路中的应用 ………………………… 156
　习题 ………………………………………………………………………… 157
任务六　家用配电板的设计安装与调试 ……………………………………… 158
　任务引入 …………………………………………………………………… 158
　相关知识 …………………………………………………………………… 158
　　（一）电能表概述 ………………………………………………………… 158
　　（二）单相电能表的结构及工作原理 …………………………………… 160
　　（三）单相电能表的使用 ………………………………………………… 162
　任务实施 …………………………………………………………………… 163
　任务测评 …………………………………………………………………… 170
　知识拓展——电能计量与自动抄表 ……………………………………… 170
　习题 ………………………………………………………………………… 171

项目四　三相交流电路的安装与测试 / 172

任务一　工厂用配电板的设计安装与调试 …………………………………… 172
　任务引入 …………………………………………………………………… 172
　相关知识 …………………………………………………………………… 173
　　（一）对称三相交流电的产生及表示方法 ……………………………… 173
　　（二）对称三相交流电的特点及相序 …………………………………… 174
　　（三）三相有功电能表 …………………………………………………… 174
　任务实施 …………………………………………………………………… 176
　任务测评 …………………………………………………………………… 178
　知识拓展——相序指示器 ………………………………………………… 179
　习题 ………………………………………………………………………… 179

任务二　星形联结的三相交流电路的安装与测试 ……………………………………… 180
　任务引入 ………………………………………………………………………………… 180
　相关知识 ………………………………………………………………………………… 180
　　（一）三相电源的星形（Y）联结 …………………………………………………… 180
　　（二）三相负载的星形（Y）联结 …………………………………………………… 181
　任务实施 ………………………………………………………………………………… 183
　任务测评 ………………………………………………………………………………… 185
　知识拓展——三相不对称电路 ………………………………………………………… 185
　习题 ……………………………………………………………………………………… 186

任务三　三角形联结的三相交流电路的安装与测试 …………………………………… 186
　任务引入 ………………………………………………………………………………… 187
　相关知识 ………………………………………………………………………………… 187
　　（一）三相电源的三角形（△）联结 ………………………………………………… 187
　　（二）三相负载的三角形（△）联结 ………………………………………………… 188
　　（三）实际负载接入三相电源的原则 ………………………………………………… 189
　任务实施 ………………………………………………………………………………… 190
　任务测评 ………………………………………………………………………………… 192
　知识拓展——PT 开口三角测量零序电压 …………………………………………… 192
　习题 ……………………………………………………………………………………… 193

任务四　三相交流电路的有功功率计算与测量 ………………………………………… 193
　任务引入 ………………………………………………………………………………… 194
　相关知识 ………………………………………………………………………………… 194
　　（一）三相电路的功率 ………………………………………………………………… 194
　　（二）电动系功率表 …………………………………………………………………… 195
　　（三）三相有功功率的测量 …………………………………………………………… 196
　任务实施 ………………………………………………………………………………… 198
　任务测评 ………………………………………………………………………………… 202
　知识拓展——三相无功电能表 ………………………………………………………… 202
　习题 ……………………………………………………………………………………… 203

项目五　变压器、互感器的安装与测试 / 204

任务一　变压器的安装与测试 …………………………………………………………… 204
　任务引入 ………………………………………………………………………………… 204
　相关知识 ………………………………………………………………………………… 205
　　（一）磁路 ……………………………………………………………………………… 205
　　（二）磁路的基本定律 ………………………………………………………………… 207

（三）铁磁材料的磁性能 ……………………………………………………………… 207
　　（四）变压器 ……………………………………………………………………………… 210
　任务实施 …………………………………………………………………………………… 212
　任务测评 …………………………………………………………………………………… 214
　知识拓展——变压器故障分析及解决方案 …………………………………………… 214
　习题 ………………………………………………………………………………………… 215

任务二　互感器在交流电路中的安装与测试 ……………………………………………… 216
　任务引入 …………………………………………………………………………………… 217
　相关知识 …………………………………………………………………………………… 217
　　（一）互感器概述 ……………………………………………………………………… 217
　　（二）电流互感器 ……………………………………………………………………… 218
　　（三）电压互感器 ……………………………………………………………………… 221
　任务实施 …………………………………………………………………………………… 223
　任务测评 …………………………………………………………………………………… 226
　知识拓展——钳形电流表 ……………………………………………………………… 226
　习题 ………………………………………………………………………………………… 228

任务三　电气设备的故障检测 ……………………………………………………………… 229
　任务引入 …………………………………………………………………………………… 229
　相关知识 …………………………………………………………………………………… 229
　　（一）绝缘和匝间短路 ………………………………………………………………… 229
　　（二）兆欧表的结构、工作原理和绝缘测试方法 …………………………………… 230
　　（三）直流双臂电桥 …………………………………………………………………… 232
　任务实施 …………………………………………………………………………………… 234
　任务测评 …………………………………………………………………………………… 236
　知识拓展——电气设备预防性试验 …………………………………………………… 236
　习题 ………………………………………………………………………………………… 237

项目六　动态电路的分析与观测 / 238

任务一　电容电路动态过程的观测 ………………………………………………………… 238
　任务引入 …………………………………………………………………………………… 238
　相关知识 …………………………………………………………………………………… 238
　　（一）电容电路换路产生的原因 ……………………………………………………… 238
　　（二）电容电路换路定律 ……………………………………………………………… 239
　　（三）电容电路初始值的确定 ………………………………………………………… 239
　　（四）RC电路 …………………………………………………………………………… 240
　任务实施 …………………………………………………………………………………… 242

任务测评	243
知识拓展——一阶电路的三要素法	243
习题	243

任务二　电感电路动态过程的观测 … 244

任务引入	244
相关知识	245
（一）电感电路换路产生的原因	245
（二）电感电路换路定律	245
（三）电感电路初始值的确定	245
（四）RL 电路	245
任务实施	247
任务测评	248
知识拓展——一阶电路的全响应	248
习题	249

部分习题参考答案 / 250

参考文献 / 252

项目一

电工安全操作与触电急救

任务一　电工安全操作

【技能目标】

1. 能正确使用电工安全用具对高压配电柜进行安全操作。
2. 能正确对低压配电柜进行安全操作。

【知识目标】

1. 了解电力系统的基本概念。
2. 掌握安全电压、安全电流知识。
3. 掌握电工安全操作规程。
4. 熟悉电气设备的安全操作知识。
5. 掌握各种安全用具的正确操作方法。

【素质目标】

1. 培养安全意识。
2. 培养相互配合、团结协作的精神。

任务引入

图 1-1 是某学校检查学生宿舍时发现的场景，看到此场景大家想到了什么呢？学校和用电学生各自存在什么问题呢？

① 学生缺乏安全用电意识，乱接线，违规使用电炉、电磁炉等，违反安全用电制度，用电不规范，可能存在严重的电气事故隐患。

② 学校对于学生的用电管理比较混乱，对电气作业人员安全操作规程的落实缺乏定期检查，电工作业不够规范。

③ 个别电工作业人员素质不高。

假设你是学校的一名电工，检查学生宿舍时发现以上安全隐患，那么你将如何去做呢？

图 1-1　某学校检查学生宿舍时发现的场景

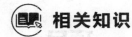 相关知识

（一）电力系统

1. 电力系统概念

电是看不见、摸不着的东西。电能是一种优越的能源，在各行业都有着极其广泛的应用，如国防科技、航空航天、交通、自动化、工矿企事业、农业生产、居民日常生活等领域都离不开电。

由于电能不能大量地储存，因此，电能的生产、传输、分配及使用必须在同一时间内完成。所谓电力系统，指的就是由各种电压等级的电力线路将发电厂、变电所及其用户联系起来，构成的一个整体。如图 1-2 所示，电力系统主要由发电、输电、配电和用户四个环节组成。

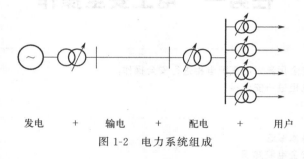

图 1-2　电力系统组成

动力系统是电力系统和动力部分的总和。其中，动力部分包括火电厂的锅炉、汽轮机、热力网和用热设备，水电厂的水库、水轮机，核电厂的核反应堆等。

在整个动力系统中，除发电厂的锅炉、汽轮机等动力设备以外的所有电气设备都属于电力系统的范畴，主要有发电机、变压器、架空线路、电缆线路、配电装置以及各类用电设备等。

2. 电能的产生及优越性

（1）电能的产生　电能是由煤炭、石油、水力、核能、太阳能、风能和潮汐能等一次能源经过各种发电装置转换获得的二次能源，各种发电装置示意图如图 1-3 所示。

（2）电能的优越性　电能有着极其广泛的应用，主要源于它本身所具有的便于转换、输送和分配三大优越性。

① 便于转换。电能可以从水坝势能、热能、核能、风能、潮汐能及光能等转换而来，同样也可以将电能转换成所需的其他形式的能量。如电动机将电能转换为机械能，电炉将电能转化为热能，喇叭将电能转换为声能，电灯将电能转化为光能等。同样，电能之间也可以相互转换，如利用整流器可以将交流电能转换为直流电能，借助逆变器可以将直流电能转换为交流电能等。

② 便于输送和分配。火力发电系统输配电示意图如图 1-4 所示。

a. 电能的输送。我国发电厂发出的电通常属于对称的三相正弦交流电，即具有有效值相等、频率一致、相位分别相差 120°的特点。对应频率为 50Hz，简称"工频电"。

发电厂一般都建在远离城市的能源产地或水陆运输比较方便的地方，目的是减少对城市的环境污染，也为了安全和节省发电成本。若要实现电能消费、客户使用发电厂发出的电能之目的，必须经过输电线的远距离输送。

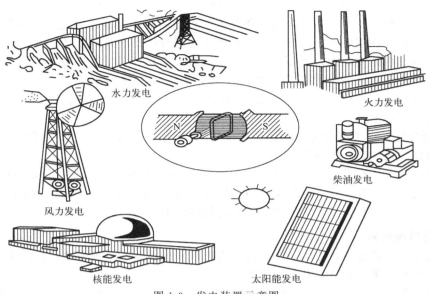

图 1-3 发电装置示意图

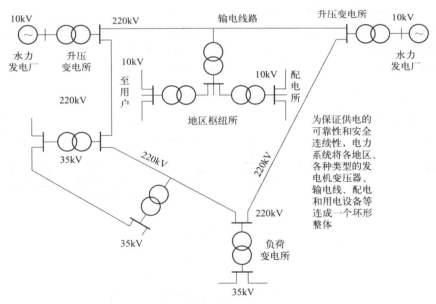

图 1-4 火力发电系统输配电示意图

实际生产中,对电网电能的输送采用的是"高压输电、低压配电"的输配电原则。当输送的电功率一定时,输电线的电压越高,则通过输电线路的电流就越小,带来的好处就是可以减小输电线路导线的截面积,节省线材,还能降低施工难度,而且可以减少输电线路上的能量损耗。因此,世界各国均采用高压输电方式。

我国高压输电的电压等级有 10kV、35kV、110kV、220kV、330kV、500kV、800kV、1000kV 等。

电能在远距离输送的过程中,需要适时进行电压变换。电力变电所的主要作用就是完成电压的变换,有升压变电所和降压变电所两种。升压变电所通常与大型的发电厂结合在一起,将电厂发出的电压继续升高,达到所要求的电压值后,由高压输电网将电能送到远方。降压变电所一般设在用电中心,作用是将高电压通过降压变压器降低至适当的数值,再向该地区用户供电。根据供电的范围不同,降压变电所又分有一次变电所和二次变电所。一次变电所是从 110kV 以上的输电线接收电能,将电压降到 35~110kV 后,供给一个大的用电区域。二次变电所大多数从 35~110kV 的输电网接收电能,将电压降到 6~10kV 以后,再向较小的用电范围供电。

b. 电能分配。电力电能的分配就是"配电",配电变电站到用户终端的线路称配电线路,配电线路的电压称配电电压。

电力系统的电压高低有不同的划分,但通常以 1kV 为界限来划分。额定电压为 1kV 及以下的系统为低压系统,额定电压为 1kV 以上的系统为高压系统。常用的高压配电线路的额定电压有 3kV、6kV 和 10kV 三种,常用的低压配电线路额定电压是 220V/380V。

3. 低压供配电系统

三相交流电力系统中,作为供电电源的发电机和变压器有电源中性点直接接地、中性点不接地或中性点经阻抗接地等几种运行方式。

我国 220V/380V 的低压配电系统,广泛采用中性点直接接地的运行方式,而且在中性点引出中性线 N、保护线 PE 或保护中性线 PEN。其中,引出中性线的系统有 TN 系统和 TT 系统;没有引中性线或经电阻接地的系统称 IT 系统,也称三相三线制系统。

(1) TN 系统 指低压供配电系统中,所有设备的金属可导电部分均接至公共保护线(PE 线)或公共保护中性线(PEN 线),也称"三相四线制系统"或"三相五线制系统"。TN 系统又细分有 TN-C、TN-S 和 TN-C-S 系统,具体区别如图 1-5 所示。

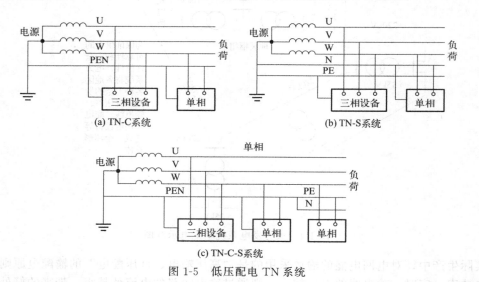

图 1-5 低压配电 TN 系统

设备的这种金属外壳接到公共 PE 线或 PEN 线的方法也称为"接零"。

(2) TT 系统 指三相低压供配电系统中,所有设备的金属外壳和电源中性点均直接接地,如图 1-6 所示。设备的这种外壳直接接地的方法,也称为"接地"。

(3) IT 系统 指三相三线制系统中,所有设备的外露导电部分也都必须用导线单独接地。但电源中性点不接地或经过约 1kΩ 的阻抗接地,且通常不引中性线,如图 1-7 所示。

电力系统中的"接零"和"接地"措施，对系统设备和人身安全具有极其重要的保护作用。

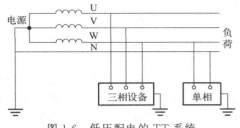

图1-6　低压配电的TT系统

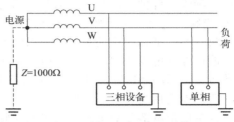

图1-7　低压配电的IT系统

（二）安全电压及用电安全措施

1. 安全电压标准

（1）安全电压　指的是在人体不带任何防护设备的条件下，接触到带电体时，对人体各部分组织均不会造成伤害的电压值。安全电压值的大小由人体的允许电流和人体电阻的乘积决定。安全电压值是否安全，与人体的现时身体状况、触电时间长短、工作环境、人与带电体的接触面积和接触力度等都有关系。

（2）人体允许电流　人体允许电流是指触电时触电者能自行摆脱电源、解除触电危害的最大电流。换句话说，就是人体遭受电击后，可能延续的时间内不至于危及生命的电流。

通常情况下，人体允许电流因性别而异。根据资料可知，男性为9mA，女性为6mA。在装有防止触电的快速保护装置的场合，人体允许电流可按30mA考虑；在容易发生严重二次事故的场合，如再次触电、摔伤、摔死、溺死等，应按5mA考虑。通过人体的电流与触电电压和人体电阻有关。

（3）人体电阻　人体电阻包括体内电阻、皮肤电阻。体内电阻约500Ω，基本不受外界影响。皮肤电阻占人体电阻的绝大部分，且随外界条件的不同可在很大范围内变化。据测量和估计，一般情况下人体电阻值在2kΩ～20MΩ范围内。影响人体电阻数值的因素很多，如皮肤厚薄、皮肤潮湿、损伤、多汗、带有导电粉尘、对带电体接触面积大小、接触电压大小、电源频率的大小等等。

（4）安全电压标准值　根据人体允许电流30mA和人体电阻1700Ω的条件设定，我国电工委员会规定：工频安全电压的上限值为50V。即无论任何情况下，两导体或任何一种导体与地之间的工频电压有效值均不得超过50V。国际电工委员会还规定了直流安全电压的上限值为120V。

我国规定的工频安全电压额定值有42V、36V、24V、12V和6V等，为了不超过人体的安全电流值，还规定工频有效值36V、24V、12V三个电压为人身安全电压等级。凡手提照明灯、危险环境和特别危险场所的携带式电动工具，如无特殊安全结构和安全措施的，应采用42V或36V的安全电压；金属容器内、隧道内、矿井内等工作场所狭窄、行动不便的地点以及周围有大面积接地导体的环境下，应采用24V或12V的安全电压。水下作业等特殊场所应采用6V安全电压。当电气设备采用24V以上的安全电压时，必须采取防止直接接触避免电击的保护措施。

2. 预防触电发生的安全措施

预防触电事故的发生，保证电气设施和电气工作者的安全主要从以下几方面考虑。

(1) 电气安全组织管理措施　在变电所（发电厂）的电气设备或电力线路上工作时，应严格执行国家行业标准《电力安全操作规程》，要切实做好各项保证电气安全的组织管理措施，即工作票制度，工作许可制度，工作监护制度，工作间断、转移和终结制度。

(2) 绝缘、屏护和间距是最为常见的安全技术措施

① 绝缘。它可防止人体触及绝缘物而把带电体封闭起来。瓷、玻璃、云母、橡胶、木材、塑料、布、纸和矿物油等都是常用的绝缘材料。应当注意：很多绝缘材料受潮后会丧失绝缘性能或在强电场作用下会遭到破坏，从而丧失绝缘性能。

② 屏护。即采用遮栏、护罩、护盖箱闸等把带电体同外界隔绝开来。电器开关的可动部分一般不能使用绝缘，而需要屏护。高压设备不论是否有绝缘，均应采取屏护。配电线路和电气设备的带电部分如果不方便包绝缘胶或单靠绝缘胶不足以保证场所的安全时，也需要采用屏护。

③ 间距。就是保证必要的安全距离。间距措施除用来防止触及或过分接近带电体外，还能起到防止火灾、防止混线、方便操作的作用。在低压工作中，最小检修距离不应小于 0.1m。对于高压电气设备，无论是否有绝缘，均应采取屏护或其他防止接近的隔离措施。

> 间距的大小取决于电压的高低、设备的类型及安装的方式等因素。

(3) 电工停电作业措施　停电作业指在电气设备或线路不带电的情况下进行的电气工作。为保证人身安全，电工操作者都必须在执行停电、验电，装挂接地线，悬挂标示牌和装设遮栏 4 项安全技术措施后，方可进行停电作业。

(4) 采用安全电压　在用电场所，时刻注意工作电压的使用范围。保证符合安全电压标准，可以预防触电事故的发生。

(5) 采取接地和接零保护措施　接地和接零是三相交流电力系统中用来防止发生触电的极其有效的电气安全保护措施。

(6) 安装漏电保护装置　漏电保护装置是广泛用于高低压电网中防止因设备漏电而引起的触电、火灾和爆炸等事故的漏电保护开关，与断路器配合实现对电源的自动切断任务。此自动开关对电力系统除了有漏电保护作用外，还具有短路、过载、欠电压、失电压等多种保护功能。

(7) 设置安全标志　安全标志是提醒人们注意、保证人身和设备安全的预防措施，如"禁止""警告""提醒""注意"等标志。安全标志一般设置在醒目、光线充足且稍高于视线的地方。

（三）电工安全操作规程

① 所有绝缘、检验工具，应妥善保管，严禁他用，并应定期检查、校验。
② 现场施工用高低压设备及线路，应按施工设计及有关电气安全技术规程安装和架设。
③ 线路上禁止带负荷接电或断电，并禁止带电操作。
④ 有人触电，应立即切断电源，进行急救；电器着火，应立即将有关电源切断，使用干粉灭火器或干砂灭火。
⑤ 安装高压开关、自动空气开关等有返回弹簧的开关设备时，应将开关置于断开位置。
⑥ 多台配电箱（盘）并列安装时，手指不得放在两盘的接合处，也不得触摸连接螺孔。
⑦ 电杆用小车搬运应捆绑卡牢。人抬时，动作一致，电杆不得离地过高。
⑧ 人工立杆，所用叉木应坚固完好，操作时，互相配合，用力均衡。机械立杆，两侧应设溜绳。立杆时，坑内不得有人，基础夯实后，方可拆除叉木或拖拉绳。

⑨ 登杆前，杆根应夯实牢固。旧木杆杆根单侧腐朽深度超过杆根直径八分之一时，经加固后方可登杆。

⑩ 登杆操作脚扣应与杆径相适应。使用脚踏板，钩子应向上。安全带应拴于安全可靠处，扣环扣牢，不准拴于瓷瓶或横担上。工具、材料应用绳索传递，禁止上、下抛扔。

⑪ 杆上紧线应侧向操作，并将夹紧螺栓拧紧，紧有角度的导线，应在外侧作业。调整拉线时，杆上不得有人。

⑫ 紧线用的铁丝或钢丝绳，应能承受全部拉力，与导线的连接，必须牢固。紧线时，导线下方不得有人，单方向紧线时，反方向应设置临时拉线。

⑬ 电缆盘上的电缆端头，应绑扎牢固，放线架、千斤顶应设置平稳，线盘应缓慢转动，防止脱杆或倾倒。电缆敷设到拐弯处，应站在外侧操作，木盘上钉子应拔掉或打弯。雷雨时停止架线操作。

⑭ 进行耐压试验装置的金属外壳须接地，被试设备或电缆两端，如不在同一地点，另一端应有人看守或加锁。对仪表、接线等检查无误，人员撤离后，方可升压。

⑮ 电气设备或材料，做非冲击性试验、升压或降压，均应缓慢进行。因故暂停或试压结束，应先切断电源，安全放电，并将升压设备高压侧短路接地。

⑯ 电力传动装置系统及高低压各型开关调试时，应将有关的开关手柄取下或锁上，悬挂标示牌，防止误合闸。

⑰ 用摇表测定绝缘电阻，应防止有人触及正在测定中的线路或设备。测定容性或感性材料、设备后，必须放电。雷雨时禁止测定线路绝缘。

⑱ 电流互感器禁止开路，电压互感器禁止短路和以升压方式运行。

⑲ 电气材料或设备需放电时，应穿戴绝缘防护用具，用绝缘棒安全放电。

⑳ 现场变配电高压设备，不论带电与否，单人值班不准超过遮栏和从事修理工作。

㉑ 在高压带电区域内部分停电工作时，人与带电部分应保持安全距离，并须有人监护。

㉒ 变配电室内、外高压部分及线路，停电作业时需要采取以下措施。

a. 切断有关电源，操作手柄应上锁或挂标示牌。

b. 验电时应穿戴绝缘手套、按电压等级使用验电器，在设备两侧各相或线路各相分别验电。

c. 验明设备或线路确认无电后，即将检修设备或线路做短路接地。

d. 装设接地线，应由二人进行，先接接地端，后接导体端，拆除时顺序相反。拆、接时均应穿戴绝缘防护用具。

e. 接地线应使用截面不小于 $25mm^2$ 的多股软裸铜线和专用线夹，严禁用缠绕的方法进行接地和短路。

f. 设备或线路检修完毕，应全面检查无误后方可拆除临时短路接地线。

㉓ 用绝缘棒或传动机构拉、合高压开关，应戴绝缘手套。雨天室外操作时，除穿戴绝缘防护用具外，绝缘棒应有防雨罩，并有人监护。严禁带负荷拉、合开关。

㉔ 电气设备的金属外壳，必须接地或接零。同一设备可做接地和接零。同一供电网不允许有的接地有的接零。

㉕ 电气设备所有熔丝（片）的额定电流应与其负荷容量相适应。禁止用其他金属线代替熔丝（片）。

㉖ 施工现场夜间临时照明电线及灯具，一般高度应不低于 2.5m，易燃、易爆场所应用防爆灯具。照明开关、灯口、插座等，应正确接入火线及零线。

㉗ 穿越道路及施工区域地面的电线应埋设在地下，并做标记。电线不能盘绕在钢筋等金属构件上，以防绝缘层破裂后漏电。在道路上埋设前应先穿入管子或采取其他防护措施，以防被碾压受损，发生意外。

㉘ 工地照明尽可能采用固定照明灯具，移动式灯具除保证绝缘良好外，还不应有接头，使用时也要作相应的固定，应放在不易被人员、材料、机具设备碰撞的安全位置，移动时，线路（电缆）不能在金属物上拖拉，用完后及时收回保管。

㉙ 严禁非电工专业人员从事电工作业。

（四）电工安全用具操作基础知识

电工安全用具是用来直接保护电工作业人员人身安全的基本器具，认识电工安全用具，懂得电工安全用具的正确使用操作是每位电工必备的技能。

常用的电工安全用具有绝缘手套、绝缘靴、绝缘棒、放电棒、验电器、安全帽、安全带、接地线、安全遮栏、标识牌等。

1. 绝缘手套

绝缘手套由绝缘性能良好的特种橡胶制成，如图1-8(a)所示。绝缘手套分高压、低压两种，用于操作高压隔离开关和油断路器等设备，以及在带电运行的高压电器和低压设备上工作时，预防接触电压触电。

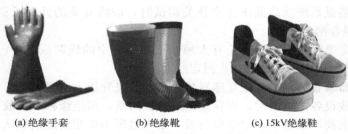

(a) 绝缘手套　　　　(b) 绝缘靴　　　　(c) 15kV绝缘鞋

图1-8　电工用绝缘手套和绝缘靴（鞋）

使用绝缘手套时应注意：

① 使用前要进行外观检查，检查有无穿孔、损坏；

② 禁止用低压手套在高压上操作。

2. 绝缘靴（鞋）

绝缘靴（鞋）也是用绝缘性能良好的特种橡胶制成的，如图1-8(b)、(c)所示。绝缘靴（鞋）用于带电操作高压设备或低压设备时，防止跨步电压对人体造成伤害。使用绝缘靴时应该注意以下两点：

① 使用绝缘靴（鞋）时，也要进行外观检查，不能有穿孔、损坏，要保证有良好的绝缘状态。

② 绝缘靴（鞋）必须有检验合格证，且在有效期内，不合格的严禁使用。

3. 绝缘棒

绝缘棒又称令克棒、绝缘拉闸杆、操作杆等，其外形如图1-9所示。

绝缘棒由工作头、绝缘杆和握柄三部分构成，10kV绝缘棒的结构如图1-10所示。它主要用于分合电网隔离开关、跌落熔丝、装拆携带式接地线以及进行带电测量和试验等。

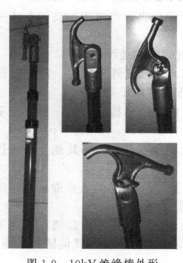

图1-9　10kV绝缘棒外形

使用绝缘棒时应注意如下几点：

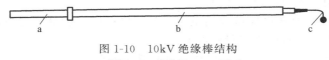

图 1-10　10kV 绝缘棒结构
a—握柄；b—绝缘杆；c—工作头

① 必须选择适用于操作设备电压等级的绝缘棒，且核对无误后才能使用。
② 必须是经校验后合格的，不合格的严禁使用。
③ 使用前必须对绝缘操作杆进行外观的检查，外观上不能有裂纹、划痕等外部损伤。
④ 工作人员应戴绝缘手套和穿绝缘靴，以加强绝缘操作棒的保护作用。
⑤ 在连接绝缘操作杆的节与节的丝扣时，要离开地面，不可将杆体置于地面上进行，以防杂草、土灰进入丝扣中或黏附在杆体的外表上，丝扣要轻轻拧紧，不可未拧紧丝扣就使用。
⑥ 使用绝缘棒时要防止碰撞，以免损坏表面的绝缘层。
⑦ 雨雪天气必须在室外进行操作的，要使用带防雨罩的特殊绝缘操作杆。
⑧ 使用时要尽量减少对绝缘杆体的弯曲力，以防损坏杆体。
⑨ 使用后要及时将杆体表面的污迹擦拭干净，并把各节分解后装入一个专用的工具袋内，存放在屋内通风良好、清洁干燥的支架上或悬挂起来，尽量不要靠近墙壁，以防受潮，破坏其绝缘。
⑩ 绝缘操作杆要有专人保管。
⑪ 每半年要对绝缘操作杆进行一次交流耐压试验，不合格的要立即报废，不可降低其标准去使用。
⑫ 绝缘操作杆必须有检验合格证，且在有效期内，不合格的严禁使用。

4. 放电棒

放电棒又称为高压放电棒，有伸缩型放电棒、便携式放电棒、直流放电棒等，外形如图 1-11 所示。它具有能拉长又能收缩的特点，主要用于室外各项高电压试验，特别用在做直流耐压试验或大电容试品试验的场合。

在进行冲击试验、直流高压设备试验以及较大电容的试品试验时，由于多数试品在试验线路中为容性负载，当断开试验线路时，试品上将有残余电荷存在，形成一个高电位，易引发暂态电流而对人身造成电击事故。为了防止这种现象的发生，工作人员在进行操作试验时，必须先用放电棒对试品上积累的电荷进行对地放电，以确保人身安全。为使放电更安全，放电棒内还加装有限流电阻。

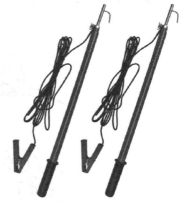

图 1-11　10kV 放电棒

放电棒使用时应注意如下事项：
① 将便携式伸缩型高压放电棒伸缩部分全部拉出。
② 把配制好的接地线插头插入放电棒的头端部位的插孔内，将地线的另一端与大地连接，接地要可靠。
③ 放电时，应在试验完毕后，将直流发生器的控制箱的升压旋钮旋回到零位上，此时可观察直流高压发生器控制箱上的电压表的电压下降到 15～20kV，方可开始放电。
④ 放电时应先用放电棒的前端的金属尖头，慢慢地去靠近已断开试验电源的试品。此时放电棒释放电能是经过一个放电电阻进行对地放电的。然后再用放电棒上接地线上的钩子

去钩住试品,进行第二次直接对地放电。

⑤ 当几公里以上的高压电缆试验结束后,其放电时间一般都要很长,且需多次反复放电。电阻容量要很大,需订购大容量的放电棒。

⑥ 严禁未拉开试验电源就采用放电棒对试品进行放电。

⑦ 严禁用脚踩及重物挤压放电棒,严禁折弯、折断放电棒。

⑧ 严禁将放电棒置于潮湿环境下,应放在干燥的地方,以防影响绝缘强度。

⑨ 放电棒必须有检验合格证,且在有效期内,不合格的严禁使用。

5. 验电器

验电器是检验导线、电器和电气设备是否带电的一种检测工具,它分为低压验电器和高压验电器两种,检测电压范围为60V~500kV。

(1) 低压验电器 低压验电器又称试电笔或电笔,有笔式和螺钉旋具式两种,如图1-12所示。按其显示元件不同分为氖管发光指示式和数字显示式两种。

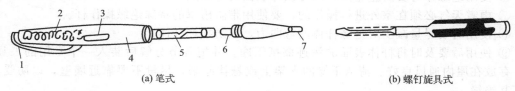

图1-12 低压验电器

1—笔尾金属体;2—弹簧;3—小窗;4—笔身;5—氖管;6—电阻;7—笔尖金属体

低压验电笔由氖泡、电阻、弹簧、笔身和笔尖等部分组成。使用时,必须按图1-13中所示的方法把电笔握牢,以手指触及笔尾的金属体,使氖管小窗背光朝向自己。当用电笔测到带电体时,电流经带电体、电笔、人体、大地形成回路,只要带电体和大地之间的电位差超过60V,电笔中的氖泡就会发光。

电压高时发光亮,反之氖泡发光弱。

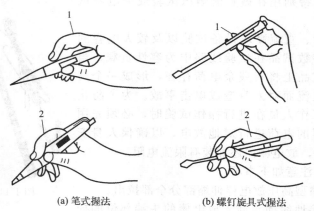

(a) 笔式握法　　　　　　(b) 螺钉旋具式握法

图1-13 低压验电器的使用方法

1—正确握法;2—错误握法

(2) 高压验电器 高压验电器又称高压测电器,是用来检验设备对地电压在250V以上的高压电气设备的工作电压是否存在的便携式装置。它具有验电灵敏度高、不受强电场干扰、具备全电路自检功能、待机时间长等特点。

目前，广泛采用的有伸缩式、声光式、风车式、语音式及防雨式等多种类型，常用的规格有 500V、10kV、35kV 等。

10kV 棒状伸缩式高压验电器的外形及组成结构如图 1-14 所示。

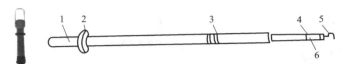

图 1-14　高压验电器的外形及组成结构
1—握柄；2—护环；3—固定螺钉；4—氖管窗；5—金属钩；6—氖管

使用验电器时应注意下列几点：

① 验电器使用前，应首先检查它有无安全电阻在里面，再直观检查验电器有无损坏，然后在已知的带电体上测试，证明验电器确实良好后，方可使用。

② 使用时，应使验电器慢慢靠近被测物体，直到氖管发亮。只有在发现氖管不亮时，人体才可以试着与被测物体接触。

③ 室外使用高压验电器时，必须在气候条件好的情况下使用。在雨、雪、雾及湿度较大的天气下禁止使用。

④ 高压验电器测试时，必须戴上符合要求的绝缘手套，穿绝缘靴，手握部位不得超过护环，一定要站在绝缘垫上，且切不可单独进行测试，身旁一定要有人监护。

⑤ 测试时要防止发生短路事故，人体和带电体应保持足够的距离，10kV 高压验电器的安全距离为 0.7m 以上。

⑥ 高压验电器表面要干燥、清洁。

⑦ 高压验电器规格应符合规定，不能任意取用。

⑧ 高压验电器必须有检验合格证，且在有效期内，不合格的严禁使用。

6. 安全帽

电工安全帽如图 1-15 所示，它是电气操作和检修的辅助安全用具，是为了保护操作者，当操作者接近带电体处于安全距离时，发生触电及头部不受周围硬物的撞击或跌落的重物砸伤而必备的安全保护用品。

安全帽使用材料讲究，帽壳与帽衬采用防脱离设计，穿刺冲击力及侧向刚性度较强，安全性极高。其电绝缘性能优良，灵敏度高，抗干扰能力强，性能可靠。它还具有不怕摔、耐撞击、防辐射、防静电等特点。

电气作业人员，尤其是在登高对高压线路操作或者在有物品跌落的建筑工地时，一定要佩戴安全帽。安全帽必须有检验合格证，且在有效期内，不合格的严禁使用。

图 1-15　电工安全帽

7. 安全带

电工安全带及其佩戴方法如图 1-16 所示，电工安全带是高空作业必要的劳动保护器具，广泛应用于电力、电信、冶金矿山、林业、建筑等行业。

安全带必须有检验合格证，且在有效期内，不合格的严禁使用。

8. 接地线

在电力系统中，接地线是为了在已停电的设备和线路上意外地出现电压时保证工作人员安全的重要工具，如图 1-17 所示。

按国家标准规定,接地线必须由截面积 $25mm^2$ 以上的裸软铜线制成。接地线就是接在电气设备外壳等金属部位的,及时将因各种原因产生的不安全的电荷或者漏电电流导出的线路。

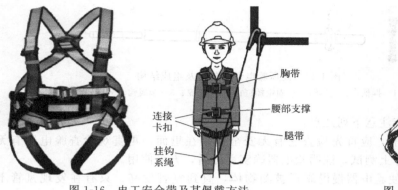
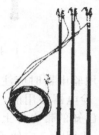

图 1-16　电工安全带及其佩戴方法　　　　图 1-17　接地线

接地线的作用是把有可能带电金属壳上的电引入到大地中,以避免人身触电事故的发生。如果不接地,一旦设备发生漏电现象,而人又碰到了带电体,就有可能发生触电事故。
接地线使用时应注意如下几点:
① 接地电缆如果较长,由于分布电容,会在金属层感应出较高电压等级的电压,对人身和设备安全造成隐患。
② 接地线的使用,能使相与相之间分布的静电电位在还未升高时就已被导入大地,从而提高了电缆的绝缘程度。
③ 接地线必须有检验合格证,且在有效期内,不合格的严禁使用。

9. 安全围网

安全围网也称安全围栏、遮栏,如图 1-18 所示。

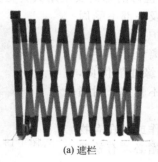

(a) 遮栏　　　　　　　　　(b) 电力围网

图 1-18　安全围网

装设安全围栏是保证现场工作人员安全的技术措施之一,有玻璃钢安全围栏、绝缘伸缩围栏、不锈钢伸缩围栏、警示带围栏、安全围网式围栏等。
安全围网(封闭式安全围栏),主要用于发电厂、变电站的电气设备检修、电气实验、配电检修等。整套围栏由尼龙网、支撑杆和支座组成,如图 1-18(b) 所示。特点是:尼龙网用耐老化的优质尼龙绳织成;支撑杆用坚硬质轻的玻璃钢管制成,上面配有挂钩,可以牢固张挂尼龙网,使之不被掀起脱离;支座有铸铁和铁叉两种,以满足不同工作地面的需求。

10. 标示牌

标示牌是为了保障人身安全和设施安全而采取的一项重要措施，是提醒过往行人注意或者按标志上的要求去执行的安全标志。国家规定的安全标志色有红、蓝、黄、绿四种颜色。红色表示禁止、停止（也表示防火）；蓝色表示指令，即必须遵守的规定；黄色表示警告、注意；绿色表示提示、安全状态通行。

① 禁止标志：提醒人们不能做某些动作，如图 1-19 所示。

② 指令标志：强制要求人们必须做出某些动作或采取防范措施，如图 1-20 所示。

图 1-19　禁止标志

图 1-20　指令标志

③ 警告标志：提醒人们注意，提高对可能发生某种危险的警惕性，如图 1-21 所示。

④ 提醒标志：向人们提供某种信息的图形标志，如图 1-22 所示。

图 1-21　警告标志

图 1-22　提醒标志

任务实施

第一步：高、低压配电柜的初步认识

参观变电所或实训室的供配电设施，初步了解高、低压配电柜等电气设备。

实用配电柜就是把一些开关、断路器、熔断器、按钮、指示灯、仪表、电线之类的保护器件组装成一体的配电设备。

一般供电局、变电所都是将远距离输送到用电区的高压电送入高压配电柜，然后经变压器降压再到低压配电柜，低压配电柜再根据实际用电的需要分配到各个用户的配电盘、控制箱和开关箱。

① 高压配电柜也称高压开关柜，外形如图 1-23 所示，主要是指用于电力系统发电、输电、配电、电能转换和消耗中起通断、控制或保护等功能的设备。

10kV 的高压配电柜属于中压配电网，应该有专用的断路器和隔离开关，外设的应该有跌落式熔断器。运行时，应先投上跌落式熔断器，再投上隔离开关和断路器就能让高压配电柜上电。高压开关制造业是输变电设备制造业的重要组成部分，在整个电力工业中占有非常重要的地位。

② GGD 型低压配电柜产品外形如图 1-24 所示。低压配电柜主要是提供交流 50Hz、额定电压 380V 的配电系统动力之用，它适用于变电站、发电厂、工矿企业等作照明及配电的电能转换及控制等场合。

图 1-23　高压配电柜外形

图 1-24　低压配电柜外形

一个典型的低压配电系统所包括的主要设备有计量柜、进线柜、联络柜、出线柜、电容补偿柜等。其中配电变压器将 10kV 电压降到 220V/380V，经过计量柜送至进线柜，再由出线柜将电压分别送给各用户。当配电变压器停电或发生故障时，通过联络柜可以将另外一路备用电源设备投入使用。

第二步：熟知低压配电柜的停、送电操作规则

低压配电柜的操作也有停电、送电和检修等几项任务。
① 对停电低压配电柜的送电操作顺序。
a. 去掉三相短路接地线。
b. 合上断路器前、后两侧的隔离开关。
c. 将断路器合闸。

> 注意：
> （a）如果反过来，先合上断路器，然后合隔离刀闸，由于合闸瞬间有较大的负荷电流，隔离刀闸就会引起电弧，造成三相短路。
> （b）如果第一步不取消短路接地线就送电，同样会酿成三相短路事故。

② 对送电低压配电柜回路的停电操作顺序。
a. 断开断路器。
b. 拉开两侧的隔离刀闸。
c. 对已停电线路挂三相短路接地线。
d. 检修。
若反过来，同样会酿成短路事故。

第三步：低压配电柜安全操作训练

根据现有实训设备低压配电柜的数量，分组轮换进行操作训练。具体任务的实施过程，由小组成员友好协作，互助完成。具体工作安排如下：
① 对停电的低压配电柜设备进行安全送电工作。
② 对已经送电的低压配电柜进行安全停电操作。

第四步：实施过程回顾

任务完成之后，应总结：
① 电气设备的停电、送电规则。
② 低压配电柜安全操作注意事项。

任务测评

本任务主要是电工安全用具的使用，重点是配电柜的倒闸操作。根据以上任务实施步骤，教师可以事先进行操作演示。在任务实施时，教师须提醒学生注意以下操作注意事项（评分标准）。

① 对已送电的低压配电柜进行安全停电操作（50分）。
  a. 断开断路器。未断开断路器扣10分。
  b. 拉开两侧的隔离刀闸。未拉开刀闸扣10分。
  c. 对已停电线路挂三相短路接地线。未挂接地线扣10分。
教师在测评时，根据以上注意事项综合评分。

② 对已停电的低压配电柜设备进行安全送电工作（50分）。
  a. 首先去掉三相短路接地线。未去掉接地线扣10分。
  b. 合上断路器前、后两侧的隔离开关。未合上隔离开关扣10分。
  c. 将断路器合闸。未合上断路器扣10分。
教师在测评时，根据以上注意事项综合评分。

知识拓展——电气火灾及其电气防爆知识

电气火灾和爆炸是灾难性的事故，两者都和燃烧有直接的关系。发生燃烧应具备的三个条件是点火源、可燃物及助燃物。燃烧的三个条件是否具备、相互作用大小等直接关系着防火、防爆及其灭火措施的具体实施。电气火灾与爆炸是由电气方面的原因形成的火源所引起的火灾和爆炸。

（一）电气火灾及其处理措施

1. 电气火灾

引起电气火灾的原因是多方面的，几乎所有的电气故障都可能导致电气火灾。电气火灾一般是指由电气线路、用电设备、器具以及供配电设备等出现故障时释放热能而引发周围出现火灾的事故。如设备材料选择不合适，照明及电热设备的过载、短路或漏电故障，熔断器的烧断、接触不良以及雷击、静电等，都可能引起高温、高热、电弧、电火花，从而引发电气火灾。

电气火灾来势凶猛，蔓延迅速，不仅会对电气设备、线路、建筑物带来极其严重的破坏，对人身安全也有极大的伤害，还可能引起大规模的长时间停电事故，严重影响人们的日常生活和各行各业工作的正常进行。因此，懂得电气火灾的预防和紧急处理知识是非常重要的。

2. 电气火灾的预防和紧急处理

（1）电气火灾的预防　为了防止电气火灾的发生，应注意以下几点。
① 首先应按场所的危险等级正确地选择、安装、使用和维护电气设备及其电气线路，按规定正确采取各种保护措施。

② 在线路设计上，应充分考虑负载容量及合理的过载能力；在用电上，应禁止过载，严禁乱接、乱搭电源线。发现用电设备有故障时应停用，并及时检修。

③ 对于需要在监护下才能使用的电气设备，应该执行"人去停用"。

④ 对易于引起火灾的场所，应注意加强防火，配置防火器材。

(2) 电气火灾的紧急处理　当发生电气火灾时，应立即采取措施，具体如下。

① 首先应立即切断电源，防止事故扩大和火势蔓延，并立即实施救火，同时应立即报警。

② 在扑灭电气火灾时，应选择二氧化碳灭火器、1211灭火器、干粉灭火器或黄沙灭火。

③ 在未确定电源已被切断的情况下，注意不能用水或普通灭火器（如泡沫灭火器）来灭火。因为水和普通灭火器的液体都是导电体，使用就可能发生触电。

常用的电气灭火器的主要性能及使用方法如表1-1所示。

表1-1　常用电气灭火器的性能及使用方法

种类	二氧化碳灭火器	干粉灭火器	1211灭火器
规格	2kg,2～3kg,5～7kg	8kg,50kg	1kg,2kg,3kg
药剂	瓶内装有液态二氧化碳	筒内装有钾和钠盐干粉，并备有盛装压缩空气的小钢瓶	筒内装有二氟一氯一溴甲烷，并充填压缩氮
用途	不导电，可扑救电气、精密仪表、油类、酸类火灾。不能用于钾、钠、镁、铝等物质的灭火	不导电，可扑救电气、石油产品、油漆、有机溶剂、天然气等火灾	不导电，可扑救电气、油类、化工纤维原料等引起的火灾
功效	接近着火地点，保护距离3m	8kg 喷射时间 14～18s，射程 4.5m；50kg 喷射时间 14～18s，射程 6～8m	喷射时间 6～8s，射程 2～3m
使用方法	一手拿喇叭筒，对准火源，另一手打开开关	提起圈环，干粉即可喷出	拔下铅封或横锁，用力压下压把

（二）电气防爆及其预防措施

爆炸主要发生在存有易燃易爆物品、气体或粉尘等场所，爆炸事故的发生是相当危险的。造成爆炸的原因是多种多样的，当空气中的易燃气体浓度达到一定值，如汽油达到1%～6%，乙炔达到1.5%～82%，液化气达到3.5%～16.3%，管道煤气达到5%～30%，氢气达到4%～80%，氨气达到15%～28%时，如遇电火花、高温、高热等就会发生爆炸。粉尘也是，如碾米厂粉尘、各种纺织纤维粉尘，在达到一定的程度时也会引起爆炸。

为了防止危险物质发生燃烧爆炸事故，通常可采取以下防爆措施。

① 排除发生燃烧爆炸事故的物质条件。

② 当燃烧爆炸物质不可避免地出现时，要尽可能地消除或隔离一切点火源。

③ 当点火源也不可避免时，则要采取工程设防措施，尽量降低燃烧爆炸事故造成的损失。

归纳以上几点，防火防爆措施的一般原则有以下几个方面：分类管理措施；控制着火源形成的措施；抑制燃爆物质的形成措施；贮存过程中的监控、检测措施；安装防火防爆装置，安全生产措施；运输过程安全措施；销毁措施；灭火与消防；危险物流向控制措施等。

习题

1. 填空题
(1) 安全用电，以"＿＿＿"为主。
(2) 线路的过载保护宜采用＿＿＿＿。
(3) 人体电阻由＿＿＿＿和皮肤表面电阻组成，其中以皮肤表面电阻为主。
(4) 电气线路上，由于种种原因相接或相碰，产生的现象称＿＿＿＿。
(5) 用熔断器作短路保护时，熔体的额定电流不应大于线路长期允许负载电流的＿＿＿倍。
(6) 对电气火灾的扑救，应使用＿＿＿、＿＿＿、＿＿＿、＿＿＿等灭火器具。
(7) 绝缘材料的主要作用是＿＿＿＿。
(8) 电力设备的绝缘试验包含＿＿＿＿和＿＿＿＿。
(9) 绝缘的缺陷通常可分为两类，即＿＿＿＿和＿＿＿＿。
(10) 在电气技术中，黄绿双色导线用作＿＿＿＿。
(11) 一般相线（火线）分为 A、B、C 三相，分别为＿＿＿、＿＿＿、＿＿＿三种颜色；工作零线为蓝色；专用保护零线为黄绿双色线。
(12) 手持照明工具的电压不应超过＿＿＿V。
(13) 在停、送电时，配电箱、开关箱之间应遵守合理的操作顺序：
送电操作顺序：＿＿＿→＿＿＿→＿＿＿。
断电操作顺序：＿＿＿→＿＿＿→＿＿＿。
(14) 建筑施工现场的电工、电焊工属于＿＿＿＿工种，必须按国家有关规定经专门安全作业培训，取得特种作业操作证件，方可上岗作业。其他人员不得从事电气设备及电气线路的安装、维修和拆除等技术工作。
(15) 使用的电气设备，其金属外壳应有＿＿＿＿防触电保护措施。
(16) 使用一年的绝缘杆需进行＿＿＿＿，试验合格后方可再使用。
(17) 高压验电器每＿＿＿月进行一次预防性试验。
(18) 绝缘靴（鞋）每＿＿＿年进行一次电气试验。
(19) 用绝缘棒拉合隔离开关（刀闸）或经传动机构拉合断路器（开关）和隔离开关（刀闸），均应采取＿＿＿＿安全保护措施。
(20) 装、拆接地线均应使用＿＿＿＿和戴绝缘手套。人体不得碰触接地线或未接地的导线，以防止感应电触电。装设接地线应先接＿＿＿＿，后接导体端，拆接地线的顺序与此相反。
(21) ＿＿＿＿可以提醒有关人员引起注意，向正确方向引导，不发生错误或及时纠正不正确的行为。
(22) 电气安全组织管理措施包括＿＿＿、＿＿＿、＿＿＿、＿＿＿、＿＿＿等几方面。
(23) 如题图 1-1 所示，三眼插座（正向面对）安装接线正确的是＿＿＿＿。
2. 如何区分高压、低压和安全电压？具体规定如何？
3. 安全用电的方针是什么？
4. 电气安全用具包括哪些？主要作用是什么？

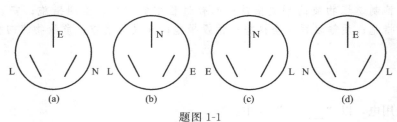

题图 1-1

任务二　触电知识与触电急救

【技能目标】
1. 能对触电者的触电类型进行正确的判断。
2. 能对触电者采取正确的触电急救处理。
3. 能进行正确的人工呼吸和胸外心脏按压急救。

【知识目标】
1. 了解影响人体触电危害程度的各种因素。
2. 熟悉触电事故的种类及触电类型。
3. 掌握人工呼吸触电急救的方法。
4. 掌握人体胸外心脏按压急救的方法。

【素质目标】
1. 培养自我认知、独立思考能力。
2. 培养见义勇为、为社会服务的意识。

任务引入

如图 1-25 所示，电动机旁边的人发生了什么呢？噢，这应该就是人们常说的触电事故吧。碰触了电机外壳就会触电吗？触电到底是怎么回事呀？触电有危险吗？发生触电事故后又该如何处理呢？

日常生活中，人身的触电问题常有发生，触电事故是极其危险的。人体发生触电后，如果没能被及时发现或者被发现却没能得到及时的抢救，对触电者的身体将会造成一定的危害，严重时将会有生命危险。

假设你是工厂里的一名电工，现某车间发生了一起人身触电事故，需要对触电者开展急救，并处理事故现场，那么你将如何去做呢？

图 1-25　触电事故

相关知识

（一）触电及影响人体触电危害程度的因素

1. 人体触电

众所周知，人体是电的良导体。当人体直接接触或部分接近带电体时，通过人体和大地就形成一个回路,这样就会有一定数值的电流流经人体,也就发生了所谓的"触电"事故。

2. 电流对人体的作用

人体触电后,流过人体的电流会对人体产生作用。流经人体肌体组织的电流将对人体造成不同程度的损伤,导致人体局部受伤或者死亡。

电流对人体造成的伤害主要有电击和电伤两种。

(1) 电击 指的是"电流通过人体时,对触电者的体内肌体器官造成伤害的形式"。由于电流的大小有所不同,所以电击对人体造成的伤害也有所不同。表现有刺痛、灼热感、人体肌肉抽搐、痉挛、昏迷、心室颤动,严重时出现呼吸困难、心跳停止,甚至死亡等。

电击又分"直接电击"和"间接电击"。直接电击指人体直接触及正常运行的带电体发生的触电;间接电击指电气设备发生故障时,人体意外触及带电部分所造成的触电。总之,电击是一种比较危险的触电类型,触电死亡者中的绝大多数都是由电击造成的。

(2) 电伤 指的是由于电流的热效应、化学效应或机械效应等对人体外表肌体造成的外伤,表现有灼伤、烙伤及皮肤金属化等。

人体触电时,电击与电伤两者经常是同时发生的。

3. 影响人体触电危害程度的因素

发生触电后,电流对人体的影响程度,主要决定于流经人体的电流大小、电流通过人体持续的时间、人体阻抗大小、电流路径、电流种类、电流频率,以及触电者的体重、性别、年龄、健康情况和精神状态等多种因素。

(1) 流经人体电流的大小 根据电击事故分析可知:当工频电流为 $0.5\sim 1mA$ 时,人就有手指、手腕麻或痛的感觉,称感觉电流;当电流增至 $8\sim 10mA$ 时,针刺感、疼痛感增强,发生痉挛,但终能摆脱带电体,称摆脱电流;当接触电流达到 $20\sim 30mA$ 时,会使人迅速麻痹不能摆脱带电体,而且血压升高,呼吸困难;电流为 $50mA$ 时,就会使人呼吸麻痹,心脏开始颤动,持续时间稍长,即有生命危险,称为致命电流;如果电流大于 $50mA$,数秒后就可致命。总之,通过人体的电流越大,人体的生理反应越强烈,病理状态越严重,致命的时间就越短。另外,触电的电压越高,流经人体的电流就越大,对人体的伤害也就越严重。

(2) 电流流经人体时间的长短 电流通过人体的时间越长,后果越严重。这是因为时间越长,人体的电阻就会降低,电流就会增大。同时,人的心脏每收缩、扩张一次,中间有 $0.1s$ 的时间间隙期,在这个间隙期内,人体对电流作用最敏感。所以,触电时间越长,与这个间隙期重合的次数就越多,从而造成的危险也就越大。

技术上,常用触电电流与触电持续时间的乘积(称"电击能量")来衡量电流对人体的伤害程度。若电击能量超过 $150mA\cdot s$ 时,触电者就有生命危险。

(3) 电流通过人体的途径 电流通过人体的路径和危险情况如图1-26所示。当触电电流通过人体内部的重要器官时,后果是非常严重的。例如通过头部,会破坏脑神经,使人昏迷;通过脊髓,会破坏中枢神经,使人瘫痪;通过肺部会使人呼吸困难;通过心脏,会引起心脏颤动、血液循环中断或心跳停止而死亡。

根据事故统计得出:电流通过人体时最危险的是从左手到脚,其次是从手到手,危险最小的是从脚到脚。另外,电流经

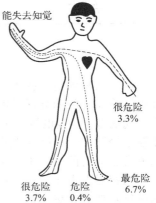

图1-26 电流通过

过人体时还可能导致二次事故的发生，如救援时出现触电者烧伤、跌落摔伤、死亡等。

（4）电流的频率高低　电流分为直流电、交流电。交流电又分为工频交流电和高频交流电。这些电流对人体都有伤害，但伤害程度各有不同。

经研究数据表明：人体忍受直流电和高频电的能力比忍受工频电的能力要强。根据触电者的案例结果分析得出：40～60Hz的交流电对人体造成的危害最大，随着频率的增高，危险性将降低。所以说，日常接触的"工频电"是最危险的，应该引起注意。

（5）触电者的健康状况　根据资料分析，电击对患有心脏病、肺病、内分泌失调及精神病等疾病的患者最危险，他们的触电死亡率最高。另外，对触电有心理准备的，触电伤害轻。人体电阻大的，遭受电流伤害的程度轻些；成年人比儿童摆脱电流的能力强；男性比女性摆脱电流的能力强。

（二）触电原因及触电类型

1. 触电原因

触电是指人体直接接触了带电体或间接地承受了一定的电压而造成电流通过人体而引起人身的不适、伤害或死亡事件的情况。

常见的触电原因有：用电者缺少电气安全知识；用电者违反安全操作规程；电气设备不合格；电气设备的电气维护、维修不善；偶然原因（如刮风）造成电线跌落等。

2. 触电类型

常见的人体触电形式有单相触电、两相触电、跨步电压触电、弧光触电、接触电压触电，此外还有感应电压、剩余电压、高压电厂静电、雷击等引起的触电。

（1）单相触电　指由单相220V交流电（民用电）引起的触电，如图1-27所示。在低压电力系统中，当人体的某一部分直接碰触带电体中的单相电源相线或三相电源中的一根相线，使得相线、人体与大地或中性线构成回路，造成电流通过人体而产生的触电。

> 触电事故严重的，大部分都属于单相触电事故。

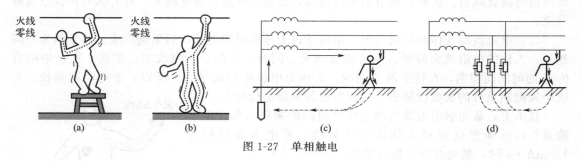

图1-27　单相触电

（2）两相触电　指由三相交流的380V线电压引起的触电，如图1-28所示。当人体（或其附属物品）的两处同时触及三相电源中的两根相线（俗称"火线"）时，人体就会承受相线之间的380V线电压。可见，两相触电产生的电流比较大，其危险性比单相触电要大。两相触电轻微的会引起触电烧伤或导致残疾，严重的可以导致触电者死亡，而且两相触电使人触电身亡的时间仅有1～2s。

两相触电由于加在人体之上的电压更高，为线电压380V，所以通过的电流更大，因此触电危险性也就更大。

（3）跨步电压触电　由于火灾、狂风、地震等使高压线断落在地上时，接地点会出现很大的故障电流。电流就会从电线的落地点流入大地,并以导线落地点为中心以同心圆方式向四周扩散,在导线及周围形成很强的电场。当有人进入此电场圈内,又有一定的步距时,因两点之间有不同的电势值,那么就会使人体两脚间承受很高的跨步电压,并有电流通过人体而造成触电,称其为跨步电压触电,如图 1-29 所示。经验数据和大量实例结果表明,一般在距离电线落地点 8~10m 以内,其接地电流较大。在落地导线着地点的 20m 或者更远处时电位基本降为零。

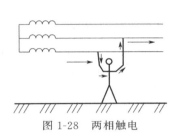
图 1-28　两相触电

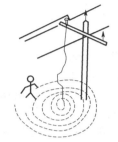
图 1-29　跨步电压触电

跨步电压的大小与接地电流、土壤电阻率、设备接地电阻及人体体位等有关系。

（4）弧光触电　若人体过于接近高压电网时,虽然人未直接接触高压线,但高压可以击穿高压导线与人体之间的空气绝缘,而产生电弧将人体烧伤,严重时可致死,如图 1-30 所示。

（5）接触电压触电　是指人体触及平时不带电而在故障状态下带电的电气设备而造成的触电事故,如图 1-31 所示。

电气设备在正常运行时,其外壳和整体结构是不带电的,但当电气设备的绝缘损坏而又发生接地短路故障时,就产生了"漏电"或称"碰壳"现象,其金属外壳和结构

图 1-30　弧光触电

便带有了电压。如果人体触及此漏电设备,就将发生接触电压触电事故。

(a) 绝缘皮破损

(b) 电线上晾衣服

(c) 机壳没有接地

(d) 电视天线与电线接触

图 1-31　故障状态可能发生的接触电压触电

（6）感应电压触电　人体触及带有感应电压的线路和设备时,所造成的触电事故,如图 1-32 所示。

（7）剩余电压触电　指人体碰触到具有储能特性的电气设备,而设备又带有剩余电压时发生的触电事故。通常是由于检修人员在使用摇表（或绝缘电阻测试仪）对停电后的并联电

容器、电力电缆、电力变压器及大容量电动机等设备进行检测前,没有对其设备做充分的放电所造成的。

(8) 高压电场对人体的伤害 在超高压输电线路和配电装置周围存在着强大的电场。处在电场内的物体会因静电感应的作用而带有一定的电压。当人触及这些带有感应电压的物体时,就会有感应电流通过人体,对人身造成伤害。研究表明,人体对高压电场下静电的反应更加灵敏,0.1~0.2mA 的感应电流通过人体时,人就会有明显的刺痛感。在超高压线路下或设备附近站立或行走的人,往往会感到不舒服,会感到精神紧张,皮肤会有刺痛感,严重时还可能会在头和帽子之间、脚与鞋子之间产生火花。

(9) 雷击 雷电作为一种放电现象,它体现为一种巨大的不可抗拒的自然能量释放的过程。避雷针只能有效地防护直击雷,而由强大电磁场产生的感应雷和电磁脉冲电压,能沿天线、电源线、电话信号线潜入室内,破坏电气设备。雷击灾害造成人身事故每年时有发生,雷电灾害造成的经济损失和人员伤亡事故日益严重,具有发生频次多、范围广、危害严重、社会影响大的特点。发生雷暴时,雷击点周围会有电场产生,进入雷击区的人或牲畜的两脚之间就会有跨步电压形成,造成触电事故,如图 1-33 所示。

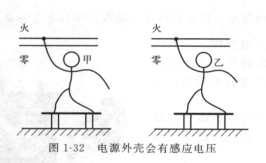

图 1-32 电源外壳会有感应电压

图 1-33 雷击事故

(三) 触电急救

触电事故的发生具有多发性、突发性、季节性、高死亡性等特点。

(1) 多发性 统计资料表明,触电事故发生率仅次于交通事故;

(2) 突发性 触电事故的发生都比较突然;

(3) 季节性 湿热的夏季发生率高;

(4) 高死亡性 触电事故死亡率较高。

许多实例表明,发生触电事故时,实施触电急救,是减轻触电者痛苦、降低死亡率行之有效的措施。因此,对于电气工作人员和所有用电者来说,掌握触电急救方法是非常重要的。

1. 触电急救步骤

发生触电后,首先使触电者脱离电源,然后进行触电急救。

(1) 使触电者脱离电源 具体使触电者脱离电源的技巧如图 1-34 所示,具体如下:

① 拉。拉开电源开关。

② 切。用带有绝缘柄的利器切断电源线。

③ 挑。用干燥的木杆、竹竿等将导线挑开。

④ 拽。救护者可戴上绝缘手套或包缠干燥的衣服、围巾等拖拽触电者使其脱离电源。

⑤ 垫。救护者将干燥的木板塞进触电者身下使其与地绝缘。

（2）触电者脱离电源后的急救措施　对触电者进行现场急救应用的主要方法是：
① 送医院。
② 打120。
③ 口对口的人工呼吸法。
④ 人工胸外心脏按压法。

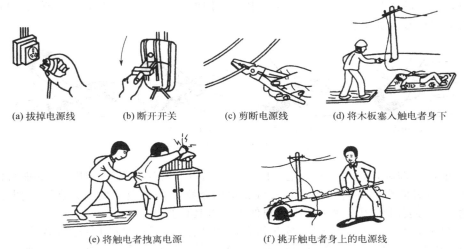

图 1-34　使触电者脱离电源的方法

2. 触电急救的具体方法

当触电者脱离电源后，应该先检查其全身的情况，立即采取正确的救护方法。特别是发现触电者的呼吸和心跳停止时，要迅速进行就地抢救。

具体急救情况如下：

① 轻症者，神志清醒，但感觉头晕、心悸、出冷汗、恶心、呕吐，但呼吸心跳均自主的触电者，应让其就地平卧休息，暂时不要站立或走动，以减轻心脏负担，防止继发性休克或心衰事件。

② 呼吸停止、心搏存在的触电者，应让其就地平卧，速请医生的同时，解松衣扣，通畅气道，立即进行口对口人工呼吸，有条件的可插气管，加压氧气人工呼吸。亦可针刺人中、涌泉等穴位，或给予呼吸兴奋剂（如山梗菜碱、咖啡因、可拉明）等。

③ 心搏停止、呼吸存在的触电者，应立即采用胸外心脏按压法急救。

④ 呼吸、心跳均停止的触电者，则应在人工呼吸的同时施行胸外心脏按压术，以建立呼吸和循环，恢复全身器官的氧供应。现场抢救最好能两人分别施行口对口人工呼吸及胸外心脏按压，以1∶5的比例进行，即人工呼吸1次，心脏按压5次。如现场抢救仅有1人，用15∶2的比例进行胸外心脏按压和人工呼吸，即先做胸外心脏按压15次，再进行口对口人工呼吸2次，如此交替进行，抢救一定要坚持到底。

⑤ 处理电击伤时，应注意有无其他损伤。如触电者脱离电源或自高空跌下时，常并发颅脑外伤、血气胸、内脏破裂、四肢和骨盆骨折等。如有外伤、灼伤均需同时处理。

⑥ 现场抢救中，不要随意移动伤员，若确需移动时，抢救中断时间不应超过30s。移动伤员或将其送医院，除应使伤员平躺在担架上并在背部垫以平硬阔木板外，应继续抢救，心跳呼吸停止者要继续人工呼吸和胸外心脏按压，在医院医务人员未接替前救治不能中止。

任务实施

第一步：分组学习、讨论触电急救方法

1. 口对口人工呼吸法

口对口人工呼吸是对于呼吸停止的触电者采用的急救方法，如图 1-35 所示。口对口人工呼吸具体操作步骤如下：

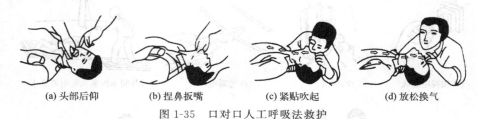

(a) 头部后仰　　(b) 捏鼻扳嘴　　(c) 紧贴吹起　　(d) 放松换气

图 1-35　口对口人工呼吸法救护

① 使触电者仰卧，迅速解开触电者的衣领、围巾、紧身衣服等，使其胸部能自由扩张。

② 将触电者的头部偏向一侧，除去口腔中的杂物，如黏液、血液、食物、假牙等，使其呼吸通畅。必要时可用金属勺柄由口角伸入，将其口张开。

③ 将触电者的头部尽量后仰，鼻孔朝天，颈部伸直。救护者蹲在触电者的一侧，一只手捏紧患者的鼻子，另一只手托在触电者的后颈，使其嘴巴张开，救护者深深地吸气后，紧贴患者的嘴巴，并进行大口的吹气，时间约 2s，促使其胸部膨胀。

④ 吹气完毕，放松触电者的嘴和鼻，使气体从触电者肺部自动排出，时间约 3s。吹气、放松的整个循环过程，每 5s 进行一次，反复进行，直至触电者苏醒能自行呼吸。

采用口对口人工呼吸急救时应该注意：

① 吹气时，一定要捏紧鼻孔，紧贴嘴巴，不能有漏气。放松时应能使触电者自动呼气。

② 如果触电者牙关紧闭，一时无法撬开，可采用口对鼻吹气的方法。

③ 如果是体弱者和儿童触电急救，吹气时用力应稍轻，不可让其腹部过分膨胀，以免肺泡破裂。

2. 胸外心脏按压法

胸外心脏按压法是对心脏停止跳动的触电者恢复心跳采用的急救方法，如图 1-36 所示。

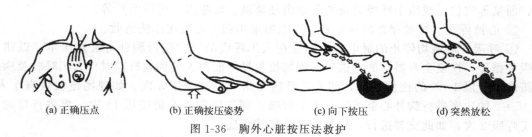

(a) 正确压点　　(b) 正确按压姿势　　(c) 向下按压　　(d) 突然放松

图 1-36　胸外心脏按压法救护

胸外心脏按压法具体操作步骤：

① 压点寻找。将触电者衣服解开，使其仰卧在硬板上或平放在地板上，找到正确的按压点。根据经验，救护者伸开手掌，中指指尖抵住触电者颈部凹陷的下边缘，手掌的根部就是正确的压点。

② 按压手法。救护人员跪跨在触电者腰部两侧位置的地上，身体前倾，两手相叠，以

手掌根部放置在正确的压点上。

③ 正确的按压操作。按压操作时，掌跟均衡用力，连同身体的重量向下按压，压出心室血液，使其流至触电者的全身各部位。按压深度通常成人为 3~5cm，对儿童要用力轻些，太快太慢或用力过重，都不能有好的效果。

④ 按压后掌跟应突然抬起，依靠胸廓自身的弹性，使胸腔复位，血液流回心室。重复步骤③、④，以每分钟 100~120 次为宜。

> 使用胸外按压法时，注意的事项主要是：压点正确、下压均衡、放松迅速、用力和速度适宜，要坚持做到触电者的心跳完全恢复为止。

如果触电者心跳和呼吸都已停止，则应同时用以上两种方法来进行救护，如图 1-37 所示。一人救护时，可先吹气 2~3 次，再按压 10~15 次，两种方法交替进行；两人救护时，每 5s 吹气一次，每 1s 按压一次，两人应同时进行操作，但必须配合好。

  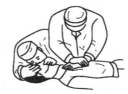

(a) 口对口人工呼吸　　　　(b) 胸外心脏按压法　　　(c) 呼吸法与胸外心脏按压法同时进行

图 1-37　人工呼吸与胸外心脏按压法共同救护

第二步：以人体模型为对象，进行"口对口人工呼吸"触电急救

以 2 人为一小组，在工位上以"人体模拟人"为急救对象，按照要求进行"口对口人工呼吸"急救操作训练，认真体会急救操作要领。

第三步：以人体模型为对象，进行"胸外心脏按压法"触电急救

以 2 人为一小组，在工位上以"人体模拟人"为急救对象，按照要求进行"胸外心脏按压法"急救操作训练，认真体会急救操作要领。

第四步：实施过程回顾

任务完成之后，应总结：
① 使触电者脱离电源的方法。
② 触电急救的具体操作方法及步骤。
③ 口对口呼吸法的操作要领。
④ 胸外心脏按压法的操作要领。

任务测评

本任务主要是触电急救操作，重点是口对口呼吸法和胸外心脏按压法。根据以上任务实施的步骤，教师可以事先进行演示，并在任务实施时，提醒学生注意以下操作注意事项（评分标准）。

1. 口对口呼吸法（50 分）

① 口对口呼吸法首先需要实现清除患者口腔内的痰液、异物和义齿（如有）。施救者用一只手托起患者的下颌，尽量使其头部后仰。（未清除异物者扣 5 分，未使患者头后仰者扣 5 分。）

② 使用托下颌的手掌拇指，翻开患者的口唇，使患者口张开，以利于吹气。（未使患者

口唇张开者扣5分。）

③ 施救者先深吸一口气之后，将口紧贴患者的嘴唇，然后用力吹气，吹气时间要大于1s，直至患者的胸部隆起为止。（吹气时间过短扣5分，患者胸部未隆起扣5分。）

④ 吹气停止之后，施救者的头稍向侧转，然后松开患者鼻孔，由于胸廓以及肺弹性的回缩作用，自然会出现呼气的动作，患者肺内气体就会自行排出。（未使患者鼻孔张开者扣5分。）

⑤ 每分钟吹气次数应在10~20次。（吹气次数不达标者扣5分。）

2. 胸外心脏按压法（50分）

胸外心脏按压需要注意心跳情况、频次、按压部位等方面。

① 心跳情况：在进行胸外心脏按压时，一定要确认患者心跳是否正常。在最快的情况下进行按压，以减少心脏血流的中断时间，及时恢复心跳。（未有测试心跳动作者扣5分。）

② 频次：在进行按压时也要注意频次，应该在100~120次/min。在进行胸外心脏按压时，不要随意中断，如果无意中断，也不可以超过10s。可以随时轮换进行按压，保证按压质量。（频次不达标者扣10分。）

③ 按压部位：在进行按压时，按压部位应在胸骨中下1/3处，双乳之间。同时在按压时头部要放低，让患者取平卧位，保持呼吸道通畅，避免呕吐物反流支气管。要选择正确的按压方法，如果按压不当，会导致肋骨骨折，出现心脏损伤。（按压位置不正确者扣10分，按压方法不正确者扣10分。）

教师在测评时，根据以上注意事项综合评分。

 知识拓展——防雷技术

1. 雷电及其危害

雷声和闪电是雷雨云在不断积累过程中，不同性质的正、负电荷在相互碰撞和摩擦过程中产生的放电现象。

（1）雷电的种类　按雷电形式的不同，分有直击雷、感应雷、球雷及雷电侵入波等几种形式。

（2）雷电的危害　雷电的危害是多方面的，包括静电效应危害、电磁效应危害、热效应危害、机械效应危害、反击危害、电位危害等。

① 静电效应危害。当雷云对地面放电时，在雷击点主放电过程中，雷击点附近的架空线路、电气设备或架空管道上，由于静电感应产生静电感应过电压，过电压幅值可达几十万伏，使电气设备绝缘被击穿，引起火灾或爆炸，造成设备损坏、人身伤亡。

② 电磁效应危害。当雷云对地放电时，在雷击点主放电过程中，在雷击点附近的架空线路、电气设备或架空管道上，由于电磁感应产生电磁感应过电压，过电压幅值可达到几十万伏，使电气设备绝缘击穿，引起火灾或爆炸，造成设备损坏、人身伤亡。

③ 热效应危害。雷电流通过导体时，由于雷电流很大，雷电流数值可达几十至几百千安，在极短的时间内使导体温度达几万摄氏度，可使金属熔化，周围易燃物品起火燃烧，烧毁电气设备，烧断导线，烧伤人员，引起火灾。

④ 机械效应危害。强大的雷电流通过被击物时，被击物缝隙中的水分急剧受热气化，体积膨胀，使被击物品遭受机械破坏，击毁杆塔、建筑物，劈裂电力线路的电杆和横担等。

⑤ 反击危害。当避雷针、避雷带、构架、建筑物等遭受雷击时，雷电流通过以上物体及接地装置泄入大地，由于以上物体及接地装置具有电阻，在其上产生很高的冲击电位。当

附近有人或其他物体时,可能对人或物体放电,这种放电称为反击。架空线路或空中金属管道受雷击时,雷电波可能沿以上物体侵入室内,对人身及设备放电,造成反击。

⑥ 电位危害。当将雷电流引入大地时,在引入处地面上产生很高的冲击电位,人在其周围时,可能遭受冲击接触电压和冲击跨步电压而受到电击伤害。

2. 防雷措施

防雷措施是指通过组成拦截、疏导,最后泄放入地的一体化系统方式以防止直击雷或雷电电磁脉冲对建筑物本身或其内部设备造成损害而采取的防护技术。

一套完整的防雷装置包括接闪器、引下线和接地装置。防雷装置从类型上看大体可以分为:电源防雷器、电源保护、防雷器插座、天馈线保护器、信号防雷器、防雷测试工具、测量和控制系统防雷器、地极保护器等。

直击雷防护技术以避雷针、避雷带、避雷网、避雷线为主,其中避雷针是最常见的直击雷防护装置,避雷针效应如图1-38所示。

感应雷、球雷和雷电侵入波等防护以电磁屏蔽技术及过电压保护技术为主,如图1-39所示。

图1-38 避雷针防雷效应

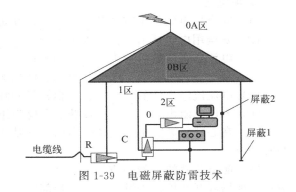

图1-39 电磁屏蔽防雷技术

3. 防雷保护知识

(1) 自身安全防护

① 在两次雷击之间1min左右的间隙,应尽可能躲到能够防护的地方去。不具备上述条件时,应立即双膝下蹲,向前弯曲,双手抱膝。

② 在野外也可以凭借较高大的树木防雷,但千万记住要离开树干、树叶至少2m的距离。依此类推,孤立的烟囱下、高大的金属物体旁、电线杆下都不宜逗留。此外,站在屋檐下也是不安全的,最好马上进入建筑物内。

③ 雷雨中若手中持有金属雨伞、高尔夫球棍、斧头等物,一定要扔掉或让这些物体低于人体。还有一些所谓的绝缘体,像锄头等物,在雷雨天气中其实并不绝缘。

④ 雷雨时,室内开灯应避免站立在灯头线下。

⑤ 不宜使用淋浴器。因为水管与防雷接地相连,雷电流可通过水流传导而致人伤亡。

(2) 家用电器保护

① 有条件的情况下,应在电源入户处安装电源避雷器,并在有线电视天线、电话机、传真机、电脑的调制解调器入口处、卫星电视电缆接口处安装信号避雷器。但是安装时要有好的接地线,同时做好接地网。

② 每天收听气象预报,得知当天有雷暴时应在上班前将家用电器的电源插头、信号插头拔掉,并且出门时不要忘记关闭门窗,以防止滚球雷的侵入。

(3) 建筑物的保护

① 宜采用装设在建筑物上的避雷网（带）或避雷针或由其混合组成的接闪器。避雷网（带）应按国家标准的规定沿屋角、屋脊、屋檐和檐角等易受雷击的部位敷设，并应在整个屋面组成不大于 10m×10m 或 12m×8m 的网格（网格密度按建筑物类别确定）。所有避雷针应采用避雷带相互连接。

② 引下线不应少于两根，并应沿建筑物四周均匀或对称布置，其间距不应大于 18m（引下线间距按建筑物类别确定）。当仅利用建筑物四周的钢柱或柱子钢筋作为引下线时，可按跨度设引下线，但引下线的平均间距不应大于 18m。

③ 每根引下线的冲击接地电阻不应大于 10Ω。防直击雷接地宜和防雷电感应、电气设备、信息系统等接地共用同一接地装置，并宜与埋地金属管道相连。当不共用、不相连时，两者间在地中的距离不应小于 2m。在共用接地装置与埋地金属管道相连的情况下，接地装置宜围绕建筑物敷设成环形接地体。

习题

1. 填空题

(1) 安全用电的基本方针是_____、预防为主。

(2) 安全用电包括两方面：人身安全和_____安全。

(3) 电流伤害事故可分为_____和电伤。

(4) 触电方式可分为_____触电、两相触电、接触电压触电和_____触电。

(5) 电流流经人体的_____、中枢神经和呼吸系统是最危险的。

(6) 人体电阻由_____和皮肤表面电阻组成，其中以皮肤表面电阻为主。

(7) 在心肺复苏法中，支持生命的三项基本措施是，_____、口对口人工呼吸和胸外心脏按压。

(8) 触电急救的步骤与方法是：①_____；②判断触电者受伤害情况，以便对症救护；③现场展开救护；④设法通知医疗部门。

(9) 触电现场抢救中，以_____和_____两种抢救方法为主。

(10) 常用的防雷保护装置有_____、_____、_____和_____。

(11) 对直击雷的防护一般采用_____和_____。

(12) 安全距离主要是根据空气间隙的_____特性确定的。

(13) _____是防止误操作事故发生的主要组织措施之一。

(14) 在以接地电流入地点为圆心，____m 为半径范围内行走的人，两脚之间承受跨步电压。

(15) 10～16mA 范围的电流属于_____。

(16) 影响电流对人体伤害程度的因素有_____、_____、_____、_____和_____等。

2. 发现有人触电应如何抢救呢？在抢救时应注意什么？

项目二

直流电路的安装与测试

任务一 直流电源的输出与测试

【技能目标】

1. 能正确操作直流稳压电源输出电压。
2. 能正确使用万用表测量交、直流电压。
3. 能正确计算绝对误差和相对误差。

【知识目标】

1. 掌握直流稳压电源输出电压和电流的方法。
2. 掌握指针式与数字式万用表测量交、直流电压的方法。
3. 掌握相对误差和绝对误差的计算方法。
4. 掌握测量误差的表示方法。
5. 了解测量基本知识、电工仪表的种类以及测量误差的分类情况。

【素质目标】

1. 树立热爱科学、敢于动手实践的观念。
2. 培养独立思考的能力和一丝不苟的精神。

任务引入

直流电源是保证直流电路、模拟电子电路和数字电子电路等正常工作的能源提供者,是电工、电子技术人员工作时经常用到的仪器之一。万用表是对电路信号如电压、电流、电阻等数据进行测量所必备的仪表,也是电气工作人员对线路检修时最常用的仪表。对初学电工技术的人员而言,学习掌握直流稳压电源、万用表的正确操作,以及应用万用表进行正确的测量,并进行数据处理是必备的基本技能。

现手头有直流稳压电源一台,各类电池若干,指针万用表和数字万用表各一只,其外形如图 2-1 所示。如果你是工厂里的一名检修人员,在检修设备时,发现电源(或者电池)异常,那么,你将如何利用万用表去测量电源(或者电池)的输出电压从而判断其好坏呢?

(a) 直流稳压电源　　(b) 1号电池　　(c) 9V叠层电池　　(d) 指针万用表　　(e) 数字万用表

图 2-1　直流稳压电源、电池及万用表

相关知识

（一）双路直流稳压电源

1. 双路直流稳压电源面板

双路直流稳压电源的面板如图 2-2 所示，该电源具有步进换挡、电压连续可调功能，当输出直流电流超过最大允许值时，可进行自动截流保护。其面板组成包括：

图 2-2　双路直流稳压电源

① 双路可调稳压电源电压输出显示屏；
② 左路输出电压连续调整及限流调节旋钮；
③ 右路输出电压连续调整及限流调节旋钮；
④ 指示电源工作正常与否的"电压指示"和"电流指示"；
⑤ 电源开关；
⑥ 左路电压输出正、负接线柱；
⑦ 右路电压输出正、负接线柱；
⑧ 固定＋5V 输出正、负接线柱；
⑨ 整机接地（机壳）接线柱；
⑩ 机箱面板。

2. 双路直流稳压电源输出

该直流稳压电源的输出能力为：两路 0～＋30V 的可调直流稳压电压输出和一路＋5V 固定电压输出；每组可调电源都有 3 个接线端子，电压输出"红（＋）、黑（－）"接线柱和"GND（地）"接线柱；在稳压电源正常工作情况下，电源"电压指示"为"绿灯亮"；输出电流超过允许值时，限流指示为"红灯亮"。

3. 双路直流稳压电源的使用

（1）＋5V 输出电源　连接电源线，打开电源开关，＋5V 固定输出的红、黑接线柱直接对接连至所需＋5V 电源的电路使用即可。

（2）双路可调稳压电源的使用　使用时，"地"通常连接设备的外壳，它通过供电线路的地线和"大地"相连。

① 双路稳压电源的独立工作模式。两组电源独立使用模式下，每一组的输出电压单独可调。在短接各自的红（＋）、黑（－）端钮后，还可调节各自的最大输出电流。

使用时，首先连接电源线，然后打开电源开关。调节一路电源的电压调节旋钮，使其输出为所需的电压数值。然后将其红、黑接线柱直接对接连至所需直流电源的电路正、负极即可。如果发现稳压电源的限流指示的"红灯亮"，说明流过电压源内部电路的电流超过了设置的允许值,适当调节电流旋钮使其变大,灯变绿即可。

> 注意:电压输出不允许超过最大输出30V;电流限值不能超过最大电流5A。

② 双路稳压电源的组合工作模式。稳压电源的组合模式有并联和串联两种方式。若需要双电源输出时,必须分别将两个电源组的一个"+"和一个"-"短接。为了连接方便,通常将中间的"+"与"-"短接起来为"电源地",这样最两边的"+、-"分别就是所需要的V+与V-。

> 注意:需要分别调节两组的电压输出,因为它们是相互独立的。

(二)万用表

万用表有指针式和数字式两种,以下分别进行介绍。

1. 指针式万用表

MF47型指针式万用表的面板外形如图2-3所示。

(1) MF47型指针式万用表基本功能　MF47型是便携式磁电系整流型多量程万用电表,可用来测量直流电流、交直流电压、直流电阻等,具有26个基本量程和电平、电容、电感、晶体管直流参数等7个附加参考量程。

(2) 刻度盘与挡位盘　刻度盘与挡位盘印制成红、绿、黑三种颜色。表盘颜色分别按交流红色、晶体管绿色、其余黑色对应制成。刻度盘共有六条刻度线:第一条专供测量电阻读数用;第二条供测交直流电压、直流电流之用;第三条供测量晶体管放大倍数用;第四条供测量电容之用;第五条供测电感之用;第六条专供测音频电平用。刻度盘上装有反光镜,用以消除视觉误差。

(3) 使用方法　MF47型指针式万用表使用极其方便,除交直流2500V和直流5A分别有单独插孔之外,其余各挡只需转动一个选择开关即可。

图2-3　MF47型指针式万用表外形

在使用前,应先检查指针是否指在机械零位上。如不指在零位时,可用小型螺丝刀旋转表盖上的机械调零器,使指针指示在零位上。将红、黑测试表笔插头分别插入"+""-"插孔中。如果要测量大于1000V而小于2500V的交直流电压或大于500mA、小于5A的直流电流时,红表笔插头则应分别插到标有"2500V-~"或"5A"的插座中。

① 交直流电压测量。测量交流10~1000V或直流0.25~1000V时,将转动开关应分别旋转至对应的交流(V)10~1000V或直流(V)0.25~1000V所需的电压挡位置上;测量2500V的交直流电压时,开关应分别旋转至交流1000V或直流1000V位置上,红表笔放在对应2500V的插孔内,而后将表笔跨接于被测电路两端。

被测电压的读数方法:实际值=指示值×量程/满偏。

② 直流电流测量。测量0.05~500mA电流时,将转动开关旋至直流电流(A ⎓)所需的挡位;测量5A的直流电流时,转动开关可放在500mA直流电流量限上,红表笔插入5A的插孔内,而后将表笔串接于被测电路中。注意,指针万用表的黑表笔连接的是内部电池的正极,红表笔连接的是负极,因此,测量电路电流时一定要注意,防止指针反偏打歪而损坏仪表。

被测电流的读数方法:实际值=指示值×量程/满偏。

③ 直流电阻测量。先将 MF47 指针式万用表装上电池，需要 2 节 1.5V 电池及 1 节 9V 叠层（方块）电池。转动开关至所需测量用的电阻挡，将测试红、黑表笔短接，调整欧姆调零旋钮，使指针对准欧姆"0"位，然后将测试表笔跨接于被测电路的两端进行测量。

被测电阻的读数方法：实际值＝指示值×量程倍率。

注意：
a. 若万用表不能指示欧姆零位，则说明电池电压不足，应更换电池。
b. 测量电阻时，应选择合适的电阻挡位，使指针尽量能够指向表刻度盘中间三分之一的区域。
c. 测量电路中的电阻时，应先切断电路电源，而且一定要断开电阻的一脚。
d. 如电路中有电容，应先进行放电。
e. 当检查电解电容器漏电电阻时，可转动开关到 $R\times 1k$ 挡，测量中红表笔必须接电容器的负极，黑表笔接电容器的正极。

(4) 指针式万用表使用注意事项
① 万用表虽有双重保护装置，但使用时仍应遵守下列规程，避免意外损失。
a. 测未知量的电压或电流时，应先选择相关挡位区，并旋至最高量程挡位。待第一次读取数值后，方可逐渐调节转至适当的量程位置，以取得较准读数，避免烧坏电路。
b. 测量高压或大电流时，为避免烧坏开关，应在切断电源的情况下，变换量程。
c. 偶然发生因过载而烧断熔丝时，可打开表盒，换上相同型号的熔丝（0.5A/250V）。
② 测量高压时，要站在干燥绝缘板上，并采取一手操作的方式，防止发生意外触电事故。
③ 电阻各挡用干电池，应做定期检查，并及时更换，以保证测量的精度。
④ 平时不用万用表时，应将挡位盘旋到交流 250V 挡；如长期不用时，应取出电池，以防止电解液溢出，而造成腐蚀损坏其他零件。

指针式万用表除了可以测量交直流电压、直流电流和电阻外，还可以测量音频电平、电感量、电容容量及漏电情况，测试二极管极性、晶体管引脚及直流参数等等。

2. 数字式万用表

数字式测量仪表属于多功能、多用途的测量仪表。与模拟式仪表相比，它具有灵敏度高、准确度高、显示清晰、过载能力强、使用简单、便于携带等优点，已成为目前测量所用仪表的主流，有取代模拟式仪表的趋势。MY65 型数字万用表的外形如图 2-4 所示。

图 2-4　MY65 型数字万用表外形

(1) MY65 型数字万用表基本功能　MY65 型数字万用表为四位半 LCD 液晶数字显示式万用表，具有测量交直流电压、交直流电流、电阻、电容容量、频率等功能，还能测试二极管、三极管、场效应管的引脚，检测电路故障、元器件好坏等。有些型号的数字万用表为三位半显示，还有的具备测温度的功能，可自行查阅了解。

(2) 数字万用表的使用　使用前，先认真阅读有关数字万用表的使用说明书，熟悉电源开关、量程开关、插孔、特殊插口的作用。其使用方法如下。

① 将电源开关置于 ON（开）的位置。
② 交直流电压的测量。如果测量直流电压，将挡位开关拨至 DCV（V⎓）的合适量程；如果测量交流电压，将挡位开关拨至 ACV（V～）的合适量程。红表笔插入 V/Ω 孔，黑表笔插入 COM 孔，并将表笔与被测线路并联，读数即显示。

③ 交直流电流的测量。如果测直流电流，将挡位开关拨至 DCA（A⎓）的合适量程；如果测量交流电流，将挡位开关拨至 ACA（A∼）的合适量程。红表笔插入 mA 孔（＜200mA 时）或 10A 孔（＞200mA 时），黑表笔插入 COM 孔，并将万用表串联在被测电路中即可。测量直流量时，数字万用表能自动显示极性。

④ 电阻的测量。将量程开关拨至 Ω 的合适量程，红表笔插入 V/Ω 孔，黑表笔插入 COM 孔。如果被测电阻值超出所选择量程的最大值，万用表将显示"1"，这时应选择更高的量程再重新测量。

测量电阻时，红表笔为正极，黑表笔为负极，这与指针式万用表正好相反。因此，测量晶体管、电解电容器等有极性的元器件时，必须注意表笔的极性。

（三）测量基本知识

1. 测量的基本概念

（1）测量　为了确定未知变量（被测对象）的量值大小而进行的实验过程。构成测量的基本要素有：被测对象、测量仪器、测量技术、测量人员和测量环境。

（2）测量的任务　通过实验的方法，将被测量（未知量）与标准量（已知量）进行比较，以求得被测量的数值。

（3）度量器　标准单位量的实体。可分为：基准器、标准器和工作量具。

2. 测量方式

测量方式包括直接测量、间接测量、组合测量。

（1）直接测量　指仪表读出值就是被测的电磁变量，例如用电流表测量电流，用电压表测量电压。

（2）间接测量　指要利用某种中间量与被测量之间的函数关系，先测出中间量，再算出被测量。例如，借助电流表、电压表，用伏安法测量电阻。

（3）组合测量　指被测量与中间量的函数式中还有其他未知数，需通过改变测量条件，得出不同条件下的关系方程组，然后解联立方程组求出被测量的数值。

3. 测量方法

测量结果的获得方法有直读法和比较法两种。

（1）直读法　利用仪表直接读取测量数据。

（2）比较法　将被测量与度量器放在比较仪器上进行比较，从而求得被测量的数值。比较法又分有零值法、较差法和替代法三种。

① 零值法。比较仪表指零时，从度量器读出被测量数值的方法。

② 较差法。从比较仪器求得差值，根据度量器数值和比较差值，求得被测量的数值。

③ 替代法。将已知量与被测量先后置于同一测量装置中，若两次测量装置都处于相同状态，可认为被测量等于已知量，再从已知量读出被测量值。

（四）测量误差的表示方法及分类

在测量过程中，由于受到测量方法、测量设备、试验条件及观测经验等多方面因素的影响，测量结果不可能是被测量的真实数值，而只是它的近似值，即任何测量的结果与被测量的真实值之间总是存在着差别，这种差别称为测量误差。

1. 测量误差的表示方法

根据误差的表示方法可分为绝对误差、相对误差、引用误差三类。测量误差通常用绝对误差和相对误差表示。

（1）绝对误差　用测量值与被测量真值之间的差值所表示的误差称为绝对误差，用"Δ"表示，即

$$\Delta = A_X - A_0 \tag{2-1}$$

式中，A_X 为测量值；A_0 为实际值。

> 绝对误差是具有大小、正负和量纲的数值。

（2）相对误差　绝对误差与被测量实际值之比的百分数称为相对误差，用"γ"表示，即

$$\gamma = \frac{\Delta}{A_0} \times 100\% \quad 或 \quad \gamma = \frac{\Delta}{A_X} \times 100\% \tag{2-2}$$

相对误差是一个比值，其数值与被测量所取的单位无关，能反映误差大小和方向，并能确切反映测量的准确程度。因此，在测量过程中，欲衡量测量结果的误差或评价测量结果准确程度时，一般都用相对误差表示。

相对误差虽然可以较准确地反映被测量的准确性，但用来表示仪表的准确度时，不甚方便。因为同一仪表的绝对误差在刻度范围内变化不大，这样就使得在仪表标度尺的各个不同部位的相对误差不是一个常数。如果采用仪表的量程 A_m 作为分母就解决了上述问题，即下述的引用误差。

（3）引用误差　以绝对误差 Δ 与仪表上量限的比值所表示的误差称为引用误差，其中绝对误差若取可能出现的最大值则称为最大引用误差，即

$$\gamma_m = \frac{\Delta_m}{A_m} \times 100\% \tag{2-3}$$

> 最大引用误差作为评价仪表性能的指标，可以用来确定仪表的准确度等级。

（4）仪表的准确度　在正常的使用条件下，仪表测量结果的准确程度叫仪表的准确度。在工业测量中，为了便于表示仪表的质量，通常用准确度等级来表示仪表的准确程度。准确度等级就是最大引用误差去掉正、负号及百分号所得到的数值。准确度等级是衡量仪表质量优劣的重要指标之一。我国工业仪表等级分为 0.1、0.2、0.5、1.0、1.5、2.5、5.0 共七个等级，并标记在仪表刻度标尺或铭牌上。仪表准确度习惯上称为精度，准确度等级习惯上称为精度等级。

$$仪表精度 = 绝对误差的最大值/仪表量程 \times 100\%$$

以上计算式取绝对值并去掉%就是精度等级。仪表精度是根据国家规定的允许误差大小分成几个等级的。某一类仪表的允许误差是指在规定的正常情况下允许的百分比误差的最大值。我国过程检测控制仪表的精度等级有 0.005、0.02、0.1、0.35、0.5、1.0、1.5、2.5、4 等。一般工业用表为 0.5~4 级。

> 精度数字越小说明仪表精确度越高。

2. 测量误差的分类

根据误差的性质可分为系统误差、随机误差和疏忽误差三类。

（1）系统误差　是指在同一条件下，多次测量同一量值时，误差的大小和符号均保持不变，或者当条件改变时，按某一确定的已知规律（确定函数）变化的误差。系统误差包括已定系统误差和未定系统误差，已定系统误差是指符号和绝对值已经确定的系统误差。

系统误差产生的原因有测量仪器、仪表不准确，环境因素的影响，测量方法或依据的理

论不完善及测量人员的不良习惯或感官不完善等。

系统误差的特点有：

① 系统误差是一个非随机变量，是固定不变的，或是一个确定的时间函数。也就是说，系统误差的出现不服从统计规律，而服从确定的函数规律。

② 重复测量时，系统误差具有重现性。对于固定不变的系统误差，重复测量时误差也是重复出现的。系统函数为时间函数时，它的重现性体现在当测量条件实际相同时，误差可以重现。

③ 可修正性。系统误差的重现性，决定了它是可以被修正的。

（2）随机误差　又称偶然误差，是指在同一量的多次测量中，以不可预知方式变化的测量误差的分量。随机误差就个体而言是不确定的，但其总体服从统计规律，一般服从正态分布规律。

随机误差的特性有：

① 有界性：在一定的测量条件下，误差的绝对值不会超过一定的界限。

② 单峰性：绝对值小的误差出现的概率大，而绝对值大的误差出现的概率小。

③ 对称性：绝对值相等的±误差出现的概率一致。

④ 抵偿性：将全部误差相加时，具有相互抵消的特性。

其中，特性④可由特性③推导出来，因为绝对值相等的正负误差之和可以互相抵消，对于有限次测量，随机误差的算术平均值是一个很小的量，而当测量次数 n 无限增大时，随机误差趋近于零。在精密测量中，一般采用取多次测量值的算术平均值的方法消除随机误差。

（3）疏忽误差　又称粗大误差，是指明显超出了规定条件下预期的误差。这种误差是由实验者错误读取数据、使用了有缺陷的计量器具、计量器具使用不正确、环境的干扰等引起的。例如，实验者用了有问题的仪器，读错、记错或算错测量数据等等。含有粗大误差的测量值称为坏值，应该去掉。

（五）电工测量仪表概述

电工测量所用的仪表有模拟指示仪表、数字仪表、比较类仪器三大类。

1. 模拟指示仪表

模拟指示仪表组成如图 2-5 所示。基本原理是将被测电磁量转换为可动部分的角位移，然后根据可动部分指针在标尺上的位置直接读出被测量的数值。主要部件有：

（1）产生转动力矩的装置　利用电磁力的有磁电式、电磁式、电动式、感应式、振动式等；利用电荷作用力的有静电式等。

（2）产生反作用力矩的装置　主要有游丝、悬丝等。

（3）产生阻尼力矩的装置　可以利用电磁阻尼、空气阻尼、油阻尼等。

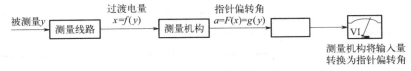

图 2-5　模拟指示仪表的组成

2. 数字仪表的组成

数字仪表组成如图 2-6 所示。基本原理是将被测电磁量转换为电压，再转换为数字量，并以数字方式直接显示。由于数字仪表内部需要用到 A/D 转换器，而进行 A/D 转换的对象必须是电压，所以需要测量线路先将被测量转换为电压，再通过 A/D 转换器将电压转换为数字脉冲，最后数字脉冲经过译码加到显示器上。

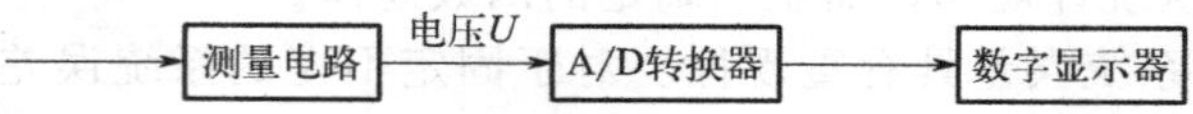

测量电路 → 电压U → A/D转换器 → 数字显示器

图 2-6　数字仪表的组成

3. 比较类仪器

比较类仪器指使用电桥、补偿等方法，将标准度量器与被测量置于比较仪器中进行比较，从而求得被测量的一类仪表。这类仪器除需要仪表本体外（如电桥、电位差计等），还需要检流设备、度量器等。

 任务实施

第一步：准备所需的元器件及仪表

所需要的元器件及仪表清单如表 2-1 所示。

表 2-1　直流电压输出及测量所需元器件及仪表清单

元器件名称	型号或参数	数量	元器件名称	型号或参数	数量
直流稳压电源	MPS-3002L-3	1	墙壁插座		1
1号电池		2	指针式万用表	MF47	1
9V叠层电池		1	数字式万用表	MY65	1

第二步：万用表测量电池电压

① 认真阅读各种电池外表面标识的内容，区分各类电池的外形及其标写内容的含义。
② 将指针式万用表调到直流电压（DCV）挡，旋至最大量程。
③ 将红、黑表笔分别碰触1号及9V叠层电池的正负极两端，若发现指针反偏，请调换表笔。
④ 观察指针偏转情况，逐渐减小量程挡位，直至选定合适的量程，读取万用表数值，并将电压测量值填入表 2-2 中。
⑤ 利用数字万用表重复上述测量，可将其作为电压实际值填入表 2-2 中。计算绝对误差和相对误差。

表 2-2　电池电压测量

电池	电压实际值/V	电压测量值	绝对误差/V＝测量值－实际值	相对误差＝绝对误差/实际值×100%
1号电池	1.5			
9V叠层电池	9.0			

第三步：直流稳压电源电压的输出及测量

① 连接直流稳压电源的电源线，并打开电源开关。
② 选择双路直流稳压电源作为两路电压的输出口，调节使其分别输出＋10V、＋5V 的电压。

③ 将指针万用表旋至直流电压挡的合适量程处，红黑表笔分别正确对接在稳压电源电压正负输出端，读取实际电压数值，记录数据于表 2-3 中。

④ 计算输出电压的绝对误差、相对误差。

表 2-3　万用表测量直流稳压电源输出电压

直流稳压电源	实际电压值/V	测量电压值/V	绝对误差/V＝测量值－实际值	相对误差＝绝对误差/实际值×100%
稳压电源 10V 输出	10.0			
稳压电源 5V 输出	5.0			

第四步：万用表测量交流电压

① 熟悉指针式万用表交流挡（ACV）区，并将其选定在最大量程处。

② 红黑表笔分别插入实验台单相两眼插座的插孔，观察指针的偏转情况。

③ 逐渐减小量程挡位，选定合适的量程，读取万用表数值，将其作为测量值填入表 2-4 中。

④ 请调换表笔，再次观察指针偏转情况，发现什么现象呢？请予以解释。

⑤ 指针式万用表测试实验台三相四孔插座的任意两火线之间电压，测量过程同上所述。

⑥ 用数字式万用表分别测量实验台两眼插座以及三相四孔插座的任意两火线之间电压，将其作为实际值填入表 2-4 中。

表 2-4　万用表测量交流电压数据

交流电压	实际电压值/V	测量电压值/V	绝对误差/V＝测量值－实际值	相对误差＝绝对误差/实际值×100%
两眼插座				
四孔插座火线之间电压				

第五步：实施过程回顾

任务完成之后，应总结：

① 双路稳压电源输出直流电压的操作方法。

② 应用万用表测量电压的操作步骤。

③ 指针式万用表和数字式万用表使用时有何异同？

④ 用万用表测量直流电压和交流电压时有何不同？

⑤ 测量交流电压时表笔调换对测量有无影响，为什么？

任务测评

本任务共有三个方面的内容，电池电压、直流稳压电源电压以及交流电压的测量。本任务主要进行万用表电压挡的使用训练。任务实施之前，教师可以事先演示万用表的使用。演示时，首先将万用表打到直流电压挡（或交流电压挡）的合适量程，红、黑表笔一定要插在正确的插孔里（黑表笔插在 COM 插孔，红表笔插在 V/Ω 插孔），然后将红、黑表笔接入电池或者插座，读取数值，注意红表笔接到电池的正极，黑表笔接到电池的负极，否则指针式万用表会反偏，数字式万用表会显示负值。指针式万用表的测量值根据量程还需要进行换算，最后将结果填入表格中。在学生的测量任务中，需提醒其注意以下事项（评分标准）。

① 注意安全，防止触电。在测量交流电压时，手不可接触到表笔或者插座的金属部分，

否则扣10分。

② 直流电压测量时,需要注意测量误差,如果误差过大,则应判断为粗大误差,舍弃。或者可能是旧的电池,其电量已经耗尽,出现实际电压值距离标称值过大,导致粗大误差的产生,需要更换为新电池,再重新测量。如计算结果为粗差而未舍弃则扣10分。

③ 电池的电压标称值可作为实际值使用,如1号电池电压标称值1.5V,叠层电池电压标称值为9V,两眼插座交流单相电压为220V,四孔插座的火线之间电压即线电压为380V。在只有一种万用表(指针式万用表或数字式万用表)测量的情况下,可将标称值作为实际值应用。实际值选取不正确的,扣10分。

④ 注意绝对误差和相对误差均可能出现负值。如果误差搞错,则扣10分。

⑤ 注意绝对误差应带单位,相对误差应带百分号。未带单位或百分号的,扣10分。

⑥ 绝对误差和相对误差的计算,还需要保留一定的有效位数。有效位数不符合要求的,扣10分。

教师在测评时,根据以上注意事项进行综合评分。

知识拓展——磁电系仪表

前面用到的指针式万用表属于磁电系仪表,磁电系仪表在电工仪表中占有重要地位。它广泛地应用于直流电流和直流电压的测量。与整流元件配合,可以用于交流电流与电压的测量,与变换电路配合,还可以用于功率、频率、相位等其他电量的测量。

1. 结构

磁电系测量机构的结构如图2-7所示。整个结构分为两部分,即固定部分和可动部分。机构的固定部分是磁路系统。磁路系统包括:永久磁铁1、固定在磁铁两极的极掌2以及处于两个极掌之间的圆柱形铁芯3。圆柱形铁芯固定在仪表支架上,采用这种结构是为了减少磁阻,并使极掌和铁芯间的空气隙中产生均匀的辐射型磁场。这个磁场的特点是,沿着圆柱形铁芯的表面,磁感应强度处处相等,而方向则和圆柱形表面垂直。圆柱形铁芯与极掌间留有一定的气隙,使可动线圈能在气隙中转动。

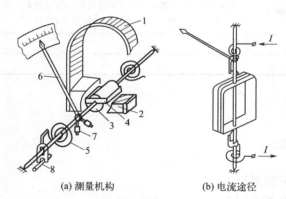

图2-7 磁电系测量机构

1—永久磁铁;2—极掌;3—圆柱形铁芯;4—活动线圈;
5—游丝;6—指针;7—平衡锤;8—调零器

机构的可动部分由绕在铝框架上的活动线圈4、线圈两端的两个半轴、与转轴相连的指针6、平衡锤7以及游丝5所组成。整个可动部分支承在轴承上,线圈位于环形气隙之中。在矩形框架的两个短边上固定有转轴,转轴分前后两个半轴,每个半轴的一端固定在矩形框架上,另一端则通过轴尖支撑于轴承中。在前半轴上装有指针6,可动部分偏转时,带动指针偏转,用来指示被测量的大小。

当可动线圈通以电流之后,在永久磁铁的磁场作用下,产生转动力矩并使线圈转动。反作用力矩通常由游丝产生。磁电系仪表的游丝一般有两个,且绕向相反,游丝一端与可动线圈相连,另一端固定在支架上,它的作用是既产生反作用矩,同时又将电流引进可动线圈的引线。

磁电系测量机构没有专门的阻尼器,仪表的阻尼力矩由铝制的矩形框架产生。高灵敏度的仪表为了减轻可动部分的重量，通常采用无框架可动线圈，并在可动线圈中加短路线圈，利用短路线圈中产生的感应电流与磁场相互作用产生阻尼力矩。

为了使仪表指针起始在零的位置，通常还存在一个调零器 8。调零器的一端与游丝相连。如果在仪表使用前其指针不指在零位，则可用起子轻轻调节露在表壳外面的调零器的螺杆，使仪表指针逐渐趋近于零位。

2. 工作原理

磁电系测量机构是利用通电线圈在磁场中受到磁场作用力产生转动力矩的原理制成的，如图 2-8 所示。当可动线圈通电时，线圈受均匀辐射型磁场的作用而产生电磁力 F，从而形成转动力矩 M，使可动部分发生偏转。根据图中所设电流方向和磁场方向，运用左手定则，可以判断线圈两有效边所受电磁力 F 的方向都与线圈平面垂直且方向相反，产生使可动线圈发生顺时针方向偏转的转动力矩，可动线圈便发生顺时针方向的旋转。

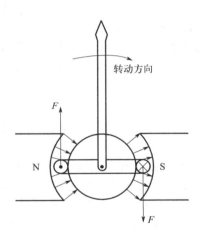
图 2-8 产生转动力矩的原理

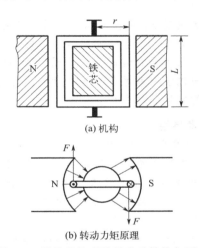
图 2-9 测量机构磁路部分的结构与原理

磁电系测量机构的基本原理是利用可动线圈中的电流与气隙中的磁场相互作用，产生电磁力，可动线圈在力矩的作用下发生偏转，因此称这个力矩为转动力矩。可动线圈的转动使游丝产生反作用力矩，当反作用力矩与转动力矩相等时，可动线圈将停留在某一位置上，指针也相应停留在某一位置上。

磁电系测量机构产生转动力矩的原理如图 2-9 所示。设均匀辐射的磁感应强度为 B，线圈匝数为 N，垂直于磁场方向的可动线圈有效边长为 L，则当通过线圈的电流为 I 时，每个有效边受的电磁力 F 为

$$F = NBLI$$

转动力矩为

$$M = 2Fr = 2NBLIr$$

式中，r 为转轴中心到线圈有效边的距离，其值为线圈有效边长的 1/2。

线圈包围的面积为 $S = 2rL$，由此可得

$$M = NBSI$$

线圈偏转时引起游丝变形，而产生反作用力矩 M_a，这个力矩的大小与游丝变形的大小成正比，也就是和线圈的偏转角 α 成正比，即反作用力矩为

$$M_a = D\alpha$$

式中 D——游丝的反作用系数，与游丝的力学性质和尺寸有关；

α——可动部分偏转角,即指针偏转角。

随着偏转角α不断增大,反作用力矩$M_α$也增大,直到和转动力矩相等时,可动部分因所受力矩达到平衡而停留在一个平衡位置上,指针的偏转角α不再变化。

根据力矩平衡关系得到

$$M = M_α$$

故

$$α = \frac{NBS}{D}I = S_1 I \tag{2-4}$$

式中 α——指针偏转角;
　　　S——可动线圈的有效面积;
　　　S_1——电流灵敏度,$S_1 = \frac{NBS}{D}$。

电流灵敏度S_1由仪表结构参数所决定,对于某一个仪表来讲,它是一个常数,N、S、B、D这些量决定于各仪表的结构和材料性质,其数值都是固定的。

因此,仪表指针偏转角α与通过可动线圈的电流I成正比。所以磁电系仪表可用来测量电流以及与电流有联系的其他物理量(即经过变换可以转化为电流的量)。而且磁电系仪表标度尺上的刻度是均匀的。

3. 技术特性

① 准确度高。由于磁电系测量机构采用永久磁铁,磁场很强,受摩擦、外磁场的影响较小,所以准确度很高,可以达到0.1~1.0级。

② 灵敏度高。由于仪表内部磁场很强,只需要很小的电流就可使活动部分获得足够大的转动力矩,所以磁电系仪表灵敏度很高。指针式测量机构的灵敏度可以达到1μA/格,而采用悬丝或张丝结构的光点式磁电系测量机构的灵敏度则可以达到10^{-10}μA/格。

③ 刻度均匀。由式(2-4)可知,偏转角α与通入线圈的电流成正比,所以标度尺上刻度均匀,便于使用。

④ 功耗小。

⑤ 过载能力小。由于被测电流通过游丝导入线圈,过大的电流容易引起游丝发热使弹性发生变化从而产生不允许的误差,甚至可能因为过热而烧毁游丝。另外,动圈的导线很细,也不允许通过过大的电流。

⑥ 只能测量直流。由式(2-4)可知,磁电系仪表反映的是被测量一周期内的平均值,因此若通入的是恒定电流,则偏转角α与恒定电流成正比;若通入的是正弦交流电,因其一周的平均值为零,因而指针不偏转。故磁电系仪表只能用于测量直流电量,而不能直接测量正弦交流电量,如果要用于测量正弦交流电量,则需配上整流器。另外从结构来看,因为磁场的极性是恒定的,所以指针的偏转方向取决于线圈电流的方向。若线圈电流的方向与规定方向相反,则指针反向偏转,脱离标度尺,所以测量直流电量时,必须注意极性,应使电流从"+"端通入。

 习题

1. 填空题

(1) 双路直流稳压电源的输出能力为_____和_____。

(2) 双路直流稳压电源工作时,当工作电流超过允许的限流值时,其指示为_____。

(3) 用指针式万用表测量电压前,应该先做_____。

(4) 使用万用表进行测量，在做机械调零时指针不能调到零位，那么应该_____。

(5) 应用指针式万用表测量 28V 直流电压时，应该选择_____挡的 50V 量程较合适。

(6) 使用数字万用表测量 15V 直流电压时，应该先打开万用表的_____，然后将万用表的_____旋转到_____的合适量程挡位。

(7) 电工测量仪表有_____、_____、_____三大类。

(8) 电工测量误差的表示方法有_____、_____、_____等几种。

(9) 根据误差的性质可将误差分为_____、_____、_____三类。

2. 叙述双路直流稳压电源面板的组成部分。

3. 如要让最大为 30V 输出的双路直流稳压电源输出 40V 电压，该如何操作？画出正确的电压输出接线图。

4. 测量两个电压，实际值 $U_1=100\text{V}$，$U_2=5\text{V}$，仪表的示值分别为 $U_{x1}=101\text{V}$，$U_{x2}=6\text{V}$。其绝对误差为多少？

5. 用一电压表测量 200V 电压时，其绝对误差为 +1V；用另一电压表测量另一电压读数为 20V 时，其绝对误差为 +0.5V。求它们的相对误差。

6. 检定一个满刻度为 5A 的 1.5 级电流表，若在 2.0A 刻度处的绝对误差最大为 +0.1A，问此电流表准确度是否合理？

任务二　电路元件的识读与测量

【技能目标】

1. 能正确识读电阻色环，会利用万用表正确测量电阻阻值。
2. 能正确识读电容元件，会利用万用表正确测量电容值及判断好坏。
3. 能正确识读电感元件，会利用万用表正确测量电感值及判断好坏。

【知识目标】

1. 掌握电阻元件的符号、特性、作用、种类及参数的识读方法。
2. 掌握电容元件的符号、特性、作用、种类及参数的识读方法。
3. 掌握电感元件的符号、特性、作用、种类及参数的识读方法。
4. 掌握万用表测试电阻、电容、电感的方法。

【素质目标】

1. 培养自我认知能力、独立思考能力。
2. 提升在维修、采购等方面的基本职业素养。

任务引入

电路元器件是构成任何一种电路的基本组成元素。正确识别电路元器件，读取相关参数，并理解相关参数的实际含义，是选取和使用电路元器件的重要途径。因此，熟悉电路元器件的识别和测量的具体方法是电类专业学生和相关行业技术人员必须具备的一项基本技能。常用的电路元器件有电阻、电感、电

图 2-10　几种常见的电路元器件

容和电源设备等几种，如图 2-10 所示。

如果你是电子厂的一名仓库管理员或者技术员，面对新购进来的一批电阻、电感、电容元件，要你区分这些元器件的类型，并识读和测量电阻的阻值，识读电容的电容值和判断其好坏，识读电感的电感值并判断其好坏，那么，你该如何去做呢？

相关知识

（一）电阻元件 R

1. 电阻器

（1）定义　在电路中对电流有阻碍作用，并且造成能量消耗的电器，称"电阻器"或"电阻元件"，简称"电阻"。实际中，可以用来把电能转化为热能、机械能、光能等消耗掉的一类电器，都属于消耗电能的电阻电器。

（2）单位　国际单位制中，电阻采用欧姆（Ω），常见的还有千欧（kΩ）、兆欧（MΩ）等，相互之间的换算关系为：1 兆欧 $=10^3$ 千欧 $=10^6$ 欧，即 $1\text{M}\Omega=10^3\text{k}\Omega=10^6\Omega$。

2. 电阻元件的特性、作用及符号

（1）特性　电阻为线性元件，电阻器两端的电压与流过的电流成正比，受欧姆定律约束，即

$$R=\frac{U}{I}$$

（2）作用　电路中加入电阻器的目的是限制电流、分担电压以及作负载使用。

（3）符号　各类电阻器归类，国标统一符号如图 2-11 所示。

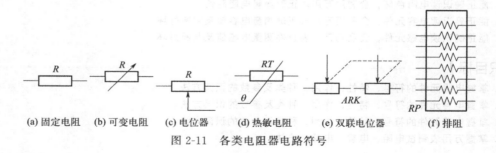

图 2-11　各类电阻器电路符号

3. 电阻器的种类、外形

（1）种类　按电阻器阻值情况主要分固定电阻和可调电阻两大类，固定电阻器的阻值固定不变；可变电阻的阻值可以发生变化，通过旋转或滑动可调端进行阻值的改变调节。

按照电阻材料的不同，主要分碳膜电阻器、金属膜电阻、水泥电阻、线绕电阻等。

（2）外形　按照电阻器应用时实际用途的不同，将电阻做成各种不同的形状，如图 2-12 所示。

4. 电阻器的主要性能指标

（1）额定功率　电阻器的额定功率是在规定的环境温度和湿度下，假定周围空气不流通，在长期连续工作而不损坏或基本不改变性能的情况下，电阻器上允许消耗的最大功率。当超过额定功率时，电阻器的阻值将发生变化，甚至发热烧毁。为保证安全使用，一般选其额定功率比它在电路中消耗的功率高 1～2 倍。实际中应用较多的有 1/8W、1/4W、1/2W、

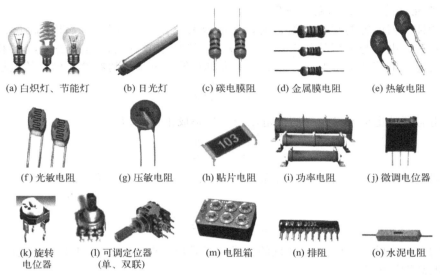

图 2-12 常用电阻的种类及外形

1W、2W。线绕电位器应用较多的有 2W、3W、5W、10W 等。

（2）标称阻值　阻值是电阻的主要参数之一，标称阻值是产品标识的"名义"阻值，不同类型的电阻，阻值范围不同，不同精度的电阻其阻值系列也不同。根据国家标准，常用的标称电阻值系列有 E24、E12 和 E6 系列，具体如表 2-5 所示。此系列也适用于电位器和电容器。

表 2-5　标称阻值系列

允许误差	系列代号	标称阻值系列
5%	E24	1.0,1.1,1.2,1.3,1.5,1.6,1.8 2.0,2.2,2.4,2.7,3.0 3.3,3.6,3.9,4.3,4.7,5.1,5.6 6.2,6.8,7.5,8.2,9.1
10%	E12	1.0,1.2,1.5,1.8,2.2,2.7,3.3 3.9,4.7,5.6,6.8,8.2
20%	E6	1.0,1.5,2.2,3.3,4.7,6.8

（3）允许误差　允许误差是指电阻器和电位器实际阻值对于标称阻值的最大允许误差范围，它表示产品的精度。允许误差等级从 ±0.001% 到 ±20%，共 14 个等级，具体请参阅相关资料了解。

（二）电容元件 C

1. 电容器

（1）定义　具有把电能以电场能的形式储存下来，并可以将电场能与电能进行相互转化，而没有能量损耗特性的一类器件，称"电容器"，简称"电容元件或电容"。

（2）单位　国际单位制中，电容器采用"法拉（F）"为单位，常见的单位还有毫法（mF）、微法（uF）、纳法（nF）和皮法（pF）。

各单位之间的换算关系为：1 法拉 $=10^3$ 毫法 $=10^6$ 微法 $=10^9$ 纳法 $=10^{12}$ 皮法，或 $1pF=10^{-3}nF=10^{-6}\mu F=10^{-9}mF=10^{-12}F$。

2. 电容元件的特性、作用及符号

（1）**特性**　当电容两端加电压 u 时，在电容两端就会有等量的异性电荷 q 积累而产生电场。电容量、电荷与电压的关系为：$C=q/u$。当把电容两端的电压去掉，而未对加过电压的电容放电，电荷会继续留存，因此，电容具有储存电场能的特性，储存的电场能大小为

$$W_C = \frac{1}{2}Cu_C^2$$

流过电容器的电流与其两端所加电压的变化率成正比，即

$$i_C = C\frac{\mathrm{d}u_c}{\mathrm{d}t}$$

电容对交流信号具有的阻碍作用称为容抗，容抗 X_C 与交流信号的频率和电容量有如下关系

$$X_C = \frac{1}{\omega C}$$

容抗的单位为欧姆（Ω）。从容抗的公式可以看出，电容的特性可用"隔直流，通交流；阻低频，通高频"来总结。

（2）**作用**　电路中加入电容器的主要目的是实现隔直、去耦、旁路、滤波、补偿、储能、调谐、振荡、延时等。

（3）**符号**　各类电容器的电路符号如图 2-13 所示。

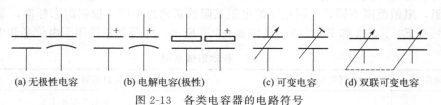

(a) 无极性电容　　(b) 电解电容(极性)　　(c) 可变电容　　(d) 双联可变电容

图 2-13　各类电容器的电路符号

3. 电容器的种类、外形

（1）**种类**

① 电容器按其结构及电容量是否能调节可分为固定电容器和可变电容器（包括微调电容器）。

② 电容器按其使用介质材料的不同可分为有机介质电容器（包括漆膜电容器、混合介质电容器、纸介电容器、有机薄膜介质电容器、纸膜复合介质电容器等）、无机介质电容器（包括陶瓷电容器、云母电容器、玻璃膜电容器、玻璃釉电容器等）、电解电容器（包括铝电解电容器、钽电解电容器、铌电解电容器、钛电解电容器及合金电解电容器等）和气体介质电容器（包括空气电容器、真空电容器和充气电容器等）。

（2）**外形**　各类电容器的外形如图 2-14 所示。

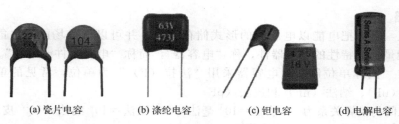

(a) 瓷片电容　　(b) 涤纶电容　　(c) 钽电容　　(d) 电解电容

图 2-14　几种常见的电容器外形

4. 电容器标识的含义

(1) 电容器的容量　即储存电荷的容量。

(2) 耐压值　指在额定温度范围内电容能长时间可靠工作的最大直流电压或最大交流电压的有效值。

(3) 耐温值　表示电容所能承受的最高工作温度。

(4) 偏差标志　电容器的偏差标志符号包括 +100%－0—H、+100%－10%—R、+50%－10%—T、+30%－10%—Q、+50%－20%—S、+80%－20%—Z 等多种。

5. 电容器的检测

(1) 电解电容引脚判别　无极性电容无需判断，直接使用。电解电容因引脚有正负极性的区别，需要先判断清楚，才能正确使用，不允许将极性反过来用，否则会发生电容爆损问题。

(2) 一般新电容的极性　引脚长的是正极；外壳标注"白杠"的一边对应的引脚是负极。用万用表测试时，按电容量大小选电阻挡位，方法是两表笔分别接触两电极，每次测量时先把电容器放电。电阻大的那次黑笔接的一极是"正极"。电容量为 4700pf 左右时，电阻挡选用 10k 挡，电容量再小，用表就很难检测了。

(3) 电容好坏的检测

① 脱离线路时检测。采用万用表 $R\times 1{\rm k}\Omega$ 挡，在检测前，先将电解电容的两根引脚相碰，以便放掉电容内残余的电荷。当万用表表笔刚接通电容引脚时，表针向右偏转一个角度，然后表针缓慢地向左回转，最后表针停下。表针停下来所指示的阻值为该电容的漏电电阻，此阻值愈大愈好，最好应接近无穷大处。如果漏电电阻只有几十千欧，说明这一电解电容漏电严重。表针向右摆动的角度越大（表针还应该向左回摆），说明这一电解电容的电容量也越大，反之说明容量越小。

② 线路上直接检测。主要是检测电容器是否已开路或已击穿这两种明显故障，而对漏电故障由于受外电路的影响一般是测不准的。用万用表 $R\times 1\Omega$ 挡，电路断开后，先放掉残存在电容器内的电荷。测量时若表针向左偏转，说明电解电容内部断路。如果表针向右偏转后所指示的阻值很小（接近短路），说明电容器严重漏电或已被击穿。如果表针向右偏后无回转，但所指示的阻值不小，说明电容器开路的可能性很大，应脱开电路后进一步检测。

③ 线路上通电状态时检测。若怀疑电解电容只在通电状态下才存在击穿故障，可以给电路通电，然后用万用表直流挡测量该电容器两端的直流电压，如果电压很低或为 0V，则是该电容器已被击穿。对于电解电容的正、负极标志不清楚的，必须先判别出它的正、负极。对换万用表笔测两次，以漏电大（电阻值小）的一次为准，黑表笔所接一脚为负极，另一脚为正极。

（三）电感元件 L

1. 电感器

(1) 定义　电感器是用漆包线、纱包线或塑皮线等在绝缘骨架（称空芯）或磁芯、铁芯上绕制成的一组串联的同轴线匝。具有把电能以电磁能的形式储存下来，并可以将电磁能与电能进行相互转化，而没有能量损耗特性的一类器件，称"电感器"，简称"电感元件或电感"。

(2) 单位　国际单位制中，电感器采用亨利（H）为单位，常见的还有毫亨（mH）、微亨（uH）、纳亨（nH）。各单位之间的换算关系为：

$1{\rm H}=10^{3}{\rm mH}=10^{6}\mu{\rm H}=10^{9}{\rm nH}$ 或 $1{\rm nH}=10^{-3}\mu{\rm H}=10^{-6}{\rm mH}=10^{-9}{\rm H}$。

2. 电感元件的特性、作用及符号

（1）**特性** 当有电流经过电感线圈线匝时，线圈周围就会有磁场形成。线圈电感与线圈中电流及其磁场链的关系为

$$L = \frac{\psi}{i}$$

磁场不能随意消失，因此，线性电感具有储存电磁能的特性，贮存的电磁能的大小为

$$W_L = \frac{1}{2} L i_L^2$$

当流过电感的电流发生交变时，由电磁感应原理，在线圈两端会产生感应电势。电感两端所加的电压与流过电感器电流的变化率成正比，即

$$u_L = L \frac{\mathrm{d} i_L}{\mathrm{d} t}$$

电感器对交流信号呈现的阻碍作用称为感抗，它与交流信号的频率和电感量有关系，即感抗 X_L 为

$$X_L = \omega L$$

感抗的单位为欧姆（Ω）。由感抗的公式可知，电感的特性可用"通直流，阻交流；通低频，阻高频"总结。

（2）**作用** 电路中加入电感器主要是为了实现储存磁能、滤波、调谐、振荡等作用。

（3）**符号** 各类电感器的符号，如图 2-15 所示。

(a) 空心电感　(b) 可调电感　(c) 铁芯电感　(d) 磁芯电感　(e) 带抽头的铁芯电感

图 2-15　各类电感器的电路符号

3. 电感器的种类、外形

（1）**种类** 电感分为空心电感器、铁芯（或磁芯）电感器、可变（可调）电感器等几类。

（2）**外形** 各种电感器的外形如图 2-16 所示。

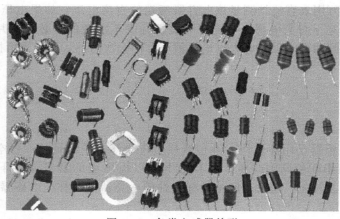

图 2-16　各类电感器外形

4. 电感器标识的含义及识读

电感的重要参数有五个：电感量、允许误差、品质因数、分布电容及标称电流等。

（1）电感量　又称线圈的电感系数，是反映电感产生自感应能力的一个物理量，体现电感储存电磁能的能力。电感的大小由主线圈的圈数（匝数）、绕制方式、有无磁芯及磁芯的材料等决定。通常，线圈匝数越多、绕制的线圈越密集，电感量就越大。

（2）标称电流　指电感器正常工作时所允许通过的最大电流值。通常用字母 A、B、C、D、E 分别表示，标称电流值为 50mA、150mA、300mA、700mA、1600mA。若工作电流超过了额定标称电流，则电感器就会因发热而使性能参数发生改变，甚至还会因过流而烧毁。

（3）允许误差　指电感器上所标注的标称电感量与实际电感值的允许误差值，对它的要求视实际用途而定。

5. 电感器的检测

电感器的检测包括阻值测量和外观检测两部分。

（1）电感阻值测量　用万用表电阻挡直接测量线圈电阻即可。

（2）电感器好坏的测量　首先检查电感的外表是否完好，磁芯有无缺损、裂缝，金属部分有无腐蚀氧化，标志是否完整清晰，接线有无断裂和损伤等。用万用表对电感做初步检测，测线圈的直流电阻，并与原已知的正常电阻值进行比较。如果检测值比正常值显著增大或指针不动，可能是电感器本体断路；若比正常值小许多，可判断电感器本体严重短路，线圈的局部短路需用专用仪器或者双臂电桥进行检测。

（四）电源

常用电源中有各类电池、发电机和各种信号源。电源中能独立地向外提供电能的电源，称为独立电源，它包括电压源和电流源；不能独立地向外电路提供电能的电源称为非独立电源，又称受控源。前述的电阻、电容和电感为电路的三种基本的无源元件，而项目二的任务一里所讲的直流稳压电源为电路的有源元器件。其中，电压源和电流源为常见的两种有源元器件。

1. 电压源

（1）定义　将其他形式的能转变为电能后，以电压的形式输出电能的电源设备，称"电压源"。实际中常用的电压源电器有干电池、发电机、稳压电源、电力网等，如图 2-17 所示。

(a) 干电池　　(b) 锂电池　　(c) 手机电池　　(d) 铅酸蓄电池　　(e) 汽车发电机　　(f) 纽扣电池

图 2-17　常见的电压源设备

（2）理想电压源　其电路符号和伏安特性曲线如图 2-18 所示。

理想电压源具有如下两个特点：

① 理想电压源的端电压是恒定的值 U_S 或是确定的时间函数 $U_S(t)$，与流过它的电流无关。

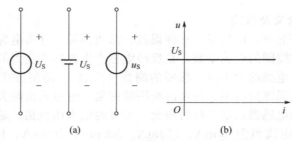

图 2-18 理想电压源及其伏安特性曲线

② 流过理想电压源的电流取决于它所连接的外电路，电流的大小和方向都由外电路决定，视电流方向的不同，电压源可以对外电路提供能量，也可以从外电路吸收能量。

由理想电压源的特点可知，其端电压与流过它的电流无关。所以理想电压源与任何二端元件（不包括不同值的理想电压源）并联，都可以（就外部特性而言）等效为该理想电压源，如图 2-19 所示。

（3）实际电压源　实际的电压源设备可以看成是一个输出恒定电压值的理想电压源 U_S 与一个电阻 R_S（电压源内阻）的串联组合。电压源内阻 R_S 通常都很小，体现实际电压源设备工作时，产生分压影响实际输出给外电路电压的大小。实际电压源及其伏安特性曲线如图 2-20 所示，有关系式

$$U = U_S - IR_S \tag{2-5}$$

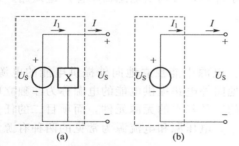

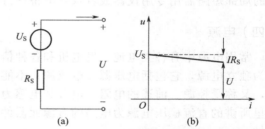

图 2-19　理想电压源与二端元件并联的等效电路　　图 2-20　实际电压源及其伏安特性曲线

2. 电流源

（1）定义　将其他形式的能转换为电能后，以电流的形式输出的电源设备，称"电流源"。实际中常用的电流源设备有恒流源仪、太阳能电池板，如图 2-21 所示。

（2）理想电流源　其电路符号和伏安特性曲线如图 2-22 所示。

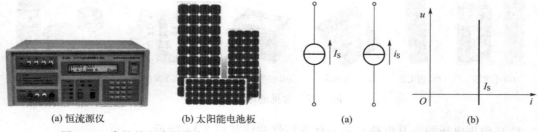

(a) 恒流源仪　　(b) 太阳能电池板

图 2-21　常见的电流源设备　　　图 2-22　理想电流源及其伏安特性曲线

理想电流源具有如下两个特点：

① 理想电流源输出恒定的电流值 I_S 或是确定的时间函数 $i_S(t)$，与它两端的电压无关。

② 理想电流源两端的电压取决于它所连接的外电路，电压的大小和极性都由外电路决定，视电压的极性不同，电流源可以对外电路提供能量，也可以从外电路吸收能量。

由理想电流源的特点可知，其输出电流与它两端的电压无关。所以，理想电流源与任何二端元器件（不包括不同值的理想电流源）串联，都可以（就外部特性而言）等效为该理想电流源，如图 2-23 所示。

（3）实际电流源　实际的电流源电器设备可以看成是一个输出恒定电流值的理想电流源 I_S 与一个电阻 R_S 的并联组合。实际电流源的内阻 R_S 通常都很大，体现电流源设备在工作时，产生的分流对实际输出电流大小的影响。实际电流源及其伏安特性曲线如图 2-24 所示，其关系式为

$$I = I_S - \frac{U}{R_S} \tag{2-6}$$

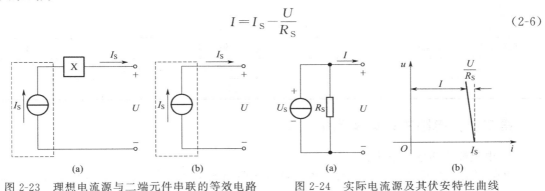

图 2-23　理想电流源与二端元件串联的等效电路　　图 2-24　实际电流源及其伏安特性曲线

3. 两种实际电源模型的等效变换

使用电压源模型或电流源模型来描述不同的电源是为了更符合这些电源的外部特性，并便于对其进行分析。实际电源可以用电压模型表示，也可以用电流模型表示。如果同一个实际电源采用两种不同的电源模型来表示的话，那么两者之间就应有对应的转换关系，可以在下面分析中得出结论。

由实际电压源的电压与电流关系式(2-5) 得到

$$I = \frac{U_S - U}{R_S} = \frac{U_S}{R_S} - \frac{U}{R_S} \tag{2-7}$$

比较电流源的电压与电流关系式(2-6) 和式(2-7)，可得实际电压源与实际电流源等效变换条件公式为

$$I_S = \frac{U}{R_S} \tag{2-8}$$

可见，实际电压源转换成实际电流源时，已知理想电压源 U_S 和其内阻 R_S，则等效的理想电流源 $I_S = \frac{U}{R_S}$，内阻 R_S 保持不变；实际电流源转换成实际电压源时，已知理想电流源 I_S 和其内阻 R_S，则等效的理想电压源 $U_S = I_S R_S$，内阻 R_S 保持不变。实际电压源和实际电流源之间相互转换如图 2-25 所示。理想电压源与理想电流源所串联或并联的电阻也不仅局限于电源的内阻。

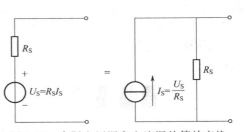

图 2-25　实际电压源和电流源的等效变换

注意：等效转换时，电压源中电压 U_S 的正极性端与电流源 I_S 的流出端相对应。

任务实施

第一步：区分元件类型

从仓库领取一批电路元器件，包括各种电阻、电容、电感元件，将这些电路元件进行正确的区分归类。元件及仪表清单如表 2-6 所示。

表 2-6 元件及仪表清单

元器件或仪表名称	型号或参数	数量	元器件或仪表名称	型号或参数	数量
指针式万用表	MF47	1	电解电容	10μF/25V	1
色环电阻	10kΩ、1kΩ、120Ω	各1	钽电容	1μF/25V	1
涤纶电容	222	1	色码电感	100μH、10μH、5μH	各1
瓷片电容	104	1	数字式万用表	MY65	1

第二步：电阻的识读及测量

1. 电阻器阻值的识读方法

电阻器的参数标注于器件的外表面，读取电阻值通常采用直标法、色环标法和文字符号法等。

（1）直标法　直标法就是将电阻器的类别、标称阻值、允许误差及额定功率等直接标注在电阻器的外表面上，如：电阻上印有"68kΩ±5%"，则阻值为 68kΩ，误差为阻值的 $±5\%$ kΩ，即 $±3.4$ kΩ。

（2）数码表示法　将电阻标称值用阿拉伯数字形式标注于电阻的外表上，前两位为有效数值，后一位表示"零的个数"。如：223 表示 22000Ω=22kΩ；102 表示 1000Ω=1kΩ；510 表示 51Ω 等。

（3）文字符号法　文字符号法是将电阻器的标称值和允许误差值用数字和文字符号法按一定的规律组合标注在电阻体上。如：R47 表示阻值为 0.47Ω；3R3 表示 3.3Ω；5k1 表示 5.1kΩ；2M2 表示 2.2MΩ 等。

（4）色环标法　色环法是采用颜色环来表示元器件的标称阻值和误差的一种方法，并直接标注在产品上。常用的固定电阻器都用色环法来表示，常见的色环电阻有四环和五环两种，其中四环电阻是普通电阻，五环电阻属于精密电阻。紧靠电阻体一端的色环为第一环，露出电阻体本色较多的另一端为最后一环。色环电阻外形如图 2-26 所示。电阻颜色和误差标识如表 2-7 所示。

不同的颜色代表不同的数值，四环、五环电阻各色环所代表的数字或意义如表 2-7 所示。

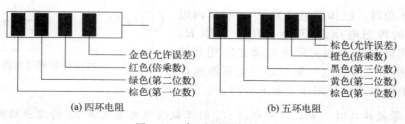

图 2-26　色环电阻的识读

表 2-7　四环、五环电阻颜色和误差标识

色环	黑	棕	红	橙	黄	绿	蓝	紫	灰	白	金	银	无色
第一环	0	1	2	3	4	5	6	7	8	9			
第二环	0	1	2	3	4	5	6	7	8	9			
第三环 倍乘数	0 10^0	1 10^1	2 10^2	3 10^3	4 10^4	5 10^5	6 10^6	7 10^7	8 10^8	9 10^9	-1 10^{-1}	-2 10^{-2}	
四环 允许误差/%											±5	±10	±20
五环 允许误差/%		±1	±2			±0.5	±0.25	±0.1	±0.05				

2. 电阻阻值的测量方法

电阻的测量可以用万用表、单臂电桥、双臂电桥和兆欧表等仪器，根据电阻值大小和测量精度的要求，对不同范围阻值的电阻测量，应采用不同的仪表。对中值电阻（1Ω～1MΩ）的测量，主要采用万用表欧姆挡进行直接测量，或者借助电流表、电压表测量流经电阻的电流和两端电压，再应用欧姆定律计算其阻值的间接测量法，也即伏安法。中值电阻的具体测量方法如图 2-27(a)、(b) 所示。

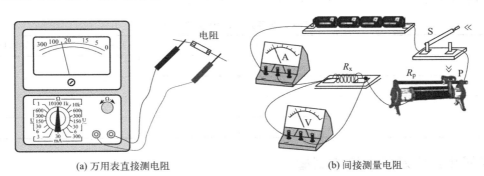

(a) 万用表直接测电阻　　　　　　　(b) 间接测量电阻

图 2-27　中值电阻的测量方法

3. 识读并测量电阻

将所给色环电阻的色环数及由色环读取计算的阻值结果记录于表 2-8 中，并利用万用表测量各电阻的阻值，电阻的测量方法见本项目的任务一所述。同时，利用直读色环电阻的阻值作为实际值，利用万用表测量的阻值作为测量值，计算绝对误差和相对误差，填入表内，并判断电阻器的好坏。

表 2-8　电阻的识读和测试

种类	色环颜色或颜色对应的数字	电阻值/Ω		绝对误差/Ω	相对误差/%	好坏判别
		直读色环	万用表测量			
色环电阻1						
色环电阻2						
色环电阻3						

第三步：电容的识读及测量

1. 电容的识读方法

电容容量的读法与电阻的识别方法基本相同，分有直标法、不标单位的数码表示法、数字表示法和色环（或色点）表示法 4 种。

(1) **直标法**　将电容的标称值用数字和单位在电容的本体上表示出来，如：220mF 表示 $0.220\mu F$；$.01\mu F$ 表示 $0.01\mu F$；$R56\mu F$ 表示 $0.56\mu F$；6n8 表示 6800pF。

(2) **不标单位的数码表示法**　用一位到四位数表示有效数字，无极性电容单位一般为 pF，电解电容单位为 μF。如：3 表示 3pF；2200 表示 2200pF；0.056 表示 0.056pF。

(3) **数字表示法**　一般用三位数字表示容量的大小，前两位表示有效数字，第三位表示 10 的倍幂，单位是"pF"。如：102 表示 $10\times10^2=1000pF$；224 表示 $22\times10^4 pF=0.22\mu F$。

(4) **色环或色点表示法**　有的电容器采用色环或色点标注电容参数。电容器的色标法与电阻的相同，识读方法也一致。

2. 识读电容器件

领出一批电容器，有数字表示法的瓷片电容或者独石电容，有电解电容。将电容本体上的数字或色点填入表 2-9 的第二列。根据以上方法写出直读电容值，填入表的第三列。再用万用表对电容器进行测量，测量值填入表的第四列，然后算出相对误差，填入表的第五列。最后，利用万用表的电阻挡测量电容的好坏，填入表的第六列。

表 2-9　电容元件的识读和测试

序号	数字或色点	直读电容值/pF	电容测量值/pF	相对误差/%	好坏判别
1					
2					
3					
4					

第四步：电感的识读与测量

1. 电感的识读方法

电感参数的标注方法有直标法、文字符号法和色标法等。

(1) **直标法**　将电感器的标称电感量用数字和文字符号直接标在电感器外壁上，电感的额定电流用字母表示，其中 A 代表 50mA，B 表示 150mA，C 表示 300mA，D 表示 0.7A，E 表示 1.6A；同时还有用字母（或数字Ⅰ、Ⅱ、Ⅲ）表示的允许误差，其中用字母所代表的允许误差含义为：Y——±0.001；W——±0.05；G——±2；X——±0.002；B——±0.1；J——±5；E——±0.005；C——±0.25；K——±10；L——±0.01；D——±0.5；M——±20；P——±0.02；F——±1；N——±30。用大写数字表示的允许误差含义为：Ⅰ表示$\pm5\%$，Ⅱ代表$\pm10\%$，Ⅲ代表$\pm20\%$。

例如电感线圈外壳上标有：C、Ⅱ、$330\mu H$，表明电感线圈的电感量为 $330\mu H$、最大工作电流为 300mA、允许误差为 $\pm10\%$；再如电感线圈外壳上标有：$10\mu H$、B、Ⅰ，说明该电感线圈的电感量为 $10\mu H$、最大工作电流为 150mA、允许误差为 $\pm5\%$。

(2) **文字符号法**　将电感器的标称值和允许误差值用数字和文字符号按一定的规律组合标注在电感体上。采用这种标示方法的通常是一些小功率电感器，其单位通常为 nH 或 μH，用 N 或 R 代表小数点。例如：4N7 表示电感量为 4.7nH，4R7 则代表电感量为 $4.7\mu H$；

47N 表示电感量为 47nH，6R8 表示电感量为 $6.8\mu H$。采用这种标示法的电感器通常后缀一个英文字母表示允许误差，各字母代表的允许误差与直标法的相同。

（3）色标法　电感的色环的标注与色环电阻是一样的，色环读取方法与电阻色环的读取也是一致的，只是从外观看，电感的色环比电阻色环看上去会更加粗一些。采用这种方法表示电感线圈主要参数的多为小型固定电感线圈，也称"色码电感"。国产的色环电感有 LG1、LGA 和 LGX 等系列，额定电流在 0.05～1.6A 之间。如某一电感线圈的色环依次为蓝、灰、红、银，表明此电感线圈的电感量为 $6800\mu H$，允许误差为 $\pm 10\%$。

2. 识读电感元件

读取所给各类电感器件的电感量，将读取的色环填写在表 2-10 的第二列，色环对应的电感值填写到表的第三列，用万用表测量电感的阻值，根据阻值判断电感器的好坏，填写在第四列。最后一列查询资料写出该电感的额定电流。

表 2-10　电感的识读和测量

序号	色环或代表数字	直读电感值/H	好坏判断	电感额定电流/A
1				
2				
3				

第五步：实施过程回顾

任务完成后，应总结：
① 电阻元件的种类、阻值的读取方法及测量方法。
② 电容元件的种类、容量的识读及外表标示内容的含义。
③ 电感元件的种类、参数的表示方法。

任务测评

本任务有三个方面的内容，分别对电阻、电容、电感进行识读和测量。技能方面，主要是万用表电阻挡的使用。在任务实施前，教师可以事先演示万用表电阻挡的使用。在测量电阻时，首先将红、黑表笔插在正确的插孔里（黑表笔插在 COM 插孔，红表笔插在 V/Ω 插孔里），然后将万用表电阻挡打到合适的量程，最后将电阻与红、黑表笔相接，读取数值。教师在演示时须提醒学生注意以下事项（评分标准）。

① 测量电阻需要注意量程倍率，最终测量结果需要乘以这个倍率，否则结果不正确扣 10 分。

② 数字万用表有的有专门测量电容的插孔，有的没有专门的电容测量插孔，需用表笔接入。先把旋钮转到电容挡位，然后进行测量。一般来说，数字万用表能够测量的电容容量较小。如电容值测量不正确，扣 10 分。

③ 万用表不能测量电感器大小，但可以用万用表测量其好坏，如短路或者断路等故障情况。如电感测量不正确，扣 10 分。

④ 注意绝对误差和相对误差均可能出现负值，正负不能弄错。如误差正负弄错，扣 10 分。

⑤ 绝对误差和相对误差的计算，需要保证一定的有效位数。如有效位数不符合要求，扣 10 分。

教师在测评时，根据以上注意事项进行综合评分。

知识拓展——温度变化对电阻的影响

前述的理想电阻阻值一般为固定值,不随温度变化而变化。但实际上,一般金属的电阻阻值随温度的上升而增大,温度每升高 1℃ 时,金属电阻的增加量约为千分之三至千分之六。所以,温度变化不大时,金属电阻可认为是不变的。但温度变化大时,电阻的变化就不可忽视了。例如,40W 白炽灯的灯丝电阻在不发光时约为 100Ω(冷态),正常发光时的电阻约为 1210Ω(热态),二者相差 10 余倍。而半导体、电解液、绝缘体等的电阻却随温度上升而减小。电阻随温度变化的情况如图 2-28 所示。

根据实验可知,若在初始温度为 t_1 时,电阻为 R_1,当温度为 t_2 时,电阻为 R_2,它们之间存在着下列关系

$$R_2 = R_1[1 + \alpha(t_2 - t_1)] \tag{2-9}$$

式中,α 为电阻温度系数,单位为 1/℃。

根据电阻温度系数,利用上式就可以计算出不同温度下物质的电阻值。例如,若 20℃ 时某铜线的电阻为 540Ω,到 30℃ 时约为 561Ω。温度传感器就是利用材料的电阻随温度发生变化的特征而制成的一类非常有用的测量元件。

如果将图 2-28 中温度系数的直线向下延伸,并与横轴相交,交点出现在 $t_3 = -234.5℃$ 处,如图 2-29 所示。这个温度就是铜的推测的热力学零度,在该点电阻为零。但实际上图 2-28 所示曲线的低温端已偏离直线,而且热力学温度在 -273.15℃ 时达到零点电阻。目前电工领域中超导课题的研究,就是基于这一理论进行的。

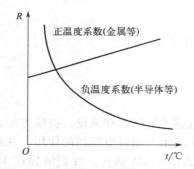

图 2-28 温度变化对导体电阻的影响

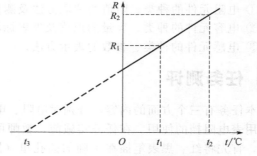

图 2-29 电阻值随温度变化曲线

 ## 习题

1. 填空题

(1) 一只"220V、40W"的白炽灯,允许通过的电流为_____A。

(2) 电阻阻值的标注方法有_____、_____、_____、_____等。

(3) 四环电阻色环颜色为"黄橙红黑",那么该电阻的阻值应为_____Ω,误差为_____。

(4) 电阻的外表体上标有"472",说明其阻值为_____Ω。

(5) 使用指针式万用表测量电阻之前,先应该做欧姆_____,测试时其指针应向_____偏转。

(6) 使用指针式万用表测量电阻时,旋转挡位应选择_____区域,其量程的选择应从大到小逐渐调整,通常指针偏转大约在刻度盘的_____位置时,认为量程挡位选择合适。

2. 请尽量多地列举你所熟悉的电阻、电容、电感电气元件。

3. 电路如题图 2-1 所示，$U_{S1}=10\text{V}$，$U_{S2}=8\text{V}$，$R_1=2\Omega$，$R_2=2\Omega$，$R_3=2\Omega$，试用电源等效变换的方法求电阻 R_3 中的电流 I_3。（参考方向已标在图中）。

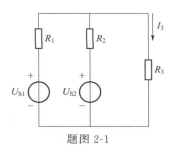

题图 2-1

任务三　简单直流电路的安装与测试

【技能目标】

1. 能读懂电路图，并能正确安装、连接电路元器件。
2. 能正确操作直流稳压电源输出直流电压。
3. 能使用万用表对电路中的电流、电压值进行正确测量。
4. 能正确计算电路中电源、电阻元器件的功率。

【知识目标】

1. 熟悉直流电路中的电流、电压、电位、功率等基本概念。
2. 理解电流、电压物理量的参考方向。
3. 掌握万用表正确测量直流电流、电压的方法。
4. 掌握电路元器件所消耗功率的计算方法。
5. 掌握电路的三种工作状态。

【素质目标】

1. 培养热爱科学，敢于动手实践的意识。
2. 培养按图施工、按图作业的基本职业素养。

任务引入

图 2-30 所示为简单直流电路接线图。按图安装电路，并对电流、电压等相关电量进行测量、计算和数据处理，是分析和判断相关电路工作状态是否合理、确定电气设备工作是否正常所应该采取的必然途径，也是对电路的能量分配及控制关系是否合理、电路保护方案是否正确等进行判定的重要依据，同时也是对电路进行问题排除的捷径。由此看来，亲自动手安装电路，借助仪器、仪表，对相关电量进行测量，并进行数据分析是电工技术人员必备的一项技能。

如果你是工厂的一名测试人员，现在给

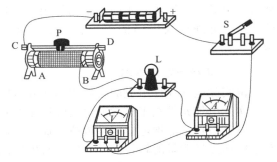

图 2-30　简单直流电路接线图

你双路稳压电源、电流表、电压表各一只,色环电阻若干,要你搭建一个简单直流电路,并用电工仪表监测电路的电流、电压数据,同时通过测算稳压电源及电阻的功率,判断其工作是否正常,那么你该如何去做呢?

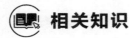 相关知识

(一)直流电基本知识

1. 电路及其功能

(1)电路 指的是根据某种实际功能要求,合理选择所需元器件,按照一定的连接方式组合构成的电流通路,如图2-31所示。电路是一个整体,比较复杂的电路又称"网络"。

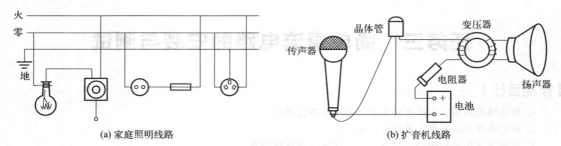

图 2-31 两类电路构成

(2)电路的功能 由于各种电路具有的实际功能要求各式各样,因此电路的种类繁多。但分析归类发现,电路所完成的功能不外乎有以下两种。

一类电路主要是进行能量的转换、传递和分配,如家庭照明电路、电动机控制电路等,俗称"强电"电路。强电电路主要关注的是电能传递的"效率"问题。如图2-31(a)所示。

另一类电路主要完成对电信号的处理和传递,如扩音机、电视、音响等电器的电路,俗称"弱电"电路。弱电电路主要关注的是电信号在传送过程中存在的"失真度"问题。如图2-31(b)所示。

2. 电路的组成及其作用

(1)组成 观察图2-31中所示的家庭照明、扩音机等电路,分析可知,电路组成一般可划分为三大部分,即电源、负载及连接电源和负载的中间环节。

(2)作用 电源的作用主要是为电路提供电能,实现将其他形式的能转化为电能,以电压或电流的形式输出给电路使用。如电池、发电机、太阳能板、充电器等;负载就是用电设备,主要是把电能转化为其他形式的能量供给人类利用,属于消耗能量的电器,如灯泡、电动机、电炉、喇叭等;中间环节的作用主要是实现能量的控制、传递、转换,或者实现信号的传送、处理以及电路的保护、调节、指示等,如开关、导线、变压器、控制器、转接盒等。

3. 元件模型及电路图

由实际电气元件组成的电路称为实际电路。

实际电气元件在工作时的电磁性质不是单一的,比较复杂。例如,白炽灯、电阻炉等,在通电下做功,能把电能转换成热能而消耗,有电阻的性质,但其电流还会产生磁场,也具有电能和磁场能量的转化问题,即又有电感的性质。又如,一个线圈,其主要电磁性能是在线圈周围建立磁场,把电能转化为磁场能,但同时也有把电能转化为热能的电阻性质。

(1) 电路元件　实际电路器件种类繁多，形式结构各异。如果分析电路时，对一个器件要考虑所有的电磁性质，那将是十分困难而繁杂的事情。因此，为了便于对实际电路进行分析和计算，通常是将实际电气元件采用能够反映其主要电磁特征的理想电路元件来代替。

理想模型电路元件（简称电路元件或元件）是具有某种确定的电磁性能的理想化器件。理想电路元件通常包括电阻元件、电感元件、电容元件、理想电压源和理想电流源。按照国标规定，将各电路元件用一些特定的符号来表示，如图2-32所示。

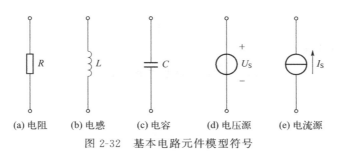

图 2-32　基本电路元件模型符号

(2) 电路图　是反映实物元器件连接情况的一种图形电路，是指将实物连接电路中的元器件用相对应的国家规定的元器件符号替代，并按一定的相关电气规则绘制出来的图形。同一电路按照需要可以绘制成不同形式的电路，如方框图、原理图、印刷电路板图、安装电路图等等，图2-33分别表示不同形式的电路图。本课程研究的主要是模型图。

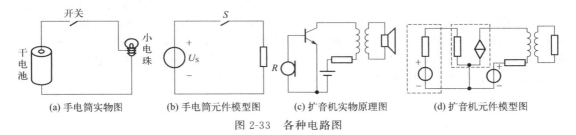

图 2-33　各种电路图

4. 电路的类型

电路按照不同的分类方式，可归纳如下。

① 按电路的功能分为电力电路、信号电路。
② 按电源种类分为直流电路、交流电路。
③ 按交流信号的特点分为正弦周期性电路和非正弦周期性电路。
④ 按储能元件工作特点分为稳态电路、暂态电路。
⑤ 按元件本质特性分为线性电路、非线性电路。
⑥ 按工作频率分为高频电路、低频电路。

（二）电路基本变量及其测量

电路中常见的变量包括电流、电压、电位、电功率和电能（功）等。

1. 电流及其测量

(1) 电流的形成　电流的形成类似于水的流动，如图2-34所示。

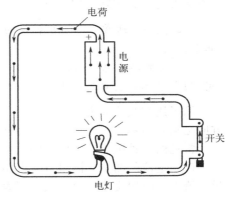

图 2-34　电流的形成

水的流动是水分子在水渠中移动的过程，电流也是带电粒子在电路（电场）内做有规则的运动而产生的。带电粒子包括金属导体中的自由电子、电解液中的正（或负）离子、半导体内部的自由电子和空穴等等。

(2) 电流大小　电场力作用下，带电粒子单位时间内经过某导体横截面电荷量的多少，反映"电流的大小"，用"电流强度"来表示，简称"电流"，用符号"i"表示，数学表达式为

$$i = \frac{dq}{dt} \tag{2-10}$$

式中，q 为电荷量；t 为时间。

> 注意：其大小和方向均不随时间变化的电流称为恒定电流，简称"直流"，用大写字母 I 表示，
> 即
>
> $$I = \frac{Q}{t}$$
>
> 式中，Q 为电荷量。

(3) 电流单位　国际单位制（SI）中，电流的单位采用"安培"，简称"安（A）"。常用单位有毫安（mA）、微安（μA）、千安（kA）等，相互之间的换算关系为 $1A = 10^3 mA = 10^6 \mu A$。

(4) 电流方向　电流的方向是客观存在的，习惯上将正电荷运动的方向规定为电流的实际方向。带电粒子有正负之分，特别是电路比较复杂时，电流的实际方向往往难以确定。尤其是在交流电路中，电流的方向随时间变化，实际方向也随之改变，用电流实际方向分析问题较为烦琐。为此，引入了"参考方向"概念。在分析电路之前，将电流任意假设的方向称"电流的参考正方向"，用"箭头"标注于图中，如图 2-35 所示。

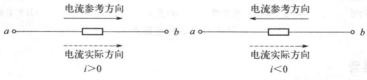

图 2-35　电流的参考方向与实际方向的关系

引用参考方向后，电流成为了代数值。当分析、测量结果电流数值为正时，说明选定的电流参考方向与其实际方向一致；反之，当分析、测量结果电流数值为负时，说明选定的电流参考方向与其实际方向相反。

> 注意：① 通常电路图中标注的电流方向均为参考方向，不设定参考方向而谈电流的正负是没有意义的。
> ② 当电路中电流的大小和方向都不随时间变化时，称为"直流或恒定电流（DC）"，用"I"表示；当电流的大小和方向随时间变化时，称为"交流（AC）"，用"i"表示。

除了用实线箭头表示电流的参考方向外，也可用双下标表示，如 i_{ab} 就表示电流的参考方向是从 a 点指向 b 点。当参考方向改变时，存在 $i_{ab} = -i_{ab}$。

常见的几种电流波形图如图 2-36 所示。

(5) 电流的测量　测量直流电路的电流用直流电流表或万用表直流电流挡（DCA），测量交流电流时用交流电流表或万用表交流电流挡（ACA）。

用电流表测电流时，要先断开被测电流所在的分支电路，然后将电流表接入，如

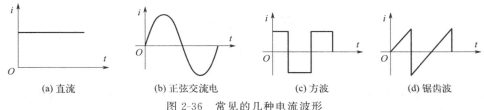

(a) 直流　　(b) 正弦交流电　　(c) 方波　　(d) 锯齿波

图 2-36　常见的几种电流波形

图 2-37 所示，这样的连接，使被测电流从电流表的＋接线柱流入，从－接线柱流出，且电路中的电流原样不变地流过了电流表，如图 2-38 所示，这种接法称为电流表与待测电路"串联"连接。

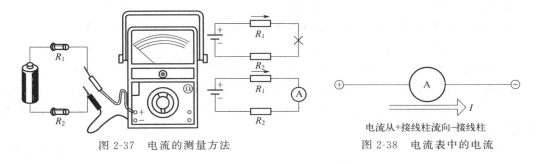

图 2-37　电流的测量方法　　图 2-38　电流表中的电流

2. 电压、电位及其测量

（1）电压　电路中为什么会有电流呢？此问题可和水流进行比较。水从高处流向低处，是因为两点间有水位差，即水压。用同样的思路考虑电流，可以认为电流是在电气压力作用下产生的。推动电荷在电源外部移动的这种电气压力叫电场力。电场力将单位正电荷沿外电路中的一点推向另一点所做的功称为"电压"。

（2）电压大小　电路中的电压表明了电场力推动电荷做功的能力，电压的大小表示为

$$u_{ab} = \frac{dW_{ab}}{dq} \tag{2-11}$$

式中，W_{ab} 表示电场力将单位正电荷从 a 点移到 b 点所做的功，u_{ab} 为 ab 两点间的电压。

电压是衡量电场力做功能力的物理量。两点间的电压值越大，表明电场力做功的能力也越大。电场力做功越多，电压也就越大。

如果电压的大小和方向都不随时间变化，这样的电压称为"恒定电压或直流电压"，直流电压用大写字母 U 表示，即 $U = \frac{W}{Q}$。

在电压的作用下，电荷移动，使电路产生电流。

（3）电位　在电场中，电场力移动电荷能够做功，说明处于电场内的电荷应该是具有"能量"的，即电能。电荷在电场（电路）内任何一点处所具有的电能，定义为此点的"电位"。要确定电路中某点的电位值，必须找个参考电位点，即"零电位点"，称"参考点"。

在电路中，任选其中一点作为参考点（即零电位点），如图 2-39 的"0"点，则点 a 到参考点的电压就叫作 a 点的电位，用 V_a 表示，且 $V_a = U_{a0}$。

若电路中两点之间的电位差越大，说明两点之间的电压就越大，表明电场力在两点之间移动相同电荷做的功也越多，电路中产生的电流相对也越大。

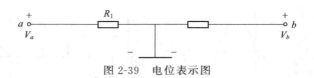

图 2-39 电位表示图

电位实质上就是电压,如图 2-39 所示,以电路中的 0 点为参考点,则有 $V_a=U_{a0}$, $V_b=U_{b0}=-U_{0b}$,则

$$U_{ab}=U_{a0}+U_{0b}=V_a-V_b \tag{2-12}$$

式(2-12)说明,电路中 a 点到 b 点的电压等于 a 点电位与 b 点电位之差。当 a 点电位高于 b 点电位时,$U_{ab}>0$,反之,当 a 点电位低于 b 点电位时,$U_{ab}<0$。

> 注意:① 参考点选定后,各点的电位是确定值,与选择的路径无关。
> ② 电路中任意两点间的电压等于该两点之间的电位差,即 $U_{ab}=V_a-V_b$。
> ③ 电路中某点的电位与参考点选择有关,而电路中任意两点间的电压与参考点选择无关,即参考点选择不同,各点的电位不同,而电路中任意两点间的电压不变。

(4) 电压、电位的单位 国际单位制(SI)中,功的单位为焦耳[J];电压、电位的单位是伏特[V]。常用的单位还有兆伏(MV)、千伏(kV)、毫伏(mV)、微伏(μV)等。相互之间的进位关系为 $1V=10^3 mV=10^6 \mu V$。

(5) 电压、电位的方向 电压、电位的实际方向规定为由高电位(+)指向低电位(-)。电路分析时,也引入了"电压参考正方向"。首先为电压任意指定参考正方向,当电压的实际方向与参考正方向一致时,电压为正值;反之,当电压的实际方向与其参考正方向相反时,电压为负值,如图 2-40 所示。

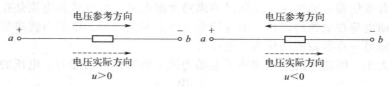

图 2-40 电压参考方向与实际方向关系

电压的参考方向可以用"+""-"极性表示,还可用双下标表示,如图 2-41 所示。如 U_{ab} 就表示电压的参考方向是从 a 点指向 b 点。

当参考方向改变时,有 $U_{ab}=-U_{ba}$。不标参考方向而谈电压的正负是没有意义的。

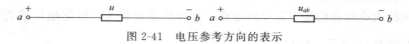

图 2-41 电压参考方向的表示

参考方向是电路分析中的一个重要概念,对此着重说明以下几点。
① 电压、电流的实际方向是客观存在的,而参考方向是人为选定的。
② 当电压、电流的参考方向与实际方向一致时,电压、电流值取正号,反之取负号。
③ 计算每一电压、电流,都要先选定其各自参考方向,否则计算得出的电压、电流正负值是没有意义的。

电流中某一支路或元件上选取的电压和电流参考方向一致时,称为"关联参考方向",如图 2-42(a) 所示;反之,选取的电压和电流参考方向不一致时,称为非关联参考方向,如图 2-42(b) 所示。

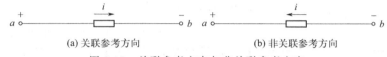

图 2-42　关联参考方向与非关联参考方向

在电子电路中一般都把电源、信号输入和输出的公共端接在一起作为参考点，因而电子电路中有一个习惯画法，即电源不再用符号表示，而改为标出其电位的极性和数值。如图 2-43(a) 可以画成图 2-43(b) 的形式。

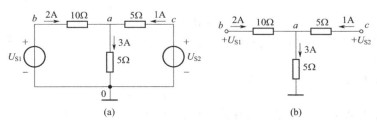

图 2-43　电子线路电源的表示方法

(6) 电压的测量方法　测直流电流用直流电流表或万用表直流电压挡（DCV），测量交流电压时用交流电压表或万用表交流电压挡（ACV）。

测量电路两点的电压时，把电压表的正、负接线柱接到待测点的两点就可以了。这种连接方法称为电压表与被测电路"并联"连接。

3. 电能和电功率

(1) 电能　电流所具有的能量称为电能。电能可以用"电度表"来测量，其国际单位制是焦耳 (J)，常用的单位是度 (kW·h)，二者之间的单位换算关系为 1kW·h = 3.6×10^6 J。

电能转换为其他形式能量的过程实际就是电流做功的过程，因此电能的多少可以用电功来度量。电功的计量公式为

$$W = UIt \tag{2-13}$$

式中，电压 U 的单位取伏特 (V)，电流 I 的单位取安培 (A)，时间 t 的单位取秒 (s) 时，电能的单位为焦耳 (J)；实用中，电度表是用"度"来表示的，当电压 U 的单位取千伏 (kV)，电流 I 的单位取安培 (A)，时间 t 的单位取小时 (h) 时，电能的单位就是度 (kW·h)。上式表明，在用电器两端加上电压，就会有电流通过用电器，通电时间越长，电能转换为其他形式的能量越多，电流做的功也就越大；若通电时间短，电能转换就少，电流做的功相应也小。

日常生活经常听到一句话："节约一度电，支援国家基本建设"。这里所说的一度电，其概念可以解释为：1kW 的电动机满载使用一小时消耗的电能；100W 的灯泡点亮 10h 所消耗的电能；25W 的电烙铁连续使用 40h 所消耗的电能。

(2) 电功率　在电路中常用一个方框和两个引出端表示一个任意的二端元器件，如图 2-44 所示元件 A。当正电荷在电场力作用下，从元件 A 的电压"+"极，经元件移到电压"−"极，即从高电位端移到低电位端，这时，电场力对正电荷做了功，该元件吸收了电能（功率），如图 2-44(a) 所示。相反，正电荷从元器件 A 的电压"−"极经元件移到电压"+"极，是外力克服电场力做了功，该元件发出了电能（功率），如图 2-44(b) 所示。

把单位时间内元件吸收或发出的电能定义为该电路的功率，用 P 表示。设 dt 时间内元

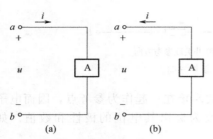

图 2-44 元件电能（功率）的吸收和发出

件转换的电能为 dW，则 $P=\dfrac{dW}{dt}$。

国际单位制（SI）中，功率的单位为瓦特，简称瓦，符号为 W，常用的有千瓦（kW）、兆瓦（MW）和毫瓦（mW）等。进一步推导，得 $P=\dfrac{dW}{dt}=\dfrac{dW}{dq}\times\dfrac{dq}{dt}=ui$。在直流电路中，功率表达式为

$$P=UI \tag{2-14}$$

当电压和电流为关联参考方向时，如图 2-44（a）所示，计算出的功率 $P>0$，表示元件 A 实际吸收电能。

当电压和电流为非关联参考方向时，如图 2-44(b) 所示，计算出的功率 $P<0$，表示元件 A 实际发出电能。

因此当电压和电流为非关联参考方向时，取

$$P=-UI \tag{2-15}$$

这是对功率公式的一个修正。这样规定后，$P>0$，表示元件吸收电能；$P<0$，表示元件发出电能。

（三）电路的工作状态

1. 电工产品的额定值

电路元器件和电气设备的额定值是指根据器件、设备长期使用时的安全、经济、维修、使用寿命等因素考虑，根据国家标准规定，制造商家为产品规定的极限参数值。电工产品的主要额定值一般包括有：电压、电流、功率等，有些还有频率、转速、电流种类、工作制、绝缘等级、环境温度、温升、冷却方式、质量、体积（外形尺寸）、绝缘电阻、耐电压强度等等。

额定值通常用物理量符号带下标"N"表示，如：U_N、I_N、P_N、f_N、n_N 等。通常最主要的几项数据都刻在产品的铭牌上，因此又称"铭牌值"。

2. 电路的工作状态

电路连好，接通电源后，电路呈现的工作状态主要体现有负载工作、开路和短路等几种情况。

（1）电路的负载工作状态　如图 2-45 所示电路，当开关接通后，实际电压源对负载进行供电，称电路"负载工作"。

电路正常工作时产生的电流

$$I=\dfrac{U_S}{R_S+R_L}$$

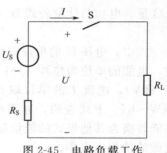

图 2-45 电路负载工作

电路中存在的电压分别如下。

负载电阻电压：$U_{R_L}=IR_L$。

电源内阻消耗的电压：$U_{R_S}=IR_S$。

电源向外电路提供的电压：$U=U_S-U_{R_S}=U_{R_L}$。

电路中存在的功率分别如下。

理想电源产生的功率：$P_{U_S}=-U_S I$（U_S 与 I 的参考方向相反）。

负载电阻消耗的功率：$P_{R_L}=U_{R_L}I=I^2 R_L$（U_{R_L} 与 I 为关联参考方向）。

电源内阻损耗的功率：$P_{R_S}=U_{R_S}I=I^2R_L$（U_{R_S}与I为关联参考方向）。

电路功率满足平衡关系：$P_{U_S}+P_{R_L}+P_{R_S}=0$。

因电气设备在实际工作时，设备的电压、电流、功率等参数受额定值的限制，因此，电路的实际负载工作也分下列几种情况。

① 电器的额定工作：指电气设备在额定值条件下工作时的状态。例如，一盏电灯上标注有 220V、100W 字样，实际工作时，电路能有 220V 的额定电压供给它，那它就是工作在额定状态。通常电气设备都要尽量处于额定工作状态，那样才能使设备工作运行状态最佳，并能保证电气设备有一定的使用寿命，而且最经济合理和安全可靠。

对于电源来说，当电源输出的电压和电流均为额定值时，电源便达到了额定工作状态，或称满载。

② 电器的过载工作：指电气设备工作时，加在电器上的电压或电流或功率等参数值超过了它所能承受的额定数据值的状态。过载状态工作的电器极其危险，存在被损坏的可能，在使用电器时一定要注意。

大多数电气设备（如电灯、电炉等）的寿命与其绝缘材料的耐热性能及绝缘强度有关。当电流超过额定值过多时，由于电气设备发热速度远远大于散热速度，设备的温度将很快上升，致使绝缘层迅速老化、损坏；而当所加电压超过额定值过多时绝缘材料可能被击穿。对电灯、电炉和电阻器来说，当电压过高或电流过大，其灯丝或电阻丝也将被烧毁。

对于电源设备，当已经处于满载工作状态时，如果继续再增加负载，则电源输出的电流将超过额定值，这时称为"过载或超载"。超载发生时，电源设备就会报警，如果不及时处理，就会烧毁电源设备，切记电器不要处于"超载"工作状态。

③ 电器的欠（轻）载工作：如果电器在通电工作时，其工作电流、电压等数值都达不到额定值，称"轻载"状态。如果电压或电流远低于其额定值的话，电气设备将无法正常工作，对交流感性设备而言，还会带来更多的能量损耗。

(2) 电路的开路状态　图 2-45 中，当开关 S 未接通时，电源与负载未构成闭合回路，即电路处于开路状态。此时，电路电流 $I=0$，负载电压 $U_{R_L}=0$，内阻 R_S 的电压降 $U_{R_S}=0$，则电源输出端电压 $U=U_S-U_{R_S}=U_S$，称此电压为"开路电压"，用"U_{OC}"表示。由于开路状态下没有电流流经电源，因此，电源不产生输出功率，内阻 R_S、负载 R_L 也没有电能损耗。

实际电路工作时，开路问题属于一种故障现象。开路的发生，会引起电路能量的重新分配，有可能影响到开路点周围电气元件工作状态的改变，严重时会损坏某些电气元件。因此，对电路开路可能带来的问题，应提前做好预防措施。

(3) 电路的短路状态　"短路"是指电路的某两点由于某种原因而短接在一起的现象，如图 2-46 所示。在短路故障中，最严重的是电源短路。电路发生短路处的线路电流称为"短路电流"，用"I_{SC}"表示。因为电源内阻 R_S 一般都很小，因此，短路电流 I_{SC} 通常都很大。此电流如果流经电源内部，将会使电源发热过甚，严重时使其烧毁。短路的发生，也会引起电路中能量的重新分配，也是属于一种电路故障问题。严重时，同样会影响周围电气元件的工作状态。因此，在实际工作中，应该对电路短路问题做好预防工作。应经常检查电气设备和线路的绝缘情况，尽量防止短路事故的发生。通常在工程电路中，接入熔断器、断路器等保护装置，就是为了在电路发生短路故障

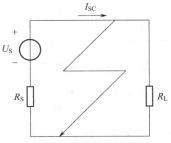

图 2-46　电路的短路现象

时,迅速切除故障,达到保护电源及电路器件的目的。

任务实施

第一步:领取简单直流电路搭建及测试所需的元器件及仪表

搭建简单直流电路所需的元器件及仪表清单如表2-11所示,按小组领取。

表2-11 简单直流电路搭建及测试所需元器件及仪表清单

元器件或仪表名称	型号或参数	数量	元器件或仪表名称	型号或参数	数量
直流稳压电源	MPS-3002L-3	1	指针式万用表	MF47	1
电阻	1kΩ、10kΩ	各1	数字式万用表	MY65	1

第二步:搭建简单直流测试电路

① 利用领取的元器件,搭建如图2-47所示的简单直流电路。

② 双路直流稳压电源通电,调节两路输出电压,分别使 $U_{S1}=16V$、$U_{S2}=5V$,然后关闭电源。

③ 找出 1kΩ 和 10kΩ 的电阻,在图2-47中,$R_1=1kΩ$,$R_2=10kΩ$,与两个电源串联接好。

第三步:测量电流

① 先将万用表旋至直流电流挡(或使用直流电流表)的最大量程处。

② 断开被测电流所在的相关分支电路,将电流表串联接入电路中(注意电流应从电流表的正极流入,负极流出)。

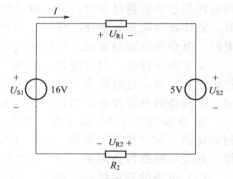

图2-47 搭建简单直流电路

③ 估算电路分支电流的数值,选择确定合适的电流量程。

④ 读取电路中串联的万用表(或直流电流表)指示数值,并进行正确的换算,将数据记录于表2-12中。

表2-12 电流、电压测量数据

被测量	I	U_{R1}	U_{R2}	U_{S1}	U_{S2}
测量值					

第四步:测量电压

① 先将万用表旋至直流电压挡(或使用直流电压表)最大量程处。

② 将电压表并联接入被测电压所在的位置处(注意红表笔接到电压的正极,黑表笔接到电压的负极)。

③ 估算电路中被测电压的数值,选择确定合适的电压量程。

④ 读取电路中并联的万用表(或直流电压表)指示数值,并进行正确的换算,将数据记录于表2-12中。

第五步:计算电路中各元件的功率

① 将表2-12所测得的电压和电流代入功率公式,计算16V、5V电源的功率,判断其

工作状态(吸收功率还是发出功率)。

② 将表 2-12 所测得的电压和电流代入功率公式,计算电阻 R_1、R_2 的功率,判断各个电阻的工作状态(吸收功率还是发出功率)。

③ 将所有功率求和,讨论电路中的功率守恒关系,将结论填入表 2-13。

表 2-13 功率计算

元件功率/W	$P_{U_{S1}}=-U_{S1}I$	$P_{U_{S2}}=U_{S2}I$	$P_{R1}=U_{R1}I$	$P_{R2}=U_{R2}I$
功率计算值/W				
判断功率吸收或发出				
功率平衡计算ΣP				

第六步:任务实施回顾

任务完成后,应总结:
① 万用表测量直流电流时,仪表的连接方法及其注意事项。
② 万用表测试直流电压时,仪表的连接方法及其注意事项。
③ 分析判断电阻元件功率和电源元件的功率的异同。

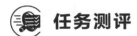

任务测评

本任务主要有三个方面的内容,电压测量、电流测量以及功率计算。技能方面主要是万用表电压挡(电压表)、电流挡(电流表)的使用训练,以及电路搭建方法。在实施任务之前,教师可以事先演示电流表、电压表的使用。电流表、电压表既可以利用万用表的电流、电压挡位实现,也可以使用专用的电流表、电压表。演示时,首先搭建好电路,然后将万用表打到直流电流挡的合适量程,红、黑表笔一定要插在正确的插孔里(黑表笔插在 COM 插孔,红表笔插在电流插孔里),串联接入电路。串联接入的时候,要将电流表欲串入位置处打开,然后将电流表接入。注意红表笔要接到电流流入的一端,黑表笔接到电流流出的一端,否则指针式电流表会反偏,数字式电流表会显示负值。指针式表计的测量值根据量程还需要进行换算,最后将结果填入表格中。测量电压时,需要将旋钮打到合适的电压挡量程,并将红表笔换到电压插孔,为了避免忘记更换插孔而导致万用表短路烧毁,建议测电流用专用的电流表,测量电压用万用表的电压挡位。在测量任务实施过程中,教师需提醒学生注意以下事项(评分标准)。

① 电源调整好输出值后一定要关掉,然后才能搭建电路,切忌带电作业,否则扣 10 分。

② 测电流时,一定要将万用表(或电流表)正确地串联接入被测电路中,切记不能将电流表并联接入电路,以防止损坏仪表,仪表损坏者扣 20 分。

③ 测电压时,一定要将万用表(电压表)正确地并联接入被测电压的位置,切记不能将电压表串联接入电路,以防止损坏仪表,仪表损坏者扣 20 分。

④ 电源与电阻的功率计算一定要注意正负号,否则得不到功率守恒的结论。功率求和时,应算出最后的结果,在误差范围内应近似为零,然后才能得到功率守恒的结论。未计算说明功率守恒者,扣 10 分。

⑤ 功率的计算结果有正有负,不能搞错。功率结果计算不正确者,扣 10 分。

教师在测评时,根据以上注意事项进行综合评分。

知识拓展——汽车电路

汽车电路是为了满足汽车行驶及其他工作要求，按一定的用线规则选用导线，并将全车所有电气设备按接线原则和功能要求相互连接成的一个完整的供电、用电系统，是一个典型的直流电路系统。

（1）汽车电路的组成　一般来说，汽车电路是由直流电源、用电设备、开关及导线4个要素组成的。按电路功能的不同，还可将全车电路分为一些分电路，如充电电路、启动电路、点火电路、照明及信号电路、仪表及报警电路、电子控制电路及辅助电路等，各分电路均可独立地构成电路回路，完成工作要求。对汽车总电路的分析一般也常采用"分电路分析法"，即将复杂的汽车总电路分解成简单的分电路，然后对每个分电路中的各元件按其作用和特点进行分析。

（2）汽车电路的特点

① 单线制接线方式。从电源至各控制开关和电器设备用绝缘导线连接，而其回路则利用汽车的金属导体部分作为统一的搭铁线（负极搭铁），所以汽车上的各个电器设备均为并联关系。

② 低压直流电源电流。汽车电路一般采用6V、12V或24V的直流电，其工作电压的选择根据各车型及实际需要而定。

③ 搭铁极性。汽车电路中凡有极性的电气元件大多采用负极搭铁，且同一车型中电气元件的搭铁极性必须一致。

④ 保险装置。各类车型中都装有保险装置，以防止在短路等特殊情形下电流过大烧坏电缆和用电设备，造成较大的损失。

习题

1. 填空题

（1）电路通常由_____、_____和_____组成。

（2）电路图是用_____表示电路的连接情况的一种图形。

（3）电路中常见的变量（物理量）包括_____、_____、_____、_____和电能（功）等。

（4）电路形成电流的充要条件是_____。

（5）习惯上规定_____定向移动的方向作为电流的实际方向，复杂电路中，为了确定电流的方向而假定的方向叫_____方向。

（6）标注电流参考方向后，若计算出的电流为正数，则表示实际的电流方向与参考方向_____。

（7）电路按功能来分有：_____电路和_____电路。

（8）电路有_____、_____和_____三种工作状态。

（9）电工产品的额定值指的是_____。

（10）电路负载工作时，又包含有_____、_____和_____三种工作方式。

（11）灯泡在有电流流过时，它是以_____性质为主的，可以等效成一个理想的_____元件。

（12）额定值为20Ω、10W的电阻，允许通过的电流是_____A，两端允许加的电压为_____V。

2. 如题图2-2是某电路的一部分，分别以0、b为参考点，试求各点电位。

3. 如题图2-3所示，若R_1选用2W、100Ω电阻器，R_2选用1W、1kΩ电阻器，检查这两个电阻器在电路中能否正常工作。

4. 如题图2-4所示电路，试求在开关断开和闭合两种情况下的电流I和a点的电位V_a。

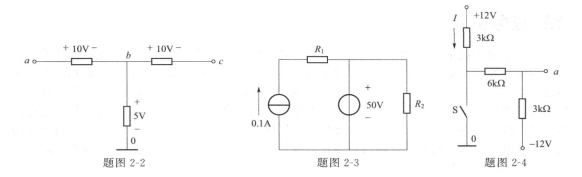

题图2-2　　　　　题图2-3　　　　　题图2-4

5. 有两只灯泡，其额定电压均为110V，甲灯泡60W，乙灯泡40W，如果把两个灯泡串联，接在220V电源上，试问：电路能否正常工作？试通过计算说明。

6. 如题图2-5所示电路，$U_{S1}=35V$，$U_{S2}=20V$，试求各元件发出或吸收的功率。

7. 如题图2-6所示，电路中电流或电压的参考方向已经选定。已知$I_1=10A$，$I_2=-10A$，$U_1=5V$，$U_2=-5V$，试指出电压或电流的实际方向。

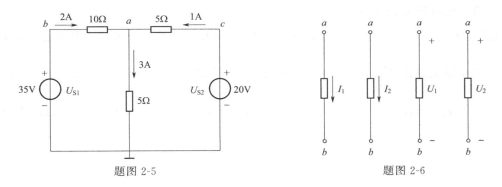

题图2-5　　　　　　　　　题图2-6

任务四　基尔霍夫定律的应用

【技能目标】

1. 能应用基尔霍夫定律、支路电流法分析电路。
2. 能正确搭建基尔霍夫应用电路。
3. 能正确使用万用表测量电路的电压和电流参数。

【知识目标】

1. 理解参考方向前提下欧姆定律内容。
2. 掌握基尔霍夫定律内容。
3. 理解验证基尔霍夫定律的方法。
4. 掌握支路电流法求解电路的基本方法。

【素质目标】

1. 培养相信科学、相信真理的意识。
2. 培养按照规章、规则做事的基本职业素养。

任务引入

电路是电工技术主要的研究对象,要对各种电路做很好的分析和研究,就必须熟悉电路的基本定律和基本定理。基尔霍夫定律是德国物理学家基尔霍夫提出的,是电路理论中最基本也是最重要的定律之一。它概括了电路中电流和电压分别遵循的基本规律,是分析和计算较为复杂电路的基础。它既可以用于直流电路的分析,也可以用于交流电路的分析,还可以用于含有电子元器件的非线性电路的分析。运用基尔霍夫定律进行电路分析时,仅与电路的连接方式有关,而与构成该电路的元器件具有什么样的性质无关。它包括基尔霍夫电流定律(KCL)和电压定律(KVL)。

假如你是大学里面的一名电工实验人员,要你协助教师讲授本任务知识,搭建一简单的直流双电源电路,通过对相关参数进行测量,以验证电路基尔霍夫定律的正确性,那么你该如何去做呢?

相关知识

(一) 电阻元件的欧姆定律修正

欧姆定律主要阐述的是电阻元器件及其电源与电阻回路的端口电流和电压之间存在的约束关系。

① 当电阻元器件电压、电流参考方向关联时,如图 2-48(a)所示,欧姆定律表达式为

$$U=IR$$

② 当电阻元器件电压、电流参考方向非关联时,如图 2-48(b)所示,欧姆定律表达式应为:

$$U=-IR$$

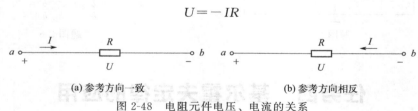

(a) 参考方向一致 (b) 参考方向相反

图 2-48 电阻元件电压、电流的关系

(二) 基尔霍夫定律

基尔霍夫定律是分析和计算电路问题的理论基础,具有普遍性。它阐述的是在任意电路中,节点处各电流之间或各回路电压之间所存在的内在的约束关系,包括基尔霍夫电流定律和基尔霍夫电压定律。在介绍基尔霍夫定律之前,先阐述几个电路术语。

1. 电路术语

(1) 支路 电路中,流过同一电流的任一分支称为一条支路。如图 2-49 所示电路,有 abc、ac、adc 共三条支路。

(2) 节点 三条或三条以上支路的连接点称为节点,图示电路中,有 a、c 两个节点。

(3) 回路 电路中任意一个闭合的路径,其中每个节点只经过一次,这条闭合路径被称

为回路。图示电路中，有 $acba$、$adca$、$abcda$ 共三个回路。

（4）网孔　内部不含有分支的回路称为网孔。在图示电路中，有 $acba$、$adca$ 两个网孔。

显然，网孔都是回路，但回路不一定是网孔。

2. 基尔霍夫电流定律（KCL）

电流连续性原理表明，在任何闭合的电路中，在任一点（包括节点）上，任何瞬间都不可能发生电荷堆积或减少现象。基尔霍夫定律（KCL）是电

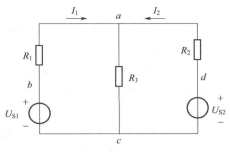

图 2-49　基尔霍夫定律电路

流连续性原理的体现。或者说 KCL 定律是电荷守恒定律的反映，电荷既不能被创造也不能被消灭。

（1）基尔霍夫电流定律（KCL）内容　在任何电路中，在任一节点处，任意时刻，所有流过该节点的支路电流的代数和恒等于零。

数学表达式记为
$$\sum I=0 \quad \text{或} \quad \sum i=0 \tag{2-16}$$

在式（2-16）的"KCL 方程代数和"表达式中，这里规定流出节点的电流前面取"＋"号，流入节点的电流前面取"－"。而电流是流入节点还是流出节点，均按其参考方向来判断。

如图 2-50 所示，对其节点应用 KCL 定律写出方程
$$-I_1+I_2+(-I_3)+I_4+(-I_5)=0$$

可整理为
$$I_2+I_4=I_1+I_3+I_5$$

对照电流参考方向，分析以上公式可知，在任一时刻，流入任一节点的电流之和等于流出该节点的电流之和，即基尔霍夫电流定律的另外一种表达形式为
$$\sum I_\text{入}=\sum I_\text{出} \quad \text{或} \quad \sum i_\text{入}=\sum i_\text{出} \tag{2-17}$$

（2）基尔霍夫电流定律的扩展　如图 2-51 所示电路中存在的 a、b、c 三个节点构成的闭合回路。如果将 a、b、c 三个节点的 KCL 方程相加，会得到 $I_1+I_2+I_3=0$，对照图观察，发现 I_1、I_2、I_3 为流入 R_4、R_5、R_6 三者构成的一个闭合面的三个电流。由此可知，对电路中的任一个闭合面而言，电流仍然是连续的，也即，基尔霍夫定律可以推广应用到电路中的任意一个封闭面，这个封闭面称为"广义节点"。

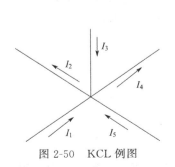

图 2-50　KCL 例图

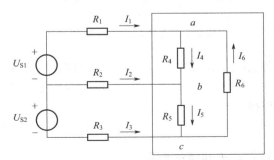

图 2-51　基尔霍夫电流定律的扩展

3. 基尔霍夫电压定律（KVL）

基尔霍夫电压定律（KVL）表明电路中各支路电压之间必须遵守的规律，该规律体现

在电路的各个回路中。电路中各元器件间有能量交换发生,电路必须遵守能量守恒法则,若在某段时间内电路中某些元器件得到的能量有所增加,则其他一些元器件的能量必须有所减少,保持能量的"收支"平衡。

(1) 电压定律内容 在任何电路中,在任意时刻、任一回路内,沿任意循行方向循环一周,其电位升之和等于电位降之和,或者各段电压的代数和恒等于零。

$$\Sigma U_{电位升}=\Sigma U_{电位降} \quad 或 \quad \Sigma U=0(\Sigma u=0) \tag{2-18}$$

> 注:列写 KVL 方程时,应先选取回路的电压参考绕行方向(顺时针或逆时针)。当电压参考方向与回路的绕行方向一致时,电压前取"+"号,相反时,取"-"号。

图 2-52 是某电路的其中一个回路,选定电压参考绕行方向为顺时针。从 a 点出发绕行一周,应用 KVL 写出方程为

$$U_{ab}+U_{bc}+U_{cd}+U_{da}=0$$

由图可知,$U_{ab}=I_1R_1$,$U_{bc}=-I_2R_2+U_{S1}$,$U_{cd}=-I_3R_3$,$U_{da}=U_{S2}+I_4R_4$,代入上述方程中可得

$$I_1R_1-I_2R_2-I_3R_3+I_4R_4+U_{S1}+U_{S2}=0$$

整理得到

$$I_1R_1+I_4R_4+U_{S1}+U_{S2}=I_2R_2+I_3R_3$$

观察图 2-52 发现,沿着电压参考绕行方向,还存在

$$\Sigma U_降=I_1R_1+I_4R_4+U_{S1}+U_{S2},\quad \Sigma U_升=I_2R_2+I_3R_3$$

由此说明,沿回路绕行一周,所有电位升的和等于所有电位降的和是成立的。

(2) KVL 的扩展 KVL 不仅适用于闭合回路,还可以推广到一段不闭合的分支电路。如图 2-53 所示电路,在 ad 开路处,如果将开路电压 U_{ad} 算上,就形成一个完整的电压回路。

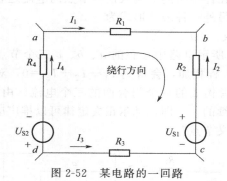

图 2-52 某电路的一回路

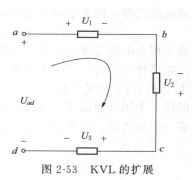

图 2-53 KVL 的扩展

沿着 abcda 方向绕行一周,可列出回路电压方程

$$U_1-U_2+U_3-U_{ad}=0$$

整理得

$$U_{ad}=U_1-U_2+U_3$$

(三) 基尔霍夫定律的应用

支路电流法是电路分析中最基本的方法,这种方法是基尔霍夫定律的基本应用。

1. 支路电流法

(1) 支路电流法内容 以支路电流为未知量,应用 KCL 和 KVL 对独立节点和独立回

路列出所需要的节点电流方程及回路电压方程，然后联立求解方程组，得到各支路电流的方法，即为支路电流法。下面以图 2-54 所示的电路为例，说明支路电流法的解题过程。

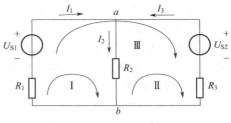

图 2-54　支路电流法图例

图 2-54 电路中，共有三条支路、两个节点和三个回路。各电源电压值和各电阻的阻值如图所示，若要求解三个未知支路的电流 I_1、I_2、I_3，需要写三个独立方程来联立求解。

> 所谓独立方程是指该方程不能通过已知方程的相互变换推出来的方程。

(2) KCL 方程的独立性　在列 KCL 方程时，首先选定各支路电流的参考方向，并标注在电路图上。根据 KCL 定律，分别列出节点 a 和 b 的 KCL 方程为

$$-I_1 + I_2 - I_3 = 0$$
$$I_1 - I_2 + I_3 = 0$$

显然，上两式实际是相同的，所以只有 1 个方程是独立的，可见 2 个节点只能列出 1 个独立的节点电流方程。

可以证明，若电路中有 n 个节点，则应用 KCL 只能列出 ($n-1$) 个独立的节点电流方程。

(3) KVL 方程的独立性　选定 Ⅰ、Ⅱ、Ⅲ三个回路，其电压参考绕行方向标注于图中。根据 KVL 定律，列出各回路的电压方程如下

回路 Ⅰ：　　　　　　　$I_1 R_1 - U_{S1} + I_2 R_2 = 0$

回路 Ⅱ：　　　　　　　$-I_2 R_2 + U_{S2} - I_3 R_3 = 0$

回路 Ⅲ：　　　　　　　$I_1 R_1 - U_{S1} + U_{S2} - I_3 R_3 = 0$

分析上面三个方程的关系发现，这三个方程中任何一个方程都可以用其他两个方程导出来，称其相互之间是"不独立的，是相关的"。但如果只考虑其中的任意两个方程的话，相互之间就无法推出来了。也就是说，这三个方程中，只有两个方程是相互独立的。

可以证明，对于 m 个网孔的平面电路，必含有 m 个独立的回路。网孔是最容易选择的独立回路。

总之，对于具有 b 条支路、n 个节点、m 个网孔的电路，应用 KCL 可以列出 ($n-1$) 个独立节点的电流方程，应用 KVL 可以列出 m 个网孔电压方程，而独立方程总数为 ($n-1$)+m，恰好等于支路数 b，所以方程有唯一解。

对图 2-54，联立 KCL 和 KVL 得到方程组

$$\begin{cases} -I_1 + I_2 - I_3 = 0 \\ I_1 R_1 - U_{S1} + I_2 R_2 = 0 \\ -I_2 R_2 + U_{S2} - I_3 R_3 = 0 \end{cases}$$

解方程组，就可以求得 I_1、I_2 和 I_3。

2. 支路电流法的使用

使用支路电流法分析电路问题时的一般步骤如下：

① b 条支路共有 b 个未知量，选定支路电流的参考方向，标明在电路图上。

② 根据 KCL，列写独立的节点电流方程，n 个节点可以列出 ($n-1$) 个独立方程。

③ 选定网孔，在电路图中标定电压参考绕行方向，根据 KVL 列写出网孔方程，网孔数等于独立回路数 $m = b - (n-1)$，即 m 个网孔可列出 m 个独立电压方程。

④ 联立求解上述 b 个独立方程构成的方程组，求得各支路电流。

另外，用支路电流法分析含有理想电流源的电路时，对含有电流源的回路，应将电流源的端电压列入回路电流方程。此时，电路增加一个变量，应该补充一个相应的辅助方程，该方程可由电流源所在支路的电流为已知来引出。第二种处理方法是，由于理想电流源所在的电流为已知，在选择回路时也可以避开理想电流源支路。

【例 2-1】 如图 2-55 所示电路，用支路电流法求各支路电流。

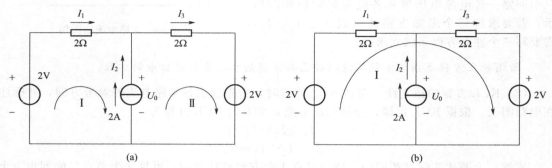

图 2-55 例 2-1 电路图

解：方法一 选定并标出支路电流 I_1、I_2、I_3，电流源端电压 U_0，并选定网孔绕向，如图 2-55(a) 所示。列出 KCL 方程，得

$$-I_1-I_2+I_3=0$$

对网孔 Ⅰ、Ⅱ 分别列 KVL 方程，得

$$-2+2I_1+U_0=0$$
$$-U_0+2I_3+2=0$$

补充一个辅助方程

$$I_2=2\text{A}$$

联立方程组得，

$$I_1=-1\text{A},\ I_2=2\text{A},\ I_3=1\text{A},\ U_0=4\text{V}$$

方法二 选定并标出支路电流 I_1、I_2、I_3，选定回路绕向，如图 2-55(b) 所示。

列 KCL 方程得

$$-I_1-I_2+I_3=0$$

避开电流源支路，列出回路 Ⅰ 的 KVL 方程得

$$-2+2I_1+2I_3+2=0$$

电流源支路电流 $I_2=2\text{A}$，联立方程组得

$$I_1=-1\text{A},\ I_2=2\text{A},\ I_3=1\text{A}$$

任务实施

第一步：搭建基尔霍夫定律测试电路

① 按表 2-14 准备材料及仪表，搭建如图 2-56 所示的基尔霍夫定律测试电路。

表 2-14 基尔霍夫定律测试所需仪表及元器件清单

元器件或仪表名称	型号或参数	数量	元器件或仪表名称	型号或参数	数量
直流稳压电源	MPS-3002L-3	1	指针式万用表	MF47	1
电阻	1kΩ、510Ω、200Ω	各1	数字式万用表	MY65	1

② 双路直流稳压电源在接入电路前事先通电，调节电压输出使 $U_{S1}=12V$、$U_{S2}=6V$。

第二步：基尔霍夫电流定律的验证

① 在图 2-56 上标注各支路电流 I_1、I_2、I_3 的参考方向。

② 选择节点 b，按照电流的参考方向，将电流表分别接入被测电流的分支电路中。

③ 根据事先计算得到的支路电流值（填入表 2-15 计算值一栏），调整电流表到合适的量程处，读取各支路电流数据，并填入测量值一栏。

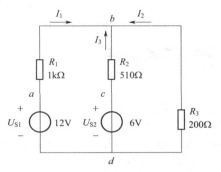

图 2-56 基尔霍夫定律测试电路

表 2-15 基尔霍夫电流定律验证（KCL）数据

支路电流	I_1	I_2	I_3	验证 KCL($\Sigma I=0$)	结果说明
计算值/mA					
测量值/mA					
相对误差/%					

④ 根据表 2-15 中的计算值和测量值，计算其相对误差。
⑤ 将数据代入基尔霍夫电流定律进行验证，结果说明一并填入上表中的对应位置。

第三步：基尔霍夫电压定律的验证

① 选择左回路 $abcda$，标注电压绕行的参考方向及其回路内各段电压的参考方向。

② 选择万用表的直流电压挡，并置于最大量程处，沿着绕行方向分别将万用表正确接入左回路中。

③ 根据事先计算得到的电压值（填入表 2-16 计算值一栏），调整万用表到合适的电压量程处，读取各元件上电压数据，并填入测量值一栏。

表 2-16 基尔霍夫电压定律（KVL）测试数据表

回路	左回路				右回路		
电压	U_{ab}	U_{bc}	U_{cd}	U_{da}	U_{bd}	U_{dc}	U_{cb}
计算值/V							
测量值/V							
相对误差							
验证 KVL ($\Sigma U=0$)	$U_{ab}+U_{bc}+U_{cd}+U_{da}=$				$U_{bd}+U_{dc}+U_{cb}=$		
结果说明							

④ 选择右回路 $bdcb$，同样标注电压绕行的参考方向及其回路内各段电压的参考方向。
⑤ 重复以上②～③的过程。
⑥ 根据表 2-16 中的计算值和测量值，计算其相对误差。
⑦ 将数据代入基尔霍夫电压定律进行验证，与结果说明一并填入上表中的对应位置。

第四步：实施过程回顾

任务完成之后，应总结：

① 分析表 2-15 中的数据，说出基尔霍夫电流定律的内容。
② 分析表 2-16 中的数据，说出基尔霍夫电压定律的内容。

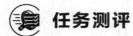 **任务测评**

本任务主要有两个内容，一是验证基尔霍夫电流定律，二是验证基尔霍夫电压定律。涉及三方面的技能：一是电路的搭建，二是电流的测量，三是电压的测量。在任务实施前，教师可以事先演示电路如何搭建，以及电流表、电压表如何使用。电流表、电压表既可以使用万用表的电流、电压挡位实现，也可以使用专用的电流表、电压表。首先，搭建好电路是基础，可以先将 12V 电压源与 R_1 串联、6V 电压源与 R_2 串联，然后再将这两个支路与 R_3 并联。如使用万用表作为电流表，则需打到直流电流挡的合适量程，红、黑表笔一定要插在正确的插孔里（黑表笔插在 COM 插孔，红表笔插在电流插孔里），串联接入电路。串联接入的时候，先将电流表要串入位置处的电路打开，然后将电流表串入。注意红表笔要接到电流流入的一端，黑表笔接到电流流出的一端，否则指针式电流表会反偏，数字式电流表会显示负值。测量电压时，需要将万用表的旋钮打到合适的电压挡量程，并将红表笔换到电压插孔，为了避免忘记更换插孔而导致万用表短路烧毁，建议测电流用专用的电流表，测量电压用万用表的电压挡位。在任务实施时，教师须提醒学生注意以下事项（评分标准）：

① 电源调整好输出值后一定要关掉，然后才能搭建电路，切忌带电作业，否则扣 10 分。
② 测电流时，一定要将万用表（或电流表）正确地串联接入被测电路中，切记不能将电流表并联接入电路，以防止损坏仪表。损坏仪表者，扣 20 分。
③ 测电压时，一定要将万用表（或电压表）正确地并联接入被测电压的位置，切记不能将电压表串联接入电路，以防止损坏仪表。损坏仪表者，扣 20 分。
④ 计算值要事先得到并填入表格，以方便测量值的对照。未得到计算值的，扣 10 分。
⑤ 验证时，一定要将测量值代入公式并计算出结果，在此基础上才能得到结果说明。没有说明结果者，扣 10 分。
⑥ 注意电流、电压的测量值的正负，数据要保证一定的有效位数。有效位数不符合要求者，扣 10 分。

教师在测评时，根据以上注意事项进行综合评分。

 知识拓展——测量结果的评定

前面讲述的误差是描述测量结果偏离真值的程度，也可以从另一个角度用正确度、精密度和准确度这三个"度"来描述测量结果与真值的一致程度。从本质上讲三者是一致的。但在使用中常见到因对这几个"度"之间含义的混淆，从而影响了对测量结果的正确评述。

1. 正确度

由系统误差引起的测量值与真值的偏离程度，偏离越小，正确度越高，系统误差越小，测量结果越正确。因此，正确度反映了系统误差对测量结果影响的程度。

当系统误差远大于随机误差时，相对地说，随机误差可以忽略不计，则有

$$\Delta x = \varepsilon = x - x_0$$

这时可按系统误差来处理，并估计测量结果的正确度。

式中，ε 为系统误差；x 为测量值；x_0 为真值。

2. 精密度

精密度是指测量值重复一致的程度。测量过程中，在相同条件下用同一方法对某一量进

行重复测量时，所测得的数值相互之间接近的程度。数值愈接近，精密度愈高。换句话说，精密度用以表示测量的重现性，反映随机误差对测量结果的影响。

同样，当系统误差小到可以忽略不计或已消除时，可得
$$\Delta x = \delta = x - x_0$$

式中，δ 为随机误差；x 为测量值；x_0 为真值。这时可按随机误差来处理，并估计测得结果的精密度。

3. 准确度

由系统误差和随机误差共同引起的测量值与真值的偏离程度，偏离越小，准确度越高，综合误差越小，测量结果越准确。所以，准确度同时反映了系统误差和随机误差对测量结果影响的程度。

当系统误差和随机误差两者差不多，而不能忽略其中任何一个时，可将系统误差与随机误差进行分别处理，然后再考虑其综合影响，并估计测量结果的准确度。

正确度和精密度是互相独立的，对于一个具体的测量，正确度高，精密度不一定高；反之，精密度高，正确度也不一定高。也即，只有正确度高或精密度高，不能说准确度高。只有正确度和精密度都高，才能说准确度高。

习题

1. 填空题

（1）电路中，支路指的是_____；节点指的是_____；回路指的是_____；网孔指的是_____。

（2）基尔霍夫电流定律又叫_____定律，它具体内容是_____。

（3）基尔霍夫电压定律又叫_____定律，它具体内容是_____。

（4）如题图 2-7 所示的电路中，有____个节点，____条支路，____个回路，____个网孔。

（5）如题图 2-8 所示电路为某网络中的一部分，则 $I_1=$_____A，$I_2=$_____A。

（6）如题图 2-9 所示电路，电流 $I=$____A。

（7）如题图 2-10，电压 $U=$____V。

（8）如题图 2-11，电流 I_1、I_2、I_3 之间的约束关系为_____。

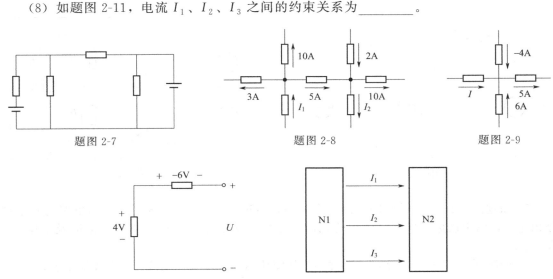

题图 2-7　　题图 2-8　　题图 2-9

题图 2-10　　题图 2-11

(9) 如题图 2-12 所示电路，电压、电流参考方向已给定，$R=10\Omega$，则电压 U 和电流分别为图 (a)：$U=$_____；图 (b)：$I=$_____；图 (c)：$U=$_____；图 (d)：$I=$_____。

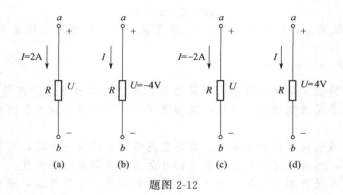

题图 2-12

2. 如题图 2-13 所示电路，试求开路电压 U_{ab}。

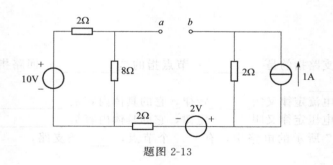

题图 2-13

3. 如题图 2-14 所示电路，用支路电流法求各支路电流。

4. 如题图 2-15 所示电路中，已知 $I_1=2\text{A}$，$I_3=-3\text{A}$，$I_4=1\text{A}$，求：I_2、I_5、I_6。

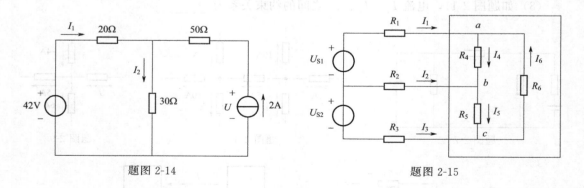

题图 2-14　　　　　　　　　　题图 2-15

5. 如题图 2-16 所示某电路中的一个回路，通过 a、b、c、d 四个节点与电路的其他部分相连接，图中已标注出部分已知的元器件参数及支路电流，试求未知参数 R 及电压 U_{ac} 和 U_{bd}。

6. 如题图 2-17 所示电路，元器件参数如图所示，应用支路电流法求各支路电流。

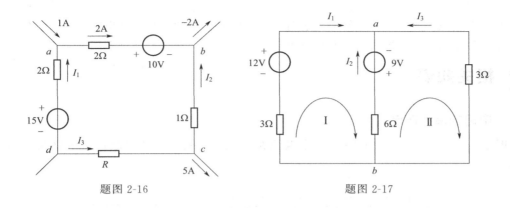

题图 2-16   题图 2-17

任务五　电阻串并联电路与电桥电路测试

【技能目标】

1. 能正确安装电阻串并联连接电路。
2. 能正确分析、计算及测量电阻串联分压电路。
3. 能正确分析、计算及测量电阻并联分流电路。
4. 能正确搭建电阻电桥电路，并对平衡电桥条件进行测试。
5. 能运用单臂电桥测量中值电阻。

【知识目标】

1. 掌握电阻串联电路及其分压原理。
2. 掌握电阻并联电路及其分流原理。
3. 熟悉电阻串并联分压、分流原理的实际应用。
4. 熟悉电桥电路结构。
5. 掌握电桥平衡的条件。
6. 理解电阻的星形联结和三角形联结，掌握二者之间的等效变换。

【素质目标】

1. 培养理论联系实践的意识。
2. 培养相互配合、团结协作的精神。

任务引入

实用电子秤是日常生活中各行各业都会用到的一种称重设备，几种实用电子秤如图 2-57 所示。在电子秤的内部，其核心电路是电桥电路。电桥电路除了电子秤使用外，在其他方面也有极其广泛的应用，如用于精密电阻测量的单、双臂电桥仪，内部电路即是采用的电桥电路结构；非电量位移、应变、力和温度等微变量的测量仪器也有很多采用的是电桥电路结构。那么，什么样的电路是电桥电路呢？电桥电路又有何特点呢？

图 2-57　实用电子秤

假设你是工厂里的一名检修人员，经常使用的一只单臂电桥出现故障，要你检修，那么你该如何去做呢？另外，在检修万用表时，发现电路板上的一只精密电阻损坏，要你更换一只，并需要你用单臂电桥去测量此精密电阻以进行确认，那么你又该如何去做呢？

 相关知识

（一）电阻的串联连接

图 2-58(a)、(b) 所示电路为 n 个电阻 R_1、R_2、$\cdots$、R_n 的串联连接电路及其等效电路图。

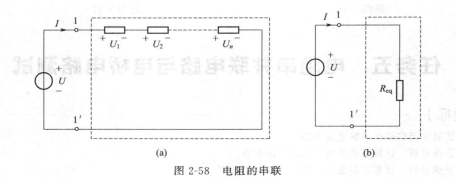

图 2-58 电阻的串联

串联电路在两点之间只提供一条电流流通的路径，以保证流过每个串联电阻器的电流都相同。应用 KVL 有

$$U = U_1 + U_2 + U_3 + \cdots + U_n$$

由于每个电阻的电流均为 I，则有 $U_1 = IR_1$，$U_2 = IR_2$，$U_3 = IR_3$，$\cdots$，$U_n = IR_n$，代入上式得到

$$U = (R_1 + R_2 + R_3 + \cdots + R_n)I = R_{eq}I$$

电阻 R_{eq} 为串联电阻端口的等效电阻，显然

$$R_{eq} = (R_1 + R_2 + R_3 + \cdots + R_n) = \sum_{i=1}^{n} R_i \tag{2-19}$$

即串联电阻总阻值（等效电阻）等于所有串联电阻阻值之和，且大于任意一个串联的电阻。

电阻串联时，每个电阻上的电压分别为

$$U_1 = R_1 I = \frac{R_1}{R_{eq}} U, U_2 = R_2 I = \frac{R_2}{R_{eq}} U, U_3 = R_3 I = \frac{R_3}{R_{eq}} U, \cdots, U_n = R_n I = \frac{R_n}{R_{eq}} U \tag{2-20}$$

式(2-20)为电阻串联分压公式，表述为：串联电路中，任何一个电阻器上所承担的电压值等于其电阻值与端口等效电阻的比值与串联分支电路的端口总电压的乘积。

将电阻串联电路的电压定律方程两边同乘以电流 I，则有

$$P = UI = U_1 I + U_2 I + \cdots + U_n I = I^2 R_1 + I^2 R_2 + \cdots + I^2 R_n \tag{2-21}$$

上式说明，n 个电阻串联吸收的总功率等于各个电阻吸收的功率之和。

电阻串联时，每个电阻的功率与电阻的关系为

$$P_1 : P_2 : P_3 : \cdots : P_n = R_1 : R_2 : R_3 : \cdots : R_n \tag{2-22}$$

电阻串联的实际应用很多，例如，通过与电压表串联电阻来扩大电压表的量程，收音机或电视机上的音量控制电位器，电饭锅挡位控制等。

（二）电阻的并联连接

图 2-59 是 n 个电阻的并联连接电路及其等效电路图。电阻并联时，所有并联的电阻两端接在同一电压之下，各电阻的电压相等。由于电压相等，总电流 I 可根据欧姆定律和 KCL 写作

$$I = I_1 + I_2 + I_3 + \cdots + I_n = \frac{U}{R_1} + \frac{U}{R_2} + \frac{U}{R_3} + \cdots + \frac{U}{R_n} \tag{2-23}$$

$$= U\left(\frac{1}{R_1} + \frac{1}{R_2} + \frac{1}{R_3} + \cdots + \frac{1}{R_n}\right) = \frac{U}{R_{eq}}$$

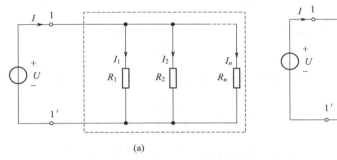
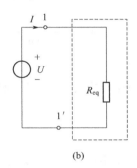

图 2-59 电阻的并联

由上式可知，n 个电阻并联之后的等效电阻 R_{eq} 为

$$R_{eq} = \frac{1}{\frac{1}{R_1} + \frac{1}{R_2} + \frac{1}{R_3} + \cdots + \frac{1}{R_n}} \quad 或 \quad \frac{1}{R_{eq}} = \frac{1}{R_1} + \frac{1}{R_2} + \frac{1}{R_3} + \cdots + \frac{1}{R_n} \tag{2-24}$$

当 $n = 2$，即两个电阻并联时，等效电阻为

$$R_{eq} = \frac{1}{\frac{1}{R_1} + \frac{1}{R_2}} = \frac{R_1 R_2}{R_1 + R_2} \tag{2-25}$$

不难看出，并联电路的等效电阻值小于任意一个所并联的电阻阻值。若以电导表示，即

$$G_1 = \frac{1}{R_1}, \ G_2 = \frac{1}{R_2}, \ G_3 = \frac{1}{R_3}, \ \cdots, \ G_n = \frac{1}{R_n}$$

则有

$$G_{eq} = G_1 + G_2 + G_3 + \cdots + G_n \tag{2-26}$$

电阻并联时，每个电阻上的电流分别为

$$I_1 = UG_1 = \frac{G_1}{G_{eq}} I \quad I_2 = UG_2 = \frac{G_2}{G_{eq}} I \quad I_3 = UG_3 = \frac{G_3}{G_{eq}} I \cdots I_n = UG_n = \frac{G_n}{G_{eq}} I \tag{2-27}$$

式（2-27）为电阻并联时的分流计算公式，用文字表述为：并联电路中，任何一条支路上的电流等于各电导值与并联电路端口总电导值的比值与端口总电流的乘积。

将并联电阻电路的 KCL 方程两边同时乘以 U，则有

$$P = UI = \frac{U^2}{R_1} + \frac{U^2}{R_2} + \frac{U^2}{R_3} + \cdots + \frac{U^2}{R_n} \tag{2-28}$$

式（2-28）说明，n 个电阻并联的总功率等于各个电阻吸收的功率之和。

电阻并联时，n 个电阻上的功率与它的阻值的倒数成正比或与它的电导成正比。

$$P_1:P_2:P_3:\cdots:P_n=\frac{1}{R_1}:\frac{1}{R_2}:\frac{1}{R_3}:\cdots:\frac{1}{R_n}=G_1:G_2:G_3:\cdots:G_n \qquad (2\text{-}29)$$

（三）电阻的混联

当电阻的连接中既有串联又有并联时，称为电阻的串并联连接方式，简称"混联"。图 2-60 所示电路均为混联电路。

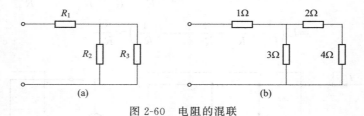

图 2-60　电阻的混联

在图 2-60(a) 的电路中，R_2 和 R_3 先并联之后再与 R_1 串联，因此有

$$R_{eq}=R_1+\frac{R_2R_3}{R_2+R_3}$$

对于图 2-60(b) 所示的电路中，读者可自行分析，不难求得，$R_{eq}=3\Omega$。

（四）平衡电桥

1. 电桥电路

图 2-61(a) 电路既不是串联电路，也不是并联电路。这一电路的特点是在节点 a 和 b 之间跨接了一个电阻 R_5，犹如电路中架了一座桥，故称其为"电桥电路"。

电桥电路有平衡电桥和不平衡电桥两种。图 2-61(b) 是图 2-61(a) 拿掉了电阻 R_5 后（或 $R_5=\infty$）的电路，图 2-61(c) 是 a 点和 b 点之间短路后（或 $R_5=0$）的电路。图 2-61 中的电路虽然各不相同，但通过适当地搭配 R_1、R_2、R_3 和 R_4 的阻值，有使三种电路各部分的电流、电压都是相同数值的特殊情况。

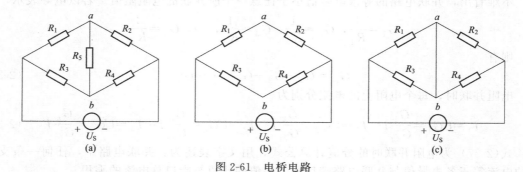

图 2-61　电桥电路

2. 电桥平衡

如果使电源和电阻的数值和连接方式取类似于如图 2-62(a) 的结构时，会发现 a、d 间和 b、d 间的电压降相同的现象。这样一来，a、b 两节点的电位值将相等，a、b 之间的电位差也就变为零。

在电路中，两点电位差为零时，两点间所接入的分支中将不通过电流。也就是说，无论

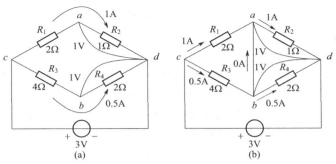

图 2-62 电桥的平衡

这两点之间是属于图 2-62(a) 的断开状态，还是属于图 2-62(b) 的短路连接状态，电桥桥臂电阻中的电压、电流都不发生变化，这种状态称为"电桥平衡"。

3. 电桥平衡条件

电桥平衡时，四个桥臂的电阻存在一定的关系。图 2-63 为电桥平衡等效图，根据平衡电桥的等电位关系、电压关系和电流关系，以及欧姆定律可得

$$U_{ca}=U_{cb}$$
$$U_{ad}=U_{bd}$$

且

$$I_1=\frac{U_{ca}}{R_1}=\frac{U_{ad}}{R_2}$$
$$I_2=\frac{U_{cb}}{R_3}=\frac{U_{bd}}{R_4}$$

将以上两式相除，经整理可得

$$\frac{R_3}{R_1}=\frac{R_4}{R_2} \tag{2-30}$$

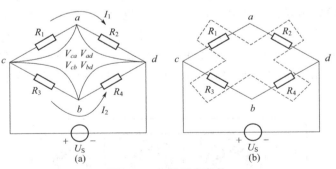

图 2-63 电桥平衡条件

将式(2-30) 变形可得

$$R_1R_4=R_2R_3 \tag{2-31}$$

式(2-30) 和式(2-31) 表述的就是电桥电路平衡时所需要的电阻关系，即"电桥平衡条件"。可叙述为，电桥结构中的四个电阻值，符合两个相邻桥臂之间的电阻值成比例或对臂两个电阻的乘积相等时，称"电桥平衡"。

（五）直流单臂电桥

利用电桥平衡的电阻关系可以制成电阻测量仪器，即单、双臂电桥。单臂电桥又称惠斯

通电桥,主要用于测量中等阻值的电阻,测量电阻阻值范围为 $1\sim10^6\Omega$。

1. 直流单臂电桥测量原理

直流单臂电桥的原理电路如图 2-64 所示。图中,连成四边形的四条支路 ac、cb、bd 和 da,成为电桥的四个臂,其中 ac 接有被测电阻 R_x,其余三个臂为标准电阻或可变的标准电阻。在四边形的两个顶点 a、b 之间连接直流电源 E 和按钮开关 SB,在另两个顶点 cd 之间连接指零仪表(检流计)和按钮 G。

当接通按钮开关 SB 和 G 之后,调节桥臂电阻 R_2、R_3 和 R_4,使检流计指零(即 $I_G=0$),称为电桥平衡。平衡时,根据式(2-30) 可得

$$R_x = \frac{R_2}{R_3}R_4 \tag{2-32}$$

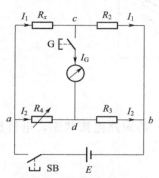

图 2-64 单臂电桥原理电路

在制造直流单臂电桥时,应使 R_2/R_3 的值为可调十进倍数的比率,如 0.01、0.1、1、10、100 等,这样,R_x 就是已知电阻 R_4 的十进倍数,以便读取被测电阻值。电阻 R_2 和 R_3 称为电桥的比例臂,电阻 R_4 称为比较臂。

直流单臂电桥具有很高的准确度,因为标准电阻 R_2、R_3 和 R_4 的标准度可达 10^{-3} 以上,且检流计的灵敏度很高,可以保证电桥处于精确的平衡状态。比较臂 R_4 的位数就是被测电阻 R_x 的有效数字的位数,这与电桥的精度相适应。一般说若精度为 10^{-n},则 R_4 读数应为 $n+1$ 位。

电桥的平衡条件虽不受电源电压的影响,但为了保证电桥足够灵敏,电源电压不能过低或不稳,应用电池或直流稳压电源供电。

2. QJ23A 型直流单臂电桥

(1)结构 各种直流单臂电桥的原理电路都相同。图 2-65 是准确度等级为 0.2 级的国产 QJ23A 型直流单臂电桥的面板图。QJ23A 型直流单臂电桥比例臂 R_2/R_3 由 8 个电阻组成,分成 10^{-3}、10^{-2}、10^{-1}、1、10、10^2、10^3 共 7 个挡,由转换开关换接。比例臂的值(称为倍率)示于面板左上方的读数盘 1 上。比较臂 R_4 用 4 个可调电阻箱串联组成,这 4 个电阻箱分别由 9 个电阻组成,可得到在 $0\sim9999\Omega$ 范围内变动的电阻值。比较臂 R_4 的值

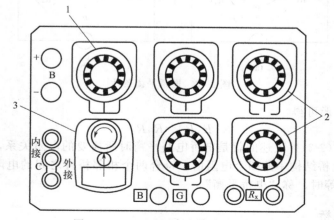

图 2-65 QJ23A 型直流单臂电桥面板
1,2—读数盘;3—检流计

由面板上 4 个形状相同的读数盘 2 所示的电阻值相加而得。

面板的右下方有一对接线柱，标有 R_x，用以连接被测电阻，作为一个桥臂。

面板左下方的 3 为电桥内附的检流计，检流计支路上装有按钮开关，也可外接检流计。在面板检流计的左侧有三个接线柱，使用内接检流计时，用接线柱上的金属片将下面两个接线柱短接。检流计上装有锁扣，能将可动部分锁住，以免搬动时损坏悬丝。需要外接检流计时，用金属片将上面两个接线柱短接，并将外接检流计接在下面的两个接线柱上。

电桥使用内接电源时，需要装入 1 号电池三节。若需要时（如测量大电阻），也可外接电源。面板左上方有一对接线柱，标有"＋""－"符号，供外接电源用。

面板中下方两个按钮开关，其中 G 为检流计支路的开关，B 为电源支路的开关。

(2) 单臂电桥使用注意事项　电桥在使用时要特别注意如下几点。

① 选择合适的比率臂倍率。以比较臂的四个电阻全部用上为准，以提高读数的精度。如被测电阻 R_x 约等于 5Ω，则可选倍率为 0.001，若电桥平衡时比较臂读数为 5123，则被测电阻 R_x＝倍率×比较臂的读数＝0.001×5123＝5.123(Ω)。可见，被测电阻的阻值可读得四位有效数字。如选择倍率为 1，则比较臂的前三个电阻都无法用上，只能测得 R_x＝1×5＝5(Ω)，只有一位有效数值。表 2-17 所示为 QJ23A 型直流单臂电桥的主要参数。

表 2-17　QJ23A 型直流单臂电桥主要参数

倍率	有效量程	分辨力	准确度等级指数(C)		基准数 (R_N)	桥路电源
			*	* *		
×0.001	0～11.110Ω	1MΩ	0.5	1	10Ω	
×0.01	0～111.10Ω	10MΩ	0.2	0.5	100Ω	
×0.1	0～1.1110kΩ	100MΩ	0.1	0.1	1kΩ	4.5V
×1	0～11.110kΩ	1Ω			10kΩ	
×10	0～111.10kΩ	10Ω			100kΩ	
×100	0～1.1110MΩ	100Ω	0.2	0.5	1MΩ	
×1000	0～5.000MΩ	1kΩ	0.5	2	10MΩ	9V
	5～11.110MΩ			5		

② 进行电阻测量时，应先按电源按钮 B，再按检流计按钮 G。若检流计指针向"＋"偏转，表示应加大比较臂电阻，若指针向"－"偏转，则应减小比较臂电阻。反复调节比较臂电阻，使指针趋于零位，电桥即达到平衡。调节开始时，电桥离平衡状态较远，流过检流计的电流可能很大，使指针剧烈偏转，故先不要将 G 按钮按下锁住。操作时，通常是调节一次比较臂电阻，然后按一下 G；不断调节，直至指针偏转较小，接近零的位置时，才可锁住 G 按钮。

③ 测量结束，应先松开 G 按钮，再松开 B 按钮。否则，在测量具有较大电感的电阻时，会因断开电源瞬间而产生的较大自感电动势使检流计损坏。电桥不用时，应将检流计用锁扣锁住，以免搬动时震坏悬丝。

(六) 电阻的星形、三角形联结及其等效变换

在电路分析中，常见的电阻串、并联和混联问题化简为等效电阻的方法，可以解决大部分电阻电路的问题。但在有些电路中，如电桥电路，会遇到如图 2-66 所示的星形（Y 形）和三角形（△形）联结的电阻结构。

这两种类型的电阻联结，不能应用串并联的化解方法进行处理。但两者之间借助其对外

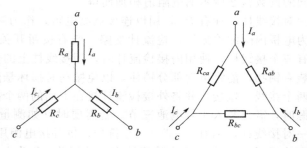

图 2-66 电阻的 Y 形联结和 △ 联结电路

电路端口伏安关系一致的等效关系,可以通过等效互化来达到简化电路的目的。

假设图 2-66 中(a)、(b)两个网络的端口对外互相等效,也就是说,在两个电路对应的端口存在,它们三个对应端 a、b、c 的端子流入电流 I_a、I_b、I_c 相等,三个对应端口的端电压 U_{ab}、U_{bc}、U_{ca} 对应相等。

对星形联结和三角形联结的电阻,如令 a 端断开,那么图 2-66(a)中的 bc 端之间的等效电阻应等于图 2-66(b)中的 bc 端之间的等效电阻,即

$$R_b + R_c = \frac{R_{bc}(R_{ab}+R_{ca})}{R_{ab}+R_{bc}+R_{ca}} \tag{2-33}$$

同时,分别令 b、c 端对外断开,则另两端之间的等效电阻也应有

$$R_c + R_a = \frac{R_{ca}(R_{ab}+R_{bc})}{R_{ab}+R_{bc}+R_{ca}} \tag{2-34}$$

$$R_a + R_b = \frac{R_{ab}(R_{bc}+R_{ca})}{R_{ab}+R_{bc}+R_{ca}} \tag{2-35}$$

将上面的三式相加,化简后得到

$$R_a + R_b + R_c = \frac{R_{ab}R_{bc}+R_{bc}R_{ca}+R_{ca}R_{ab}}{R_{ab}+R_{bc}+R_{ca}} \tag{2-36}$$

将式(2-36)分别减去式(2-33)~式(2-35)得到

$$\left.\begin{array}{l} R_a = \dfrac{R_{ca}R_{ab}}{R_{ab}+R_{bc}+R_{ca}} \\[2mm] R_b = \dfrac{R_{ab}R_{bc}}{R_{ab}+R_{bc}+R_{ca}} \\[2mm] R_c = \dfrac{R_{bc}R_{ca}}{R_{ab}+R_{bc}+R_{ca}} \end{array}\right\} \tag{2-37}$$

式(2-37)就是从已知三角形联结电阻求等效星形联结电阻的关系式。

如果已知星形联结的电阻值,那么,将式(2-37)各式两两相乘再相加,化简整理后可得出

$$R_aR_b + R_bR_c + R_cR_a = \frac{R_{ab}R_{bc}R_{ca}}{R_{ab}+R_{bc}+R_{ca}} \tag{2-38}$$

将式(2-37)中各式分别除以式(2-38),即得

$$\left.\begin{array}{l}R_{ab}=\dfrac{R_aR_b+R_bR_c+R_cR_a}{R_c}\\[2mm]R_{bc}=\dfrac{R_aR_b+R_bR_c+R_cR_a}{R_a}\\[2mm]R_{ca}=\dfrac{R_aR_b+R_bR_c+R_cR_a}{R_b}\end{array}\right\} \tag{2-39}$$

式(2-39)就是从已知星形联结电阻求等效三角形联结电阻的关系式。

为了便于记忆，可利用下面所列文字公式

$$Y 形电阻 = \frac{\triangle 形相邻电阻的乘积}{\triangle 形电阻之和} \tag{2-40}$$

$$\triangle 形电阻 = \frac{Y 形电阻两两乘积之和}{Y 形不相邻电阻} \tag{2-41}$$

当三角形联结电阻存在 $R_{ab}=R_{bc}=R_{ca}=R_\triangle$ 的特殊关系时，等效星形联结的三个电阻也有 $R_a=R_b=R_c=R_Y=1/3R_\triangle$ 的特点。反之存在有 $R_\triangle=3R_Y$ 的特点。

由于画法不同，电阻星形联结有时又称为 T 形电阻，电阻三角形联结也称为 Π 形电路，如图 2-67 所示。

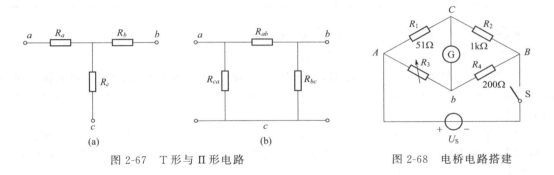

图 2-67　T 形与 Π 形电路　　　　　图 2-68　电桥电路搭建

✳ 任务实施

第一步：搭建平衡电桥电路

准备如表 2-18 所示的元器件与仪表，搭建如图 2-68 所示的电桥电路。将直流稳压电源的一路电压输出调整为 $U_S=5V$，然后关闭。

表 2-18　电桥电路测试所需元器件及仪表清单

元器件或仪表名称	型号或参数	数量	元器件或仪表名称	型号或参数	数量
直流稳压电源	MPS-3002L-3	1	色环电阻	1.5kΩ	1
电阻	51Ω、200Ω、1kΩ	各1	指针式万用表	MF47	1
直流单臂电桥	QJ23A	1	数字式万用表	MY65	1
电阻箱或电位器		1			

第二步：测量平衡电桥电路桥臂电阻

① 图 2-68 中电阻分别为 $R_1=51Ω$、$R_2=1kΩ$、$R_4=200Ω$，R_3 用电阻箱或电位器代

替，预先调整在 10Ω。

② 检流计 G 以数字电流表（或者毫安表）代替，调整在较小量程处。

③ 直流稳压电源通电，调节电阻箱（或者电位器）阻值，观察电流表的数字变化。

④ 当调整电阻箱使电流表接近为零时，记录电桥各桥臂电阻的阻值于表 2-19 中。

表 2-19　电桥平衡电阻

参数	检流计(毫安表)	R_1	R_2	R_4	电阻箱(或电位器)
电桥平衡状态					

第三步：平衡电桥电路桥臂电压测量

① 当电流表指针指向零位时，将万用表指针打到电压挡，断开电路电源。

② 分别测量图中 C、D 两点以及各桥臂电阻两端的电压值，并将测量数据填于表 2-20 中。

表 2-20　电桥平衡时桥臂电压

条件	U_{AC}	U_{AD}	U_{CB}	U_{DB}	U_{CD}	结论
$I_G=0$						

第四步：利用惠斯通电桥测量电阻

① 先打开检流计锁扣，再调节调零器使指针位于零点。

② 将被测的精密电阻（五环电阻）接到标有"R_x"的两个接线柱之间，根据被测电阻的近似值（可读色环得到其标称阻值），选择合适的比率臂倍率，以比较臂的四个电阻全部用上为准，以提高读数的精度。

③ 测量时，应先按电源按钮 B，再按检流计按钮 G。若检流计指针向"＋"偏转，表示应加大比较臂电阻，若指针向"－"偏转，则应减小比较臂电阻。反复调节比较臂电阻，使指针趋于零位，电桥即达到平衡。

④ 测量结束，应先松开 G 按钮，再松开 B 按钮。

⑤ 分别读出比例臂和比较臂的数值，计算得到被测电阻值。将测得的阻值填入到表 2-21 之中。被测电阻值＝比例臂读数×比较臂读数。

表 2-21　单臂电桥测量中值电阻数据记录表

电阻序号	色环对应的数字	标称电阻值/Ω	测量值/Ω	绝对误差/Ω	相对误差/%	结论
1						
2						
3						

第五步：实施过程回顾

任务完成之后，应分析总结：

① 分析直流电桥平衡时，表 2-19 中各桥臂电阻之间的关系，并写出关系式。

② 分析直流电桥平衡时，表 2-20 的测试数据，得出有关电压关系的结论。

③ 总结单臂电桥测量中值电阻的方法和步骤。

任务测评

本任务主要有两个方面的内容，一是搭建电桥电路并进行测试，二是利用直流单臂电桥（惠斯通电桥）进行电阻的测量。在任务实施之前，教师可以事先进行这两个方面内容的演示。在平衡电桥电路的搭建及测量时，先不接入检流计（毫安表），由图2-68可以看出，R_1、R_2 串联，R_3、R_4 串联，两两串联后再并联，最后接入+5V电压源。毫安表一端接在R_1、R_2之间，一端接在R_3、R_4之间，并选择毫安表的最小量程。调整电阻箱（或电位器），使毫安表数值接近为0，记录下此时电阻箱的数值。如使用电位器，则应在断电情况下用万用表测量得到其阻值。在使用惠斯通电桥测量电阻时，把被测电阻接好后，先调比例臂，再调比较臂，严格按照步骤操作。教师在任务实施时，需提醒学生注意以下事项（评分标准）。

① 搭建电桥电路时，需要注意电阻、检流计之间的串并联关系，不能搞错，否则得不到正确的结果。如结果错误，则扣10分。

② 电压源在接入电路之前须调整好输出值，关闭后再接入电路，不能带电接线。带电接线者，扣10分。

③ 电阻箱或者电位器的阻值测量，需要在断电情况下进行，否则可能造成表计的损坏。表计损坏者，扣20分。

④ 惠斯通电桥测量电阻时，检流计、电源均是内接，应将相应开关打到内接方向。而在测量结束后，为避免耗电，再将其打到外接方向。未按此操作者，扣10分。

⑤ 惠斯通电桥测量电阻时，其阻值应为比较臂乘以比例臂，并有四位有效数字。有效位数不符合要求，扣10分。

教师在测评时，根据以上注意事项进行综合评分。

 知识拓展——电工仪表量程的扩大

电阻串并联电路的应用实例很多。例如，要想将220V的灯泡接到380V的电压中使用，单独一个接上去会烧坏，如果将两个电压为220V、功率相等的灯泡先串联以后，再接到380V的电压中就不会烧坏了。再例如，一般充电器的输出电压很低，有些充电器没有变压器降压，而是通过一个较大的电阻降压后再经过整流装置送出较低的3~12V的直流电压。再例如，测量仪表大电流、高电压的量程测量电路，也是采用并联分流电阻和串联分压电阻的基本原理实现的。在此重点讲述电压表和电流表量程扩大的基本原理和工作电路。

1. 电压表量程的扩大

测量用电压表的表头所能测量的最大电压就是其量程，通常较小。在测量时，通过表头的电流是不能超过其量程的，否则将会损坏电表表头。如何用小量程表头测量大的电压呢？实际的做法就是在电压表的表头外侧串联接入合适的电阻，以扩大电压表的测量范围。实际用于测量电压的多量程电压表由表头与电阻串联的电路结构组成，图2-69所示为C30-V型磁电系电压表的内部电路图。其中，R_g 为表头的内阻，I_g 为流过表头的电流，U_g 为表头两端的电压，R_1、R_2、R_3、R_4 为电压表各挡的分压电阻。每一个分压电阻的相关位置，都对应电压表的一个量程。

2. 电流表量程的扩大

如何用小量程的电流表测量较大的电流呢？如用10A的电流表表头测量100A的电流时，为了不损坏表头，可以将90A的电流不通过电流表表头，采用分流的方式处理掉。实际用于测量电流的电流表都做成多量程的,均由表头与电阻串、并联的电路结构组成。例如图 2-70 所示为 C41-μA 磁电系电流表测量电路,其中,R_g 为表头的内阻,I_g 为流过表头的电流,U_g 为表头两端的电压,R_1、R_2、R_3、R_4 为电流表各挡的分流电阻。每一个电阻挡位,都对应电流表的一个量程。

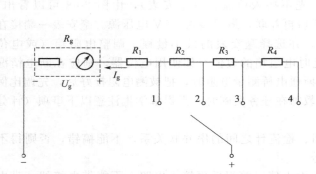

图 2-69　C30-V 型磁电系电压表电路　　　图 2-70　C41-μA 磁电系多量程电流表电路

 习题

1. 填空题

(1) 三个阻值都为 12Ω 的电阻,当串联连接时,总电阻为_____,当并联连接时,总电阻为_____。

(2) 一个电阻和一根无电阻的理想导线并联时,总电阻应为_____。

(3) 三个电阻之比为 $R_1 : R_2 : R_3 = 1 : 2 : 5$,将这三个电阻并联,则通过这三支路的电流强度 $I_1 : I_2 : I_3$ 之比为_____。

(4) 一块电流表的表头满偏电流 $I_g = 1\text{mA}$,内阻为 200Ω。要把它改装成一个量程为 0.5A 的电流表,则应在电流表的表头上并联接入约_____Ω 的分流电阻。

(5) 用一个满刻度偏转电流为 50μA、电阻 R_g 为 2kΩ 的表头制成 100V 量程的直流电压表,表头应串联的附加电阻为_____。

(6) 如题图 2-18 所示电路,AB 间电压恒为 U,在滑动变阻器的滑片 P 逐渐向 A 端移动的过程中,灯泡上的电压数值将_____。

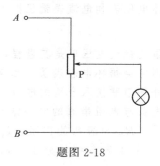

题图 2-18

(7) 电桥电路由 5 个电阻连接成 4 个节点的桥路结构,其中 4 个电阻连接放置于电桥的_____,1 个电阻当桥路,跨接在其中两个_____之间,另外两个节点之间连接供电电源。

(8) 电桥电路按照电阻参数之间的关系包括有_____电桥和_____电桥两种。

(9) 直流电桥平衡的条件是_____。

(10) 当直流电桥平衡时，电路中将有等电位点出现。化简电路时，可以将等电位点做_____或_____的等效处理，对电路的分析结果不会有任何影响。

2. 如题图 2-19，求所示电路中的等效电阻 R_{AB}。

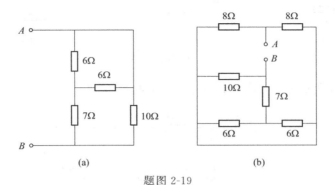

题图 2-19

3. 如题图 2-20 所示电路，试求电压 U 和电流 I，并计算各元件发出或吸收的功率。

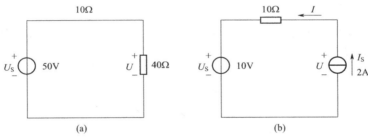

题图 2-20

4. 如题图 2-21 所示是电饭锅的电路图，R_1 是一个电阻，R_2 是加热用的电阻丝。电饭锅工作时有两种状态：一种是锅内的水烧干以前的加热状态，另一种是水烧干后的保温状态。

(1) 自动开关 S 接通和断开时，电饭锅分别处于哪种状态？

(2) 要使 R_2 在保温状态下的功率是加热状态时的一半，$R_1:R_2$ 应该是多大？

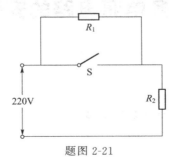

题图 2-21

5. 如题图 2-22 所示电路，求各电路中的等效电阻 R_{ab}。其中各电阻参数分别为 $R_1=3\Omega$，$R_2=R_3=R_4=6\Omega$，$R_5=9\Omega$，$R=2\Omega$。

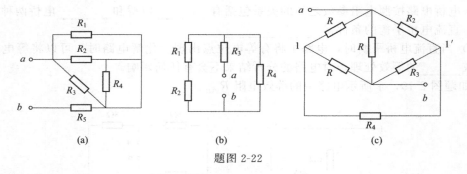

题图 2-22

6. 如题图 2-23 所示电路，求（1）R_{ab}；（2）R_{cd}。

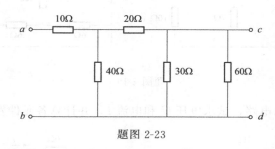

题图 2-23

7. 如题图 2-24 所示电路，已知 $U_S=100\text{V}$，$R_1=100\Omega$，$R_2=20\Omega$，$R_3=80\Omega$，$R_4=R_5=40\Omega$，求电流 I。

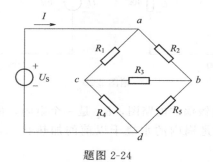

题图 2-24

任务六　多电源电路的安装与测试

【技能目标】

1. 能搭建叠加定理验证电路。
2. 能对叠加定理电路的参数进行测量。
3. 能运用叠加定理和节点电位法分析解决电路问题。

【知识目标】

1. 熟悉线性电路知识。
2. 掌握线性叠加定理内容。
3. 熟练掌握应用叠加定理和节点电位法分析电路问题的方法。
4. 理解线性齐次性定理及其使用。

【素质目标】

1. 培养分析问题、解决问题的能力。
2. 培养严谨细致的科学精神和职业素养。

任务引入

叠加定理是分析线性电路的一个重要定理，它主要是针对性地把一个多电源存在的复杂电路，化解成几个简单的电路来进行处理，然后进一步应用数学中的线性叠加知识来分析解答电路问题。

图 2-71 所示为多电源电路，属于交直流信号并存的电路，对此电路问题的分析可以采用前述任务中提到的基尔霍夫定律、支路电流法等知识去处理，但分析过程相对比较繁杂。但如果应用电路中的叠加定理知识分析，就会相对简单些。

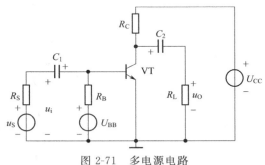

图 2-71 多电源电路

假设你是一家电子企业的工程师，现需要对类似图 2-71 的多电源电路进行分析和测试，那么你将如何去做呢？

相关知识

（一）线性电路

电路叠加定理是线性电路的一个重要定理，对多电源电路的复杂问题的简化分析有非常大的帮助。线性电路由线性元器件组成，那么什么是线性元器件和线性电路呢？

（1）线性元器件　线性元器件指的是元器件本身所具有的基本性能为线性的元器件，如电阻元器件 R、电感元器件 L、电容元器件 C、电压源 U_S、电流源 I_S 等。

（2）线性电路　由线性元器件组合构成的电路，称为"线性电路"。

（二）节点电位法

叠加定理的推导需要应用节点电位法。现对节点电位法进行讲解。

1. 参考节点

电路中，将任意选定的某一节点假设为"0 电位点"时，称其为"参考节点"，如图 2-72 中的"0"点。

2. 节点电位

选定参考节点后，电路中其他各节点相对于参考节点的电压定义为该节点的"节点电位"，如图 2-72 中 a、b 两点的电位分别为 V_a、V_b。

3. 节点电位法

节点电位法是以节点电位为未知量，将各支路电流用节点电位表示，应用 KCL 列出独立

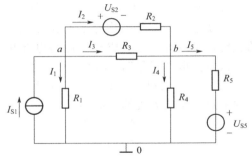

图 2-72 节点电位法图例

节点的电流方程，联立方程求得各节点电位，再根据节点电位与各支路电流的关系，分析求得各支路电流及相关未知数的方法。

图 2-72 所示电路，有三个节点，选择 0 电位为参考节点，则其余两个节点 a、b 为独立节点。

设独立节点 a、b 的电位分别为 V_a、V_b，各支路电流在图示参考方向下与节点电位存在如下关系

$$I_1 = \frac{V_a}{R_1} = G_1 V_a$$

$$I_2 = \frac{V_a - V_b - U_{S2}}{R_2} = G_2(V_a - V_b - U_{S2})$$

$$I_3 = \frac{V_a - V_b}{R_3} = G_3(V_a - V_b)$$

$$I_4 = \frac{V_b}{R_4} = G_4 V_b$$

$$I_5 = \frac{V_b - U_{S5}}{R_5} = G_5(V_b - U_{S5})$$

针对节点 a、b，分别列写 KCL 方程

$$-I_{S1} + I_1 + I_2 + I_3 = 0$$
$$-I_2 - I_3 + I_4 + I_5 = 0$$

将 I_1、I_2、I_3、I_4、I_5 与节点电位的关系式分别代入 KCL 节点电流方程中，可得

$$-I_{S1} + G_1 V_a + G_2(V_a - V_b - U_{S2}) + G_3(V_a - V_b) = 0$$
$$-G_2(V_a - V_b - U_{S2}) - G_3(V_a - V_b) + G_4 V_b + G_5(V_b - U_{S5}) = 0$$

整理得

$$\left. \begin{array}{l} (G_1 + G_2 + G_3)V_a - (G_2 + G_3)V_b = I_{S1} + G_2 U_{S2} \\ -(G_2 + G_3)V_a + (G_2 + G_3 + G_4 + G_5)V_b = -G_2 U_{S2} + G_5 U_{S5} \end{array} \right\}$$

上式可以概括为如下形式

$$\left. \begin{array}{l} G_{aa} V_a + G_{ab} V_b = I_{Saa} \\ G_{ba} V_a + G_{bb} V_b = I_{Sbb} \end{array} \right\} \tag{2-42}$$

式(2-42)是具有两个独立节点电路的节点电位法方程的一般形式，可得如下规律：

① G_{aa}、G_{bb} 分别称为节点 a、b 的"自导"，其数值等于各独立节点所连接的各支路的电导之和，如 $G_{aa} = G_1 + G_2 + G_3$，$G_{bb} = G_2 + G_3 + G_4 + G_5$，它们始终取"正值"。

② G_{ab}、G_{ba} 称为节点 a、b 的"互导"，其数值等于两节点间的各支路电导之和，如 $G_{ab} = G_{ba} = -(G_2 + G_3)$，它们总取负值。

③ I_{Saa}、I_{Sbb} 分别称为流入节点 a、b 的等效电流源的代数和。若是电压源与电阻串联的支路，则可等效变换成电流源与电导相并联的支路。当电流源的电流方向指向相应节点时，数值前取"正号"，反之，则取"负号"。

式(2-42)可推广到具有 n 个节点的电路，此电路应该具有 $(n-1)$ 个独立节点，列写出的节点电位法方程的一般形式为

$$\left. \begin{array}{l} G_{11}V_1 + G_{12}V_2 + \cdots G_{1(n-1)}V_{n-1} = I_{S11} \\ G_{21}V_1 + G_{22}V_2 + \cdots G_{2(n-1)}V_{n-1} = I_{S22} \\ G_{(n-1)1}V_1 + G_{(n-1)2}V_2 + \cdots G_{(n-1)(n-1)}V_{n-1} = I_{S(n-1)(n-1)} \end{array} \right\} \tag{2-43}$$

4. 节点电位法的应用

根据以上分析，可归纳出节点电压法应用的一般步骤如下：

① 先选定参考节点 0，用 "⊥" 符号表示。

② 以独立节点的节点电位作为电路的变量，按上述规则，列出以节点电位为未知数的各节点的 KCL 方程。

③ 联立方程组，并求解未知数，求得各节点的电位值。

④ 根据节点电位与支路电流之间的约束关系，求得各支路电流或其他需求的未知量。

（三）线性叠加定理

1. 线性叠加定理内容

在线性电路中，有多个激励（电压源或电流源）共同作用时，在任一支路或元器件上所产生的响应（电压或电流），等于各个激励分别单独作用时，在该支路（或元器件）的同一处所产生的相同响应的代数和。

> 注意：
> ① 所谓某一激励单独作用，就是除了该作用的激励外，其余激励均对电路不起作用，也即使其输出值为 0。
> ② 某激励源单独作用，不作用激励源的处理方法：不作用的理想电压源从电路中去掉，其位置用"短路"线替代；不作用的理想电流源从电路中去掉，其位置用"断路或断开"替代。电路中的其他电阻结构及数值均应保持不变，如果电源本身有内阻时，则应保留在原电源所在位置处。

图 2-73 所示电路说明了线性叠加定理的基本内容的分解过程，具体分析如下。

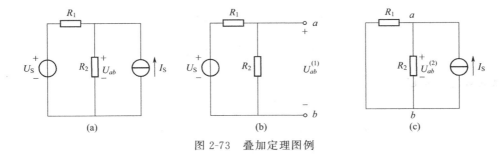

图 2-73 叠加定理图例

应用节点电压法对图 2-73(a) 电路列写方程，整理可得

$$U_{ab}=\frac{\dfrac{U_S}{R_1}+I_S}{\dfrac{1}{R_1}+\dfrac{1}{R_2}}=\frac{R_2}{R_1+R_2}U_S+\frac{R_1R_2}{R_1+R_2}I_S$$

由上式看出，U_{ab} 由两项组成，第一项 $U_{ab}^{(1)}=\dfrac{R_2}{R_1+R_2}U_S$，是在 $I_S=0$ 时，即电压源 U_S 单独作用时电路分析的结果，如图 2-73(b) 所示电路。明显看出，$U_{ab}^{(1)}$ 与 U_S 成正比关系。第二项 $U_{ab}^{(2)}=\dfrac{R_1R_2}{R_1+R_2}I_S$，是在 $U_S=0$ 时，电流源单独作用时的结果，如图 2-73(c) 所示，显然，$U_{ab}^{(2)}$ 与 I_S 也成正比关系。

同理，电路中其他各处的电压和电流变量也具有相同的性质，这就是电路的叠加性。

2. 应用叠加定理分析问题时的注意事项

① 叠加定理仅适用于线性电路，不适用于非线性电路。

② 当一个独立电源单独作用时，其他独立电源不起作用，即独立电压源用"短路"代替，独立电流源用"开路"代替，其他元件的连接方式和参数保持不变。

③ 叠加时，要注意电流和电压的参考方向。若分电流（或电压）与原电路中待求的电流（或电压）的参考方向一致时，其叠加分量前取"正号"，否则，叠加分量前取"负号"。

④ 叠加定理不能用于计算电路中的功率，因为电路功率不是电路变量的线性函数，而是电流或电压的二次函数，不符合数学中要求的叠加性质。

【例 2-2】 如图 2-74(a) 所示电路，用叠加定理求电流 I 和电压 U。

解： 画出两个电源分别单独作用的电路如图 2-74(b) 和 (c) 所示。对图 (b)，有

$$I^{(1)} = \frac{24}{6 + \frac{3\times(2+4)}{3+2+4}} = \frac{24}{8} = 3(\text{A})$$

$$U^{(1)} = 3 \times \frac{3}{3+2+4} \times 4 = 4(\text{V})$$

对图 2-74(c)，用电阻串、并联方法化简，设 $I_1^{(2)}$、$I_2^{(2)}$、$U^{(2)}$ 如图所示，可求得

$$I_1^{(2)} = 6 \times \frac{\frac{6\times 3}{6+3}+2}{\frac{6\times 3}{6+3}+2+4} = 3(\text{A})$$

$$U^{(2)} = -4I_1^{(2)} = -4 \times 3 = -12(\text{V})$$

$$I_2^{(2)} = 6 - I_1^{(2)} = 6 - 3 = 3(\text{A})$$

$$I^{(2)} = I_2^{(2)} \times \frac{3}{6+3} = 1(\text{A})$$

原电路的 I 和 U 为

$$I = I^{(1)} + I^{(2)} = 3 + 1 = 4(\text{A})$$

$$U = U^{(1)} + U^{(2)} = 4 + (-12) = -8(\text{V})$$

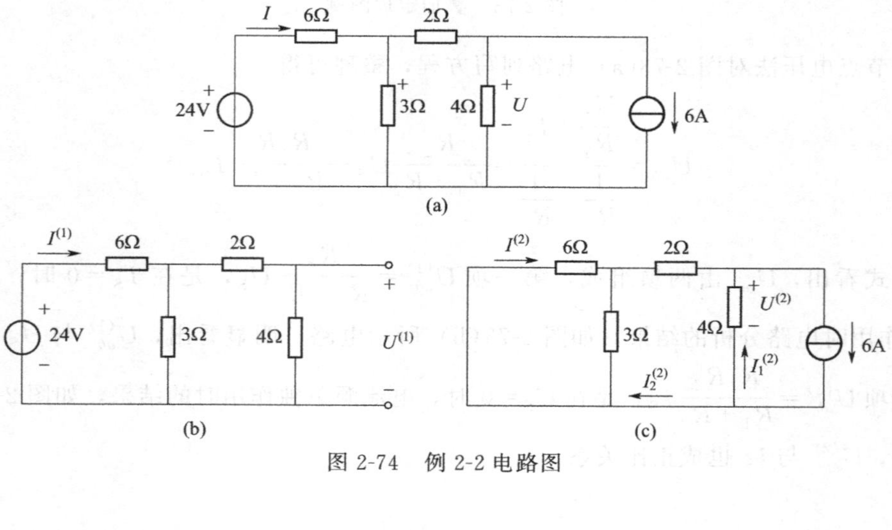

图 2-74 例 2-2 电路图

（四）线性电路的齐次性定理

① 线性齐次性定理内容。在线性电路中，当所有激励（电压源或电流源）同时增大或缩小 K 倍（K 为实常数）时，电路响应（电压和电流）也将同样增大或缩小 K 倍。

② 应当指出的是，这里的"激励"指的是所有的"独立电源"，并且必须是电路中的全部激励同时增大或缩小 K 倍，否则将导致电路问题分析结果出错。

应用齐次性定理分析梯形电路是特别方便的。

任务实施

第一步：搭建多电源作用电路

表 2-22 为本次训练所需的元器件与仪表清单，须搭建如图 2-75 所示的多电源电路。图中电压源 $U_{S1}=6V$，$U_{S2}=12V$，$R_1=200\Omega$，$R_2=1k\Omega$，$R_3=51\Omega$。

表 2-22 多电源电路安装与测试所需元器件及仪表清单

元器件或仪表名称	型号或参数	数量	元器件或仪表名称	型号或参数	数量
直流稳压电源	MPS-3002L-3	1	指针式万用表	MF47	1
电阻	51Ω、200Ω、1kΩ	各 1	数字式万用表	MY65	1

第二步：测量电源 U_{S1} 单独作用时的电路参数

① 将直流稳压电源输出电压为 +6V 的一路输出的接线端子接于图 2-75(b) 中 U_{S1} 的位置，图中 U_{S2} 的位置用短路线代替。

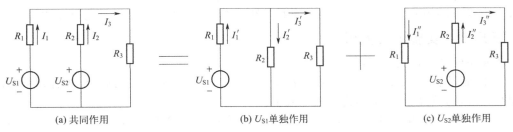

图 2-75 叠加定理测试电路

② 将各个电阻分别接入图 2-75(b) 中正确的位置。

③ 在图 2-75(b) 中，标注表 2-23 中的被测电压、电流的参考方向。

④ 万用表调至直流电流挡，测量表 2-28 中所标的电流参数，数据填于表中的"U_{S1} 单独作用"对应的一行。

⑤ 万用表调至直流电压挡，测量表 2-23 中所列的电压参数，数据填于表中的"U_{S1} 单独作用"对应的一行。在测量时要注意图中各电压、电流的参考方向及读数值正负的确定。

表 2-23 叠加定理测试数据

测量项目内容	U_{S1}/V	U_{S2}/V	I_1/mA	I_2/mA	I_3/mA	U_{R1}/V	U_{R2}/V	U_{R3}/V
U_{S1} 单独作用								

续表

测量项目内容	U_{S1}/V	U_{S2}/V	I_1/mA	I_2/mA	I_3/mA	U_{R1}/V	U_{R2}/V	U_{R3}/V
U_{S2} 单独作用								
U_{S1}、U_{S2} 共同作用								
结论								

第三步：测量电源 U_{S2} 单独作用时的电路参数

① 将直流稳压电源输出电压为 +12V 的一路输出的接线端子接于图 2-75(c) 中 U_{S2} 的位置，图中 U_{S1} 的位置用短路线代替。

② 在图 2-75 中，标注表 2-23 中的被测电压、电流的参考方向。

③ 万用表调至直流电流挡，测量表 2-23 中所列的电流参数，数据填于表中的 "U_{S2} 单独作用" 对应的一行。

④ 万用表调至直流电压挡，测量表 2-23 中所列的电压参数，数据填于表中的 "U_{S2} 单独作用" 对应的一行。测量时注意图中各电压、电流量的参考方向及读数正负。

第四步：测量电源 U_{S1}、U_{S2} 共同作用时的电路参数

① 将直流稳压电源输出电压为 +6V 和 +12V 的两路输出端的接线端子分别接于图 2-75(a) 中 U_{S1}、U_{S2} 的位置。

② 在图 2-75(a) 中，标注表 2-23 中的相关被测量电压、电流的参考方向。

③ 万用表调至直流电流挡，测量表 2-23 中所需的相关电流，数据对应填于表 2-23 中 U_{S1}、U_{S2} 共同作用时的一行中。

④ 万用表调至直流电压挡，测量表 2-23 中所需的相关电压，数据对应填于表 2-23 中 U_{S1}、U_{S2} 共同作用时的一行中。测量时注意图中各电压、电流的参考方向及读数正负。

第五步：实施过程回顾

任务完成之后，应总结：

① 仔细观察表 2-23 中对应三种电路情况下，被测变量的测量数据。分析各列数据之间的相互关系，并写出相应的结论，填入表中。

② 如在图 2-75 电路中的电阻 R_2 分支上串联接入一个 1N4007 型号的二极管，是否可以得到上述结论，为什么？

任务测评

本任务主要内容为叠加定理的验证。涉及三方面的技能，一是电路的搭建，二是电流的测量，三是电压的测量。在任务实施之前，教师可以事先演示电路如何搭建，以及电流表、电压表的使用技巧。电流表、电压表既可以使用万用表的电流、电压挡位实现，也可以使用专用的电流表、电压表。首先，搭建好电路是基础，可以先将 6V (U_{S1}) 电压源正极与 R_1 串联、12V 电压源 (U_{S2}) 正极与 R_2 串联，然后再将这两个支路与 R_3 并联。U_{S1} 单独作用时，可用一根导线将 U_{S2} 短接，U_{S2} 单独作用时，可用一根导线将 U_{S1} 短接，共同作用则取出短接线。使用万用表作为电流表，则需打到直流电流挡的合适量程，红、黑表笔一定要插在正确的插孔里（黑表笔插在 COM 插孔，红表笔插在电流插孔里），串联接入电路。串联接入的时候，先将电流表要串入位置处的电路打开，然后将电流表接入。注意红表笔要接到电流流入的一端，黑表笔接到电流流出的一端，否则指针式电

流表会反偏，数字式电流表会显示负值。测量电压时，需将万用表的旋钮打到合适的电压挡量程，并将红表笔换到电压插孔，为了避免忘记更换插孔导致万用表短路烧毁，建议测电流时用专用的电流表，测量电压用万用表的电压挡位。在任务实施时，教师须提醒学生注意以下事项（评分标准）。

① 电源调整好输出值后一定要关掉，然后才能搭建电路，切记不能带电作业。带电作业者，扣 10 分。

② 测电流时，一定要将万用表（或电流表）正确地串联接入被测电路中，切记不能将电流表并联接入电路，以防止损坏仪表。损坏仪表者，扣 20 分。

③ 测电压时，一定要将万用表（或电压表）正确地并联接入被测电压的位置，切记不能将电压表串联接入电路，以防止损坏仪表。损坏仪表者，扣 20 分。

④ 计算值要事先得到，以方便与测量值进行对照。未得到计算值者，扣 10 分。

⑤ 验证时，一定要将数值代入公式并得到计算结果，在此基础上才能得到结果说明。未有结果说明者，扣 10 分。

⑥ 注意电流、电压的测量值的正负，且数据要保证一定的有效位数。有效位数不符合要求者，扣 10 分。

教师在测评时，根据以上注意事项进行综合评分。

知识拓展——非线性电路

含有非线性元器件的电路是非线性电路。元器件性质（R 的伏安特性、L 的韦安特性、C 的库伏特性）不再是线性关系，即参数不再是常量的元件称为非线性元器件。

1. 非线性元件介绍

（1）非线性电阻

① 定义。线性电阻的电压、电流关系是平面直角坐标系上一条过原点的直线，否则称为非线性电阻，用函数来表示。

② 分类。根据电压与电流的函数关系，非线性电阻可以区别成：电压控制型（电流是电压的单值函数，简称压控型）、电流控制型（电压是电流的单值函数，简称流控型）、单调型（电压是电流的单调函数）。

（2）非线性电感

① 定义。线性电感的磁链、电流关系是平面直角坐标系上一条过原点的直线，否则称为非线性电感，用函数来表示。

② 分类。根据磁链与电流的函数关系，非线性电感可以区别成：电源控制型（磁链是电流的单值函数，简称流控型）、磁链控制型（电流是磁链的单值函数，简称链控型）、单调型（磁链是电流的单调函数）。

（3）非线性电容

① 定义。线性电容的电荷、电压关系是平面坐标系上一条过原点的直线，否则称为非线性电容，用函数来表示。

② 分类。根据电荷与电压的函数关系，非线性电容可以区别成：电压控制型（电荷是电压的单值函数，简称电压控制）、电荷控制型（电压是电荷的单值函数，简称电荷控制）、单调型（电荷是电压的单调函数）。

2. 非线性电路及其工作点

用非线性方程描述的电路称为非线性电路，通常是指含有非线性元件的电路；不含动态元件的非线性电路称为非线性电阻电路，描述非线性电阻电路的方程是非线性代数方程；含有动态元件的非线性电路称为非线性动态电路，描述非线性动态电路的方程是非线性微分方程。

工作点：非线性电路的直流解称为工作点，它对应特性曲线上的一个确定位置。

习题

1. 填空题
    (1) 线性电路指的是_____组成的电路。
    (2) 线性叠加定理内容是_____。
    (3) 叠加定理可以用来计算电路中的_____和_____，不能用于计算_____。
    (4) 应用叠加定理分析电路时，在单电源作用的分解电路中，不作用的独立电压源用_____来代替，不作用的独立电流源用_____来代替。
    (5) 叠加定理仅适用于_____电路。
    (6) 线性齐次性定理指的是_____。
2. 如题图 2-25 所示电路，元器件参数如图标注，应用叠加定理求各支路电流。
3. 如题图 2-26 所示电路，应用叠加原理求：(1) 各支路电流；(2) R_3 的电压 U_3 及其消耗的功率 P_{R3}；(3) 当 U_S 的数值变为 15V 时，各支路电流分别为多少？

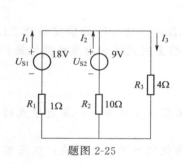

题图 2-25

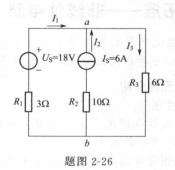

题图 2-26

任务七　等效电源电路的安装与测试

【技能目标】
1. 能搭建有源二端网络相对应的等效电源的分解电路。
2. 能对搭建的等效电源电路进行测试，以验证戴维宁定理的正确性。
3. 能运用戴维宁定理分析解决电路问题。

【知识目标】
1. 掌握戴维宁定理求解电路问题的一般方法。
2. 理解诺顿定理求解电路问题的一般方法。
3. 理解电路最大功率传输定理。

【素质目标】
1. 培养理论联系实际的意识。
2. 培养严谨细致的科学精神和职业素养。

任务引入

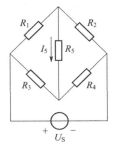

图 2-76 不平衡电桥电路

工程实际中，常常碰到只需研究某一支路的电压、电流或功率的问题。如图 2-76 电路是一个包含有电桥结构的复杂电路，希望能知道 R_5 电阻支路中的电流。根据前述知识可知，若电桥属于平衡状态，那么 R_5 支路两端等电位，支路中就没有电流流过。如果电桥不平衡，应用电阻的 Y-△ 化解、支路电流法也能求得支路电流，但是稍显麻烦了点。如果能将 R_5 支路先拿掉，又能设法找到一个剩余电路的简单等效结构，再接入 R_5，那么求解 R_5 支路的电流问题就将简化很多。

假如你是高校的一名电工实验人员，现有如图 2-76 所示的不平衡电桥电路，如何应用搭建等效电源电路的方法，并求解流过桥路的电流 I_5 呢？

相关知识

（一）二端网络

如果一个电路只有两个端钮与外部相连接，就称为"二端网络"或"一端口网络"。二端网络又分为"有源二端网络"和"无源二端网络"两种，如图 2-77 所示。

（1）有源二端网络　当二端网络内部包含独立电源时，称为"有源二端网络"，用 N_S 表示，如图 2-77（a）所示。

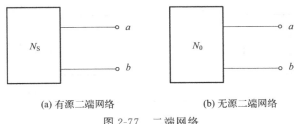

(a) 有源二端网络　　　　　　(b) 无源二端网络

图 2-77 二端网络

实践证明，任何一个有源二端网络，无论它的内部结构是复杂还是简单，当它与外电路相连接时，它就会像电源一样向外电路提供一定的电能，可看成一个实际的供电电源。也就是说，任何一个有源二端网络都可以变换成一个等效的实际电源。而一个实际的电源设备有两种电路结构模型，一种是理想电压源和电阻串联的实际电压源形式，另一种是理想电流源和电阻并联的实际电流源形式。

（2）无源二端网络　当二端网络内部不包含任何独立电源时，称为"无源二端网络"，用 N_0 表示，如图 2-77（b）所示。实践证明，任何一个无源二端网络，从端口往里看去，其端口伏安关系都符合欧姆定律关系，即无源二端网络从端口看相当于一个电阻 R_{eq}。

（二）戴维宁定理

1. 戴维宁定理内容

对外电路而言，任何一个线性有源二端网络，都可以用一个理想电压源和电阻串联的电路模型代替。其中理想电压源的电压取自于线性有源二端网络的端口开路电压 U_{OC}，所串联的电阻 R_0 等于有源二端网络从端口求得的等效电阻 R_{eq}。该种理想电压源和电阻串联的电路模型结构称为戴维宁等效电路，如图 2-78 所示。

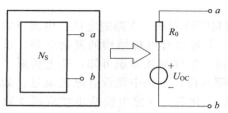

图 2-78 戴维宁等效电路

2. 戴维宁定理的证明

设某线性有源二端网络 N_S 与外电路 R_L 相连，如图 2-79(a) 所示。设其有源二端网络 a、b 端的端口电压为 U，端口电流为 I。根据等效替代原理，将外电路端口电流用一个理想电流源代替，这个理想电流源 I_S 的大小和方向与端口电流 I 的相同，如图 2-79(b) 所示。因为被替代处电路的工作条件并没有改变，所以替代后对网络中各支路的电压和电流都不会有任何影响。

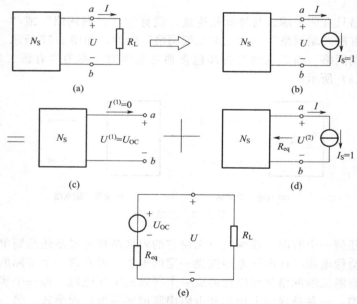

图 2-79 戴维宁定理的证明过程

根据叠加定理，有源二端网络 N_S 的端口电压 U 可以看成是有源二端网络内部的所有独立电源及外部的理想电流源共同作用的结果，即将其分解为两个分量 $U^{(1)}$ 及 $U^{(2)}$，如图 2-79(c)、(d) 所示。根据叠加定理，$U=U^{(1)}+U^{(2)}$。其中，第一项 $U^{(1)}$ 是在有源二端网络内部的所有独立电源作用，而外部的电流源不作用（$I_S=0$）时，在有源二端网络端口产生的端电压，相当于有源二端网络开路时的端电压 U_{OC}，即 $U^{(1)}=U_{OC}$。第二项 $U^{(2)}$ 是在有源二端网络内部的所有独立电源均不作用，而仅由外部的理想电流源 I_S 单独作用时，在有源二端网络的端口形成的端电压。因为这时网络内部的所有电源均为零（理想电压源用短路代替，理想电流源用开路代替），原来的有源二端网络变成了一个无源二端网络。若用 R_{eq} 代表这个无源二端网络从其 a、b 端口向左看进去的等效电阻的话，那么，其端口电压就等于理想电流源的电流 I 流过这个电阻时所产生的电压降。由欧姆定律分析可知，$U^{(2)} = -R_{eq}I$。

按照上述分析过程的结论可以得出，图 2-79(a) 中，a、b 两点的电压为
$$U = U^{(1)} + U^{(2)} = U_{OC} - R_{eq}I \tag{2-44}$$

式(2-44) 就是网络 N_S 端口伏安特性表达式。把此式用等效的电路图来实现的话，即是一个理想电压源 U_{OC} 与电阻 R_{eq} 串联的电路模型结构，如图 2-79(e) 所示。由此，戴维宁定理得以证明。

3. 戴维宁定理等效电路结构参数的求法

(1) 有源二端网络端口开路电压 U_{OC} 的求法　有源二端网络端口开路电压 U_{OC} 的具体求取方法见图 2-80，将所求电流的支路开路，形成一端口网络，利用前述的基尔霍夫定律或者欧姆定理求得此开路电压 U_{OC}。

(2) 求解有源二端网络等效内阻 R_0 的方法　有源二端网络端口等效电阻 R_{eq} 的求法有如下几种。

① 有源化无源的端口等效电阻法。将有源二端网络中所有的独立源都取零值，而其原电路结构和电阻值均保持不变，那么，有源二端网络 N_S 就被转化成了无源二端网络 N_0，如图 2-81 所示。从端口看进去，根据无源网络中电阻元器件的串并联连接方法，求得端口等效电阻 R_{eq}，即是所求等效电源内阻 R_0。

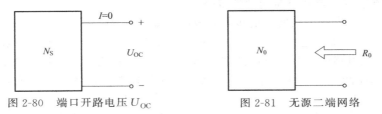

图 2-80　端口开路电压 U_{OC}　　　　图 2-81　无源二端网络

② 开路、短路法。图 2-82 所示电路为采用开路电压、短路电流的方法求解有源二端网络等效电阻的具体方法。针对有源二端网络的电路，首先在端口电流为零的前提下，求得对应电路的端口开路电压 U_{OC}，如图 2-82(b) 所示，然后再将其端口作短路连接，求得对应电路的短路电流 I_{SC}，如图 2-82(c) 所示。根据图 2-82(d) 所示的电路结构可知，戴维宁等效电路所串联的电阻参数 $R_0 = \dfrac{U_{OC}}{I_{SC}}$。

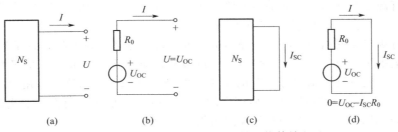

图 2-82　开路、短路法求解有源二端网络等效电阻 R_0

③ 外加电源法。图 2-83 是采用外加电源法求解有源二端网络端口等效电阻的电路图，由图 2-83(a) 直至图 2-83(c) 的等效变化过程可以得知，首先将有源二端网络化为无源二端网络，然后在其端口加入一个电压源（或电流源），分析写出无源二端网络的端口电压和电

流的关系式，再根据欧姆定律可以得出，$R_0 = \dfrac{U_S}{I}$。

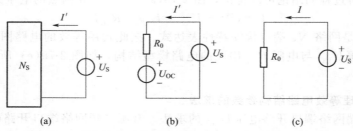

图 2-83　外加电源法求解有源二端网络端口等效电阻 R_0

在有源二端网络等效内阻的求法中，要注意开路、短路法与外加电源法中电流、电压的参考方向及内部电源的处理方法。

戴维宁定理常应用于求解某一含有电源的电路中某一分支上的一个物理变量问题、动态电路中的时间常数 $\tau = R_0 C$ 或 $\tau = \dfrac{L}{R_0}$ 的求解问题以及求解电路中所含负载获取最大功率的问题。

4. 应用戴维宁定理求解电路问题的步骤

应用戴维宁定理求解电路问题的步骤大概归纳如下。

① 针对含有独立源的电路，先去寻得一个有源二端网络 N_S 结构，一般做法是将待求未知数的分支从原电路中移开，剩余的部分即是一个待求的有源二端网络 N_S。

② 求有源二端网络的戴维宁等效电路结构，先分析电路，然后计算或测量有源二端网络的端口开路电压 U_{OC} 和求解有源二端网络的端口等效电阻 R_{eq}。

③ 在戴维宁等效电路结构上连接步骤①中移开的待求未知数的分支，然后分析电路，求得待求的未知量。

5. 应用戴维宁定理要注意的几个问题

① 戴维宁定理只能对线性有源二端网络做等效，因为戴维宁定理是建立在叠加概念之上的，而"叠加"只能用于线性网络中。

② 应用戴维宁定理时，具有耦合的关联分支必须包含在同一个有源二端网络 N_S 之内（或之外）。

③ 计算有源二端网络 N_S 的端口开路电压 U_{OC} 时，必须画出端口"开路"状态时相对应的等效电路，并标出开路电压的参考极性。

④ 计算有源二端网络 N_S 的端口输出电阻 R_{eq} 时，也必须画出对应的等效电路。

⑤ 在画戴维宁等效电路时，等效电压源的极性，应与开路电压 U_{OC} 的极性相一致。

⑥ 戴维宁等效电路所谓"等效"的含义指的是，有源二端网络 N_S 用等效的电路结构替代后，在 ab 端口之外的电路中，所产生的电流、电压大小和方向都不发生改变。但戴维宁等效电路与被替代的有源二端网络 N_S 中的内部情况，一般并不相同。

【例 2-3】　电路如图 2-84(a) 所示，已知 $U_{S1} = 10V$，$I_{S2} = 5A$，$R_1 = 6\Omega$，$R_2 = 4\Omega$，用戴维宁定理求 R_2 上的电流 I。

解：图 2-84(a) 中，a、b 左侧的一端口网络的戴维宁等效电路如图 2-84(b) 中虚线框内的电压源模型所示。下面求电路参数 U_{OC} 和 R_0。

① 将图 2-84(a) 中的待求支路移开，形成有源一端口网络如图 2-84(c) 所示，求开路

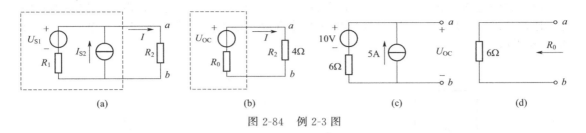

图 2-84 例 2-3 图

电压 U_{OC}。

$$U_{OC} = U_{S1} + R_1 I_{S1} = (10 + 6 \times 5) = 40(V)$$

② 将有源一端口网络除去电源（电压源短路，电流源开路），构成无源一端口网络如图 2-84(d) 所示，求其等效电阻

$$R_0 = R_1 = 6\Omega$$

③ 将 U_{OC} 和 R_0 代入等效电路图 2-84(b) 中，求得

$$I = \frac{U_{OC}}{R_0 + R_2} = \frac{40}{6+4} = 4(A)$$

（三）诺顿定理

对外电路来说，任何一个线性有源二端网络，也可以用一个理想电流源和电阻并联的电路模型结构替代。其中理想电流源的电流等于线性有源二端网络的端口短路电流 I_{SC}，所并联的电阻等于有源二端网络从端口看进去求得的等效电阻 R_{eq}。该电路模型结构称为"诺顿等效电路"，如图 2-85 所示。

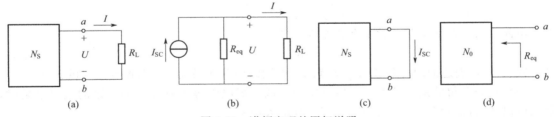

图 2-85 诺顿定理的图解说明

图 2-85 中，图（b）就是图（a）有源二端网络的诺顿等效电路结构，其等效参数端口短路电流 I_{SC} 和端口等效电阻 R_{eq} 分别是从对应的图（c）和图（d）等效电路中求得的数据。

在应用诺顿定理时，须注意以下两点：

① 诺顿定理的等效电阻与戴维宁定理的等效电阻的求法是一致的。

② 同一个有源二端网络的戴维宁定理等效结构和诺顿定理等效结构是互相等效的。

（四）最大功率传输定理

电路中，在电源给定的情况下，所接的负载不一样，电源传输给负载的功率也将不同。在电子技术中，常常希望负载能从电源部分电路吸取到最大的电功率。比如一台扩音机，电源供电电压一定的条件下，希望所接的喇叭能有最大的声音放出来。也就是说，在喇叭上能得到最大的电功率。那么，带负载的含源电路中，在负载满足什么条件的情况下，可以获得最大功率呢？

（1）含源电路负载获取最大功率的条件 研究可调负载上的电压、电流、功率等问题，可以通过戴维宁定理来分析。负载连接的线性有源二端网络可用戴维宁等效电路等效，如图 2-86 所示。

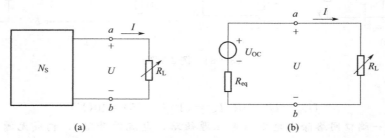

图 2-86 负载获取最大功率传输定理的图解说明

分析图 2-86(b) 等效电路，流经负载 R_L 的电流为

$$I = \frac{U_{OC}}{R_{eq} + R_L}$$

负载所获得最大功率为

$$P = I^2 R_L = \left(\frac{U_{OC}}{R_{eq} + R_L}\right)^2 R_L = f(R_L)$$

由此可见，负载得到的功率是关于可变负载 R_L 的非线性函数。根据数学理论知识可知，要使因变量 P 取得最大值，应使 $\frac{dp}{dR_L} = 0$，即

$$\frac{dp}{dR_L} = U_{OC}^2 \left[\frac{(R_{eq} + R_L)^2 - 2(R_{eq} + R_L)R_L}{(R_{eq} + R_L)^4}\right] = \frac{U_{OC}^2 (R_{eq}^2 - R_L^2)}{(R_{eq} + R_L)^4} = 0$$

由此推得，P 获取最大值的条件是 R_L 的数值为

$$R_{eq} = R_L \tag{2-45}$$

式（2-45）表述的即为负载 R_L 从有源二端网络中获取最大功率时所要满足的条件。

（2）负载获得的最大功率 当电路中的可调负载电阻等于有源二端网络的端口电阻时，负载可以从有源电路部分获得最大功率。其最大功率值为

$$P_{max} = \left(\frac{U_{OC}}{2R_{eq}}\right)^2 R_{eq} = \frac{U_{OC}^2}{4R_{eq}} \tag{2-46}$$

归纳以上结果分析过程，可以得出如下结论。

线性有源二端网络 N_S 向负载 R_L 传输功率，当满足等式 $R_{eq} = R_L$ 时，负载 R_L 将获得最大功率，其最大功率如式（2-44）所示，这就是最大功率传输定理。

电路的这种工作状态称为负载与有源二端网络的"匹配"，当"匹配"时，电路传输功率的效率为

$$\eta = \frac{I^2 R_L}{I^2(R_L + R_{eq})} = \frac{R_L}{2R_L} = 50\%$$

可以看出，在负载获得最大功率时，传输效率并不高，只有 50%。虽然此时负载获得了最大功率，但有一半的功率却消耗在了有源二端网络的内部，这种情况在电力系统中是不允许存在的。电力系统要求高效率的传输电功率，因此应使 R_L 远大于 R_{eq}。而在无线电技术和通信系统中，传输的功率很小，效率属于次要问题，通常要求负载工作在匹配状态下，

以获得最大功率。

任务实施

第一步：测试有源二端网络端口特性

① 按照表 2-24 所列准备元器件与仪表，搭建如图 2-87 所示的电路，其中 $R_1=200\Omega$，$R_2=510\Omega$，$R_3=100\Omega$，R_L 为 4.7kΩ 的可调电阻（可用电阻箱代替）。

表 2-24 等效电源电路安装与测试所需元器件及仪表清单

元器件名称	型号或参数	数量	元器件名称	型号或参数	数量
直流稳压电源	MPS-3002L-3	1	数字毫安表		1
电阻	200Ω、510Ω、100Ω	各1	指针式电压表	MF47	1
可调电阻	4.7kΩ	1	数字式万用表	MY65	1

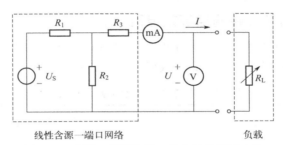

图 2-87 有源二端网络端口伏安特性测试电路

② 在接入电路之前，调节双路直流稳压电源使其输出电压为 $U_S=10\text{V}$，然后关闭电源，将其接入电路。

③ 电压表和毫安表调整至合适的量程处。

④ 按下直流稳压电源开关，根据表 2-24 中给出的电阻阻值大小，改变可调电阻的阻值为各相应值，对应记录电路中所接的电压表和毫安表的相关数据值，并将读数记录于表 2-25 中。

表 2-25 有源二端网络端口伏安特性测量数据

R_L/Ω	0	100	200	300	500	700	800	∞
I/mA								
U/V								

第二步：求取有源二端网络的开路电压及短路电流参数

① 根据表 2-25 的测量结果，分析求出对应图 2-87 中除可变电阻 R_L 之外的有源二端网络端口的开路电压 U_{OC} 和短路电流 I_{SC}，并将数据记录于表 2-26 中。

表 2-26 有源二端网络开路电压和短路电流

变量	开路电压 U_{OC}	短路电流 I_{SC}
由表 2-25 求得		
用万用表测量		

② 将图 2-87 电路中的可变电阻撤掉，得到如图 2-88 所示的有源二端网络。

③ 万用表旋至直流电压挡，表笔接于图 2-88 端口处，测量其端口的开路电压 U_{OC}，并记录数据于表 2-26 中。

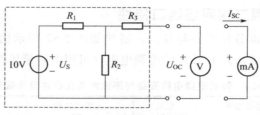

图 2-88　有源二端网络

④ 万用表旋至直流电流的毫安挡，表笔接于图 2-88 的端口，测量其端口的短路电流 I_{SC}，或者使用数字毫安表进行测量，并记录数据于表 2-26 中，万用表测量得到的开路电压和短路电流可作为第三步计算等效电阻 R_0 的参考。

第三步：求取有源二端网络等效电阻 R_0

① 按照表 2-27 中方法一的公式，用第二步中测出的开路电压 U_{OC} 和短路电流 I_{SC}，两者相除，计算得出一个电阻值 R_{01}，记录数据于表 2-27 中。

表 2-27　有源二端网络等效电阻的计算

方法	有源二端网络等效电阻	
方法一	$R_{01}=\dfrac{U_{OC}}{I_{SC}}$	$R_{01}=$
方法二	$R_{02}=R_3+\dfrac{R_1 R_2}{R_1+R_2}$	$R_{02}=$

② 将图 2-88 的有源二端网络电路化为图 2-89 的无源二端网络电路，具体方法是将有源二端网络中的独立源去掉，即电压源用"短路"线替代，电流源用"开路"替代，根据电阻串并联公式计算得到其端口电阻 R_{02}，数值记录于表 2-27 中。

第四步：测试戴维宁等效电路伏安特性

① 调节直流稳压电源一路输出电压，使其输出值 U_0 等于开路电压 U_{OC}。

② 将电阻箱或者电位器调整到表 2-27 所得到的等效电阻 R_0 的数值，即作为等效电源的内阻 R_0。

③ 按图 2-90 搭建有源二端网络的等效电源电路。

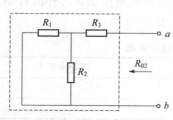

图 2-89　无源二端网络

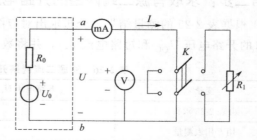

图 2-90　戴维宁等效电路伏安特性测试

④ 将毫安表和电压表正确连接于图中所在的位置，并都旋至合适的量程。
⑤ 将电阻箱或者电位器接于戴维宁等效电源电路上作为负载。
⑥ 按下直流稳压电源开关，根据表 2-28 中第一行给出的电阻阻值大小，改变可调电阻的阻值为相应值，对应记录电路中所接的电压表和毫安表的相关数据 U 和 I 的值，并将读数记录于表 2-28 中。

表 2-28　戴维宁等效电源电路伏安特性测量数据

R_L/Ω	0	100	200	300	500	700	800	∞
I/mA								
U/V								

第五步：实施过程回顾

任务完成后，应总结：
① 根据表 2-26，总结开路电压和短路电流的测量方法。
② 根据表 2-27 中的数据，总结等效内阻的求法。
③ 比较表 2-25 与表 2-28，分析有源二端网络的伏安特性，与戴维宁等效电路的伏安特性是否一致？是否从实验的角度验证了戴维宁定理的正确性。

任务测评

本任务主要内容为戴维宁定理的验证。涉及三方面的技能训练，一是电路的搭建，二是电流的测量，三是电压的测量。在任务实施时，教师可以事先演示电路如何搭建，以及电流表、电压表的使用方法。电流表、电压表既可以使用万用表的电流、电压挡位实现，也可以使用专用的电流表、电压表。首先，搭建好电路是基础，可以先将 10V（U_S）电压源正极与 R_1、R_2 串联后接回到负极，然后在 R_1、R_2 的连接点串联接入 R_3 与毫安表，再并联接入电压表，最后并联接入电阻箱（或电位器）。建议电流测量用专用的毫安表，电压测量可以用万用表的直流电压挡。注意，毫安表一定要串联接入。在任务实施时，教师须提醒学生注意以下事项（评分标准）。

① 电源调整好输出值后一定要关掉，然后才能搭建电路，切忌带电作业。带电作业者，扣 10 分。
② 测电流时，一定要将电流表串联接入被测电路中，切记不能将电流表并联接入电路，以防止损坏仪表。损坏仪表者，扣 20 分。
③ 测电压时，一定要将万用表（电压表）正确地并联接入被测电压的位置，切记不能将电压表串联接入电路，以防止损坏仪表。损坏仪表者，扣 20 分。
④ 调整电阻箱（或电位器）的阻值时，一定在断电后进行，并用万用表监测，调整使其达到所要求的数值。调整电阻不正确者，扣 10 分。
⑤ 求出有源二端网络的开路电压和等效内阻后，需要分别将等效电压源和电阻箱（或电位器）调整到这些数值。调整电源、电阻不正确者，扣 10 分。
⑥ 注意电流、电压的测量值的正负，且数据要保证一定的有效位数。有效位数不符合要求者，扣 10 分。
⑦ 注意戴维宁等效电源电路的伏安特性测量数据应和有源二端网络端口伏安特性测量数据非常接近，即表 2-25 和表 2-28 数据应非常接近，否则测量有误，须重新测量。两表格数据不满足以上要求者，扣 20 分。

教师在测评时，根据以上注意事项进行综合评分。

知识拓展——电能的无线传输方式

传统的电能传输方式是通过导线连接的形式输送电能,虽然这种电能传输方式仍有着不可替代的地位,但这种传统的输电模式带来的弊端也越来越明显,如导线占用大量空间资源、消耗大量金属、易产生磨损、易产生接触火花等,在一些较为特殊的应用环境下,如水下、矿井等场合存在着供电不安全问题。基于此,电能无线传输技术应运而生。

早在 21 世纪,Tesla 等人就提出无线电能传输的设想。一个多世纪以来,国内外的科学家对此进行了不断的研究,但都进展甚微。2007 年,美国麻省理工学院的科研人员利用电磁谐振耦合原理,将耦合理论应用于电能无线传输,使用两个相距 2m 的铜线圈,成功地通过非接线的方式将能量传送给一个功率为 60W 的电灯泡,为电能无线传输的进一步发展打下了基础。

电能无线传输技术大致可分为三类。

(1) 采用电磁感应方式 通过一个线圈给另一个线圈供电,其优点是传输效率高,但传输距离被限制在 1cm 范围内,且亟待解决位置偏差导致的效率下降、异物进入时发热及电磁波和高频波泄漏等问题。

(2) 以微波或激光形式 通过发送和接收天线实现能量传输,其优点是传输距离较远,但传输效率极低,且不能跨越障碍物。

(3) 通过电磁谐振耦合原理 以磁场或电场作为传输通道让谐振频率相同的谐振体进行相互耦合,进而实现中等距离电能传输。解决了前两类传输方式在传输效率和传输距离上不可兼得的矛盾,其特点是传输效率很高,传输距离范围在 10cm~5m,可跨越非磁性障碍物且安全可靠无辐射。

在电动汽车、小型移动设备、家用电器、医疗器械、水下作业、油田矿井等领域,谐振耦合式电能无线传输技术前景十分广阔,具有极高的应用价值。目前,微波、激光技术已被深入研究和广泛应用。基于电磁感应原理的电能传输技术,在相关技术领域的研究已经有所突破,在现实生活中如手机无线充电、轨道交通、电动汽车无线充电等方面得到了应用。然而,目前的谐振耦合式电能无线传输技术仍处于发展起步阶段,国内对其理论分析和试验研究还不成熟。

 ## 习题

1. 填空题

(1) 二端网络指的是任何具有两个_____的部分电路。二端网络有_____和_____两种。

(2) 任何一个线性有源二端网络,都可以等效成一个_____的电路结构。

(3) 戴维宁定理指的是_____。

(4) 将有源二端网络中所有的电源均去掉之后,从端口将得到一个_____。

(5) 有源二端网络化成无源二端网络时的方法是将有源网络中的所有独立源全部取 0 值,具体操作是:将其中的理想电压源用_____代替;将理想电流源用_____代替。

(6) 最大功率传递定理中。可变负载获取最大功率的条件是_____。

2. 如题图 2-27 所示电路中,已知 $U_{S1}=U_{S2}=1V$,$I_{S1}=1A$,$I_{S2}=2A$,$R_1=R_2=1\Omega$。试用戴维宁定理求 A、B 两点间的等效电压源。

3. 如题图 2-28 所示电路中,已知 $U_S=30V$,$I_S=4A$,$R_1=1\Omega$,$R_2=3\Omega$,$R_3=R_4=$

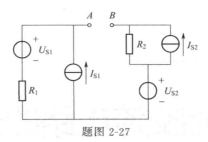

题图 2-27

6Ω，试求 A、B 两端的戴维宁等效电压源。

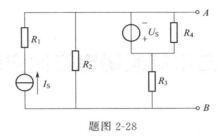

题图 2-28

4. 如题图 2-29 所示电路，应用戴维宁定理求解 5Ω 电阻的电流 I。

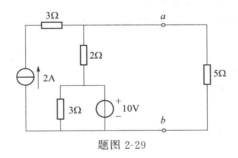

题图 2-29

5. 如题图 2-30 所示电路，负载 R_L 可调，当 R_L 为何值时，R_L 可获得最大功率？求出对应的最大功率 P_{max}。

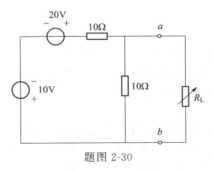

题图 2-30

项目三

单相交流电路的安装与测试

任务一 白炽灯照明电路的安装与测试

【技能目标】
1. 能独立完成白炽灯照明电路的设计。
2. 能够运用所学知识读懂电气原理图。
3. 能够对白炽灯照明电路进行安装和通电运行。
4. 能运用电磁系仪表对单相交流电路的电压和电流进行测量。

【知识目标】
1. 理解正弦交流电的基本概念。
2. 了解电磁系仪表的测量原理。
3. 掌握白炽灯照明电路的接线方法。
4. 掌握电磁系仪表的使用方法。

【素质目标】
1. 培养安全意识。
2. 培养理论联系实际的意识。

 任务引入

  白炽灯是人类最早发明的电光源之一。爱迪生在经历无数次失败后对电灯的研究终于取得了突破，1879 年，他点燃了第一盏真正具有广泛使用价值的电灯，1880 年他又发明了实用白炽灯，揭开了电应用于日常生活的序幕。至今，白炽灯还广泛应用于家庭照明和工厂照明电路之中。

  照明电路的电源取自供电系统的低压配电线路上的一根火线和一根零线。为了使室内每盏照明灯的开或关不影响其他照明灯，所有的灯泡都必须并联在火线和零线之间，并在每盏灯的火线上都串联一个开关，以便单独进行控制。此外，为了保证用电安全，在每条支路上最多只能装 20 盏照明灯（每个插座也作为一盏灯）。

  假设你是某工厂的一名电工，现车间需要你安装一盏白炽灯、一只墙壁插座，并对电压电流进行测量，那么你将如何设计此白炽灯照明电路呢？你将如何运用电磁系电压表和电流表对交流电路的参数进行测试呢？

相关知识

（一）正弦交流电的三要素

直流电路中的电压和电流的大小和方向都不随时间变化，但实际生产中广泛应用的是一种大小和方向随时间按一定规律周期性变化且在一个周期内的平均值为零的周期电流或电压，叫作交变电流或电压，简称交流。一般所说的交流电是指正弦交流电，即电流或电压随时间按正弦规律进行变化。如果电路中电源按正弦规律变化，则称其为正弦交流电路。

正弦交流电路的三要素为角频率、幅值和初相位。下面分别进行阐述。

1. 周期、频率和角频率

图 3-1 为正弦电流的波形，它表示了电流的大小和方向随时间作周期性变化的情况。

所谓周期，就是交流电完成一个循环所需要的时间，用字母 T 表示，单位为秒（s），如图 3-1 所示。

交流电在 1s 内完成周期性变化的次数被称为交流电的频率，用 f 表示，单位是赫［兹］（Hz），交流电变化一周还可以利用 2π 弧度或 $360°$ 来表征。

利用角度来表征交流电，那么每秒内交流电所变化的角度被称为角频率，角频率通常用 ω 来表示，单位是弧度/秒（rad/s），按正弦规律变化的电流和电压通称正弦量。对应于图 3-1，正弦量的一般解析式为

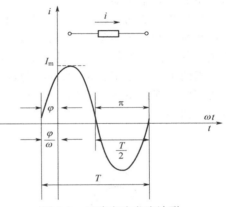

图 3-1 正弦交流电流波形

$$i(t)=I_{\mathrm{m}}\sin(\omega t+\varphi) \tag{3-1}$$

交流电的周期、频率和角频率主要是用来描述交流电变化快慢的物理量，它们之间的关系为

$$T=\frac{1}{f} \tag{3-2}$$

$$\omega=\frac{2\pi}{T}=2\pi f \tag{3-3}$$

我国使用的交流电的频率为 50Hz，美国、日本等使用的交流电频率为 60Hz，这被称为工作标准频率，即所谓的"工频"。我国交流电频率偏差的允许值为 ±0.2Hz。

2. 幅值、初相位

交流电流、电压、电动势在某一时刻所对应的值称为它们的瞬时值，瞬时值随时间的变化而变化，不同时刻，瞬时值的大小和方向均不相同，交流电的瞬时值取决于它的周期、幅值和初相位，如式(3-1)所示。

正弦交流电在周期性变化过程中，出现的最大的瞬时值称为交流电的最大值。从正弦波的波形上看为波幅的最高点，所以也称幅值，如图 3-1 所示。在式(3-1)中，幅值即为 I_{m}。在正弦量的一个周期内，瞬时值两次达到最大值，只是方向不同而已。

$t=0$ 时正弦量的相位，叫作正弦量的初相位，简称初相，用 φ 表示。计时起点选择不同，正弦量的初相不同。习惯上初相角用小于 $180°$ 的角表示，即其绝对值不超过 π。如：

$\varphi=320°$,可化为 $\varphi=320°-360°=-40°$。

综上可见,I_m 反映了交流电变化的幅度,ω 反映了交流电变化的快慢,φ 反映了交流电在 $t=0$ 时的状态,这 3 个物理量决定了交流电的瞬时值。因此要描述一个正弦交流电流,必须知道它的 I_m、ω、φ,故将幅值、角频率(或者周期)、初相这三个量称为正弦量的三要素。

3. 相位差

两个同频率正弦量

$$u=U_m\sin(\omega t+\varphi_u)$$
$$i=I_m\sin(\omega t+\varphi_i)$$

相位分别为 $\omega t+\varphi_u$,$\omega t+\varphi_i$,相位差 $\varphi=(\omega t+\varphi_u)-(\omega t+\varphi_i)=\varphi_u-\varphi_i$,即它们的初相位之差。由此得出结论,两个同频率的正弦量的相位差即为其初相差。必须注意的是,不同频率的正弦量不能比较其相位差。

初相相等的两个正弦量,它们的相位差为零,将这样的两个正弦量称为同相。同相的两个正弦量同时达到零值,同时达到最大值。相位差为 π 的两个正弦量称作反相。反相的两个正弦量各瞬间的值都是异号的,如图 3-2 所示。i_1 与 i_2 为同相,i_2 与 i_3 为反相。

当两个同频率正弦量的计时起点改变时,它们的初相跟着改变,初始值也改变,但是两者的相位差保持不变。即相位差与计时起点的选择无关。如图 3-3 所示,u 与 i 的波形起点不同,初相位不同。

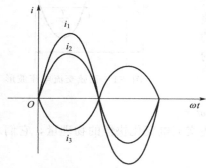

图 3-2 同相与反相的电流

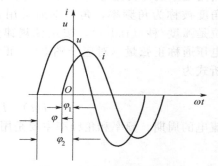

图 3-3 u 与 i 的初相位不同

4. 有效值

电路的主要作用是转换能量。周期量的瞬时值和最大值都不能确切地反映它们在能量方面的效果,为此,引入有效值。周期量的有效值用大写的字母表示,如 U、I 等。

有效值是从电流的热效应来规定的。不论是周期性变化的电流还是直流,只要它们在相同的时间内通过同一电阻而两者的热效应相等,就把它们的有效值看作是相等的。就是说,某一电阻元件 R,周期电流 i 在其一个周期 T 秒内流过电阻产生的热量与某一直流电流在同一时间 T 内流过电阻产生的热量相等,则这个周期电流的有效值在数值上等于这个直流量的大小。理论分析表明,交流电的有效值和幅值之间有如下关系。

$$I=\frac{I_m}{\sqrt{2}}=0.707I_m \tag{3-4}$$

$$U=\frac{U_m}{\sqrt{2}}=0.707U_m \tag{3-5}$$

$$E = \frac{E_m}{\sqrt{2}} = 0.707 E_m \tag{3-6}$$

式中，I、U、E 分别为交流电流、电压、电动势的有效值；I_m、U_m、E_m 分别为交流电流、电压、电动势的幅值。

有效值也称作均方根值，求有效值的计算方法是先平方、再平均、然后开方，故称均方根值。各种交流电的电器设备上所标明的额定电流、额定电压值均为有效值。使用交流电流表、电压表测量的电流与电压都是有效值。本任务利用电磁系仪表所测得的电压、电流亦为有效值。

（二）电磁系仪表的工作原理

电磁系仪表是测量交、直流电压和电流的最常用的一种仪表。其测量机构主要是由固定线圈和可动铁片所组成，具有结构简单、抗过载能力强、造价低廉以及交直流两用等一系列优点。近年来，由于新材料、新工艺及新技术的发展和设计的改进，电磁系仪表的准确度等级逐步提高，功率消耗逐渐降低。

1. 结构

电磁系仪表的测量机构可分为固定部分和活动部分。固定部分主要由固定线圈组成，而活动部分主要由可动铁片组成。根据固定线圈与可动铁片之间作用关系的不同，电磁系测量机构可分为吸引型、排斥型及排斥-吸引型三种。下面以吸引型结构为例介绍电磁系仪表的工作原理。

吸引型电磁系的测量机构结构如图 3-4 所示。它的固定部分由固定线圈 1 组成。活动部分由装在转轴上的可动铁片 2、指针 3、阻尼片 4 及游丝 5 等组成。固定线圈和可动铁片组成了一个电磁系统。固定线圈的形状是扁平的，中间有一条窄缝，可动铁片可以转入此窄缝内。

当线圈中有电流通过时，其附近就产生磁场，使可动铁片磁化，如图 3-5(a) 所示。线圈与可动铁片之间产生吸引力，从而产生转动力矩，引起指针偏转。当转动力矩与游丝产生的反作用力矩相等时，指针便稳定在某一平衡位置，从而指示出被测量的大小。由此可见，吸引型电磁系测量机构是利用通有电流的线圈和铁片之间的吸引力来产生转动力矩的。当线圈中的电流方向改变时，

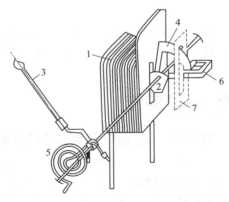

图 3-4 吸引型电磁系测量机构的结构
1—固定线圈；2—可动铁片；3—指针；4—阻尼片；
5—游丝；6—永久磁铁；7—磁屏

线圈所产生的磁场的极性和被磁化的铁片的极性也随之改变，如图 3-5(b) 所示。

因此，线圈与可动铁片之间的作用力方向仍保持不变，也就是说，指针的偏转方向不会随电流的方向而改变。因此这种电磁系仪表可用于交流电路中。

2. 工作原理

不论哪种结构形式的电磁系测量机构，都是由通过固定线圈的电流产生磁场，使处于该磁场中的铁片磁化，从而产生转动力矩的，因而它们的工作原理是相同的。

可以证明，电磁系测量机构的转动力矩 M 与流过固定线圈的被测电流的平方有关，即

$$M = k_a I^2 \tag{3-7}$$

式中，k_a 为与偏转角有关的变量，与线圈特性、铁片材料、尺寸、形状以及与线圈的

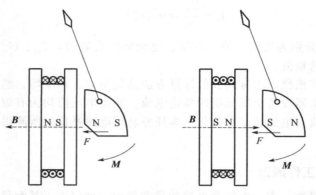

(a) 线圈通有电流时铁片磁化情况　(b) 线圈中电流方向改变后铁片磁化情况

图 3-5　吸引型测量机构工作原理

相对位置有关,当结构一定时,可以认为它是一个常量;I 为通过固定线圈的电流。

当可动部分偏转一个角度 α 时,其游丝产生的反作用力矩 M_α 为

$$M_\alpha = W\alpha \tag{3-8}$$

式中,W 为游丝的反作用系数。

若可动部分达到平衡,根据平衡条件 $M = M_\alpha$,有

$$k_\alpha I^2 = W\alpha$$

$$\alpha = \frac{k_\alpha}{W} I^2 \tag{3-9}$$

可见,电磁系测量机构指针的偏转角与被测电流的平方有关。当被测电流为交流电流时,其指针的偏转角与被测交流电流有效值的平方有关。由此可知电磁系仪表的刻度是不均匀的。

任务实施

第一步:白炽灯照明电路的设计

如图 3-6 所示,火线 L 和零线 N 通过小空气开关 QF 接入,墙壁插座 XS1 并联在火线和零线之间,在接线的时候一定要注意"左零右火"的原则。白炽灯 L1 与墙壁开关 QS1 串联后并联在火线和零线之间,在设计的时候一定要注意开关控制火线的原则。这是因为在开关断开后,白炽灯泡上不会有交流电压,更换灯泡时不至于触电。

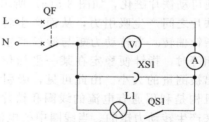

图 3-6　白炽灯照明电路原理接线图

第二步:准备元器件并搭建电路

白炽灯照明电路所需元器件及仪表清单如表 3-1 所示。

表 3-1　白炽灯照明电路所需元器件及仪表清单

器件名称	型号或参数	数量	器件名称	型号或参数	数量
漏电开关	DZ47LE 2P	1	墙壁插座		1
白炽灯泡	250V/60W,螺口	1	墙壁开关		1

续表

器件名称	型号或参数	数量	器件名称	型号或参数	数量
螺口平灯座	250V/0.3A	1	导线	铜线,1.0mm²	若干
电压表	T-19V	1	毫安表	T-19MA	1
起子	一字、十字	1	剥线钳		1
试电笔	500V	1	万用表	MF47或MY65	1
电工胶木板	800mm×500mm	1	导轨	短	1

在电工胶木板或者网孔板上安装上述电气元件,电压表与电流表放在台面上,注意器件的平面布置一定要合理且符合安全规范,并方便接线。接线时一定要注意"左零右火""开关控制火线"等原则。

第三步：电磁系仪表的接线与使用

(1) 电磁系电流表的接线与使用　对于单量程电流表的使用,只要将其与被测电路串联就可测量该电路的电流。通过改变固定线圈的导线直径和线圈匝数就能得到不同量程的电流表。

便携式电磁系电流表一般为多量程。多量程电流表的测量线路也比较简单,通常是把固定线圈分段绕制,然后通过接线片或转换开关改变绕组的连接方式来改变量程,如图3-7所示。显然,图3-7(b) 所示的并联连接时的电流量程比图3-7(a) 所示的串联连接时的电流量程扩大了一倍。

本任务要求在通电前估算电路的电流大小,为电流表选择合适的量程,并在相应的挡位位置接好线。读数时应根据相应的量程乘以一定的系数。

(2) 电磁系电压表的使用　由于电压表的工作电流小,为了保证有足够大的磁场,电磁系电压表的固定线圈的匝数要比电流表的多得多,而导线都采用细的绝缘导线。对于便携式电压表来说,一般都做成多量程的,其扩大电压量程的原理与磁电系电压表完全一样。多量程电磁系电压表的测量线路一般是将分段绕制的固定线圈的绕组串并联后,再与多个附加电阻串联,改变量程是通过转换开关来实现的。图3-8所示的多量程电压表有4个量程,分别为75～150～300～600V。

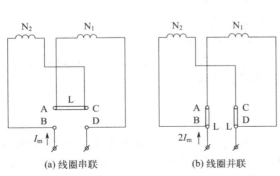

图3-7　多量程电磁系电流表改变量程线路图
N_1, N_2—线圈；A，B，C，D—端钮；L—金属片

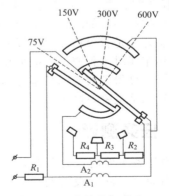

图3-8　多量程电磁系电压表测量线路

当在75V量程时,两个绕组并联后与附加电阻 R_1 串联；当在150V量程时,两个绕组串联后与附加电阻 R_1、R_2 串联；当在300V量程时,两个绕组串联后与附加电阻 R_1、R_2、

R_3 串联；当在 600V 量程时，两个绕组串联后与附加电阻 R_1、R_2、R_3、R_4 串联。一般多量程电磁系电压表只有 2～4 个量程。

本任务要求在通电前根据电路电压的高低，为电压表选择合适的量程，并在相应的挡位位置接好线。读数时应根据相应的量程乘以一定的系数。

需要注意的是，电磁系电压表、电流表的使用方法基本上与磁电系电压表、电流表相同，只是电磁系电压表、电流表在与被测电路连接时，不需要考虑正、负端钮的连接问题。另外，有些电磁系电压表、电流表可以交直流两用。

第四步：通电测试

安装好的白炽灯照明电路经检查无误后，可以通电测试。通电的顺序是先合上小空气开关 QF1，然后合上墙壁开关 XS1，将一单相负载，如电风扇或者电烙铁插入墙壁插座中，检查灯泡发光与否，接入的负载工作与否。如灯泡不亮，单相负载没有工作，请断电（断开小空气开关）检查，可利用万用表的电阻挡检查电气元件的好坏和电路的通断。

在白炽灯电路正常通电无误后，读出电压表和电流表的指示值，填入表 3-2 中。然后根据式(3-10)计算灯泡的实际功率，并与其标称功率进行比对。如计算出来的功率与标称功率相差太远，请检查电路和电压表、电流表的读数是否正确。注意所测得的电压 U 和电流 I 均为有效值。

$$P = UI \tag{3-10}$$

表 3-2 白炽灯照明电路测量数据

电量	测量值或计算值	单位
电压 U		V
电流 I		mA
计算功率 $P=UI$		W
标称功率		W
计算功率与标称功率的相对误差		%

第五步：实施过程回顾

任务完成之后，应总结白炽灯照明电路的设计和接线原则。
① 插座接线的时候，是否遵循了"左零右火"的原则。
② 开关是否串接在白炽灯的火线上，即对火线进行控制。
③ 布线时是否遵循了横平竖直、无裸露线头等原则。
④ 计算得到的实际功率与标称功率之间有一定的误差，总结产生误差的原因。
⑤ 总结电磁系电压表和电流表的量程选择和接线方法。

任务测评

本任务主要内容为白炽灯照明电路的安装与测试。技能训练主要有两个方面的内容，一是白炽灯电路的设计与搭建，二是电磁系仪表的使用。在任务实施时，可以采用不同的形式。一种形式是在电工胶木板（或网孔板）上将电路元器件固定好，然后布线。另外一种是利用电工实验箱，元器件已经安装好，布线插接即可。教师可以事先演示电路如何搭建，以及电磁系电流表、电压表的使用。首先，搭建好电路是基础，将插座、白炽灯、电压表的两端分别并联接入到火线和零线，电流表串联在火线中，可以接在电压表后面，也可接在电压表前面，本任务是接在电压表后面。控制白炽灯的开关一定要和灯泡串联，并接入到火线一侧，即开关控制火线。插座接线时一定要注意左零右火的原则，即火线装接在插座的右侧端子，零线装接在左侧端子。在进行电路搭建和测量任务时，教师须提醒学生注意以下事项（评分标准）。

① 搭建电路前一定要断开开关，拉掉电源，切忌带电作业，否则可能引发触电事故，扣10分。

② 一定要遵循开关控制火线、插座"左零右火"等原则。不按规定接线者，扣10分。

③ 测电流时，一定要将电磁系电流表正确地串联接入被测电路中，切记不能将电流表并联接入电路，以防止损坏仪表。同时注意选择合适的量程。损坏仪表者，扣20分。

④ 测电压时，一定要将电磁系电压表正确地并联接入被测电压的位置，切记不能将电压表串联接入电路，以防止损坏仪表。同时注意选择合适的量程。损坏仪表者，扣20分。

⑤ 功率是通过测量电压和电流代入公式计算得到，属于间接测量，与标称功率之间有一定的误差存在，但相对误差不可过大，否则可能是测量不正确，需要重新测量。测量不正确者，扣10分。

⑥ 电流、电压的测量值为有效值，数据要保证一定的有效位数。电压表、电流表接线时不须考虑正负，但电磁系仪表标识"*"的一端应接火线。有效位数不正确者，扣10分。火线接线不正确者，扣10分。

教师在测评时，根据以上注意事项进行综合评分。

知识拓展——电光源照明的发光方法

利用电能做功，产生可见光的光源叫电光源。利用电光源照明，称为电照明。

电照明按发光的方法不同可分为电阻发光、电弧发光、气体发光和荧光粉发光四类；按照明使用的性质分为一般照明、局部照明和装饰照明三类。

1. 电光源的发光方法

（1）电阻发光　这是一种利用导体自身的固有电阻通电后产生热效应，达到炽热程度而发光的方法。如常用的白炽灯、碘钨灯等。

（2）电弧发光　这是一种利用二电极的放电产生高热电弧而发光的方法。如炭精灯。

（3）气体发光　这是一种在透明玻璃管内注入稀薄气体和金属蒸气，利用二极放电使气体高热而发光的方法。如钠灯、镝灯等。

（4）荧光粉发光　这是一种在透明玻璃管内注入稀薄气体或微量金属，并在玻璃管内壁涂上一层荧光粉，借二极放电后利用气体的发光作用使荧光粉吸收再发出另一种光的方法。如荧光灯（日光灯）等。

2. 照明术语

（1）光通量　发光体每秒钟所发出的光量之总和，即发光量。

（2）照度　发光体照射在被照物体单位面积上的光通量。

（3）光强　发光体在特定方向单位立体角内所发射的光通量。

（4）亮度　发光体在特定方向单位立体角单位面积内的光通量。

（5）平均寿命　指一批灯泡点灯至百分之五十的数量损坏不亮时的小时数。

（6）经济寿命　在同时考虑灯泡为损坏以及光束输出衰减的状况下，其综合光束输出减至一特定比例小时数。此比例用于室外的光源为百分之七十，用于室内的光源如日光灯则为百分之八十。

习题

1. 填空题

(1) 我国使用的交流电的频率为＿＿Hz，称为工作标准频率，即所谓的"＿＿＿＿"。

(2) 在正弦稳态电路中，电路中所有电压和电流都是随＿＿＿变化的正弦量。

(3) 电磁系测量机构可分为＿＿＿、＿＿＿及＿＿＿三种。

(4) 交流电的周期、频率和角频率主要是用来描述交流电变化快慢的物理量，它们之间的关系是＿＿＿＿＿＿＿＿＿＿＿＿＿＿。

(5) 让 10A 的直流电流和最大值为 12A 的交流电流分别通过阻值相同的电阻，则在同一时间内＿＿＿产生的热量多。

(6) 正弦交流电的三要素为＿＿＿、＿＿＿、＿＿＿。

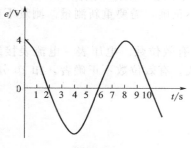

题图 3-1

2. 电磁系仪表能否交直流两用？为什么？

3. 为什么开关一定要控制白炽灯泡的火线？

4. 对于如题图 3-1 所示的交流电压波形，请说出该交流电的三要素的大小。

5. 已知二正弦电压 $u_1=141\sin(314t+120°)$V，$u_2=311\sin(314t-30°)$V，求二者的相位差，并指出二者的关系。

6. 照明电源的额定电压为 220V，动力电源的额定电压为 380V，请问它们的最大值各为多少？

任务二　机床照明电路的安装与测试

【技能目标】

1. 能独立完成机床照明电路的设计。
2. 能够运用所学知识读懂电气原理图。
3. 能够对机床照明电路进行安装和通电测试。
4. 能运用数字示波器对灯泡上的交流电压波形进行观测。

【知识目标】

1. 掌握纯电阻交流电路的特点和基本分析方法。
2. 了解数字示波器的工作原理。
3. 掌握机床照明电路的接线方法。
4. 掌握数字示波器的使用方法。

【素质目标】

1. 培养热爱科学、敢于动手实践的意识。
2. 培养理论应用实践并指导实践的意识。

任务引入

照明电路可视为单相纯电阻交流电路，纯电阻电路中的交流电波形可用数字示波器进行观测。机床设备上的照明和普通照明控制电路基本相同，但使用的电压有所不同。为了保证机床使用者的安全，其照明电路所用的交流电压往往为国家规定的安全电压，如 36V 或者

24V。假设你为某工厂的一名电工,现加工车间有一台 CA6140 型普通车床的照明电路出现了故障,需要你重新设计一套照明系统,并尽快更换。在更换新的系统之后,要求你能运用数字示波器观测其灯泡上的电压波形,通过观测电压波形的周期、频率、幅值、有效值,以检验你所设计的系统是否适用。那么你该如何去做呢?

相关知识

(一) 复数与相量

1. 复数及其运算

如图 3-9 中所示复平面,A 为复数,横轴为实轴,单位是 $+1$,a 是 A 的实部,A 与实轴的夹角 φ 称为辐角,纵轴为虚轴,单位是 $j=\sqrt{-1}$。在数学中虚轴的单位用 i 表示,这里为了与电流的符号 i 相区别而用 j 表示。

复数的表示有代数形式($A=a+jb$),三角形式($A=r\cos\varphi+jr\sin\varphi$),指数形式($A=re^{j\varphi}$) 和极坐标形式($A=r\angle\varphi$) 共四种。在正弦交流电路分析与计算时,常用代数和极坐标形式,代数形式适用于复数的加减运算,极坐标形式适用于复数的乘除运算。它们之间的关系如下

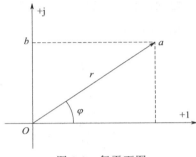

图 3-9 复平面图

$$A=a+jb \quad 其中 \begin{cases} a=r\cos\varphi \\ b=r\sin\varphi \end{cases} \tag{3-11}$$

$$A=r\angle\varphi \quad 其中 \begin{cases} r=\sqrt{a^2+b^2} \\ \varphi=\arctan\dfrac{b}{a} \end{cases} \tag{3-12}$$

2. 正弦量的相量表示

由数学中的复数知识可知,$t=0$ 时刻在复平面上的具有的有向线段 $1\angle\varphi$ 在复平面旋转一周时存在的所有复数在虚轴上投影的集合与正弦函数 $\sin(\omega t+\varphi)$ 是一一对应的关系。因此电工知识中,正弦交流电常用复平面上起始点的"复数"来给予表示,把用"复数"表示的正弦量称为"相量"。

在正弦稳态电路中,任一电路中所有的电压和电流都属于同频率的正弦量。那么区分同一电路中的正弦量可以只用旋转有向线段在初始时刻的有向线段来表示。因此在分析与计算正弦稳态电路时,只需确定正弦量的大小和初相位即可。

相量有幅值相量 $\dot{I}_m$ 和有效值相量 $\dot{I}$ 之分,通常电工知识中习惯使用有效值相量 $\dot{I}$。

必须注意,相量只是用来"表示"正弦量,而不是"等于"正弦量。因为相量只表征了正弦量的两个特征,即有效值和初相位,且相量是一个复常数;而正弦量是一个随时间变化的函数,其在任一时刻的值均是一个实常数。例如一正弦电流 i 的三角函数式为 $i=I_m\sin(\omega t+\varphi_i)$,则对应的相量可记为

$$\dot{I}=I(\cos\varphi_i+j\sin\varphi_i)=Ie^{j\varphi_i}=I\angle\varphi_i$$

电流、电压正弦量的相量式习惯上多采用有效值相量的极坐标形式,即

$$\dot{I}=I\angle\varphi_i \quad \dot{U}=U\angle\varphi_u \tag{3-13}$$

3. 相量图

将正弦量的相量画在一张复平面上所得的图叫作相量图。必须注意的是，由于相量只表征正弦量的有效值和初始相位两个特征，因此，在同一相量图上，能形象地看出各个正弦量的大小和相互间的相位关系。只有同频率的正弦量画在同一相量图上才能进行相互的比较与分析计算。不同频率的正弦量不能画在同一相量图上，否则是无意义的。

还需指出的是，在进行电路分析时，有多个电流和电压，为了比较其相位的超前和滞后关系，常选定一个正弦量的初相角为零，称之为参考正弦量，其对应的相量为参考相量，这样的处理只影响各相量的初相，并不改变各相量之间的相位差，也即在相量图上并不改变各相量之间的相互位置。图 3-10 中，图（a）未选参考相量，图（b）选电压相量 $\dot{U}$ 为参考相量，图（c）选电流相量 $\dot{I}_1$ 为参考相量。

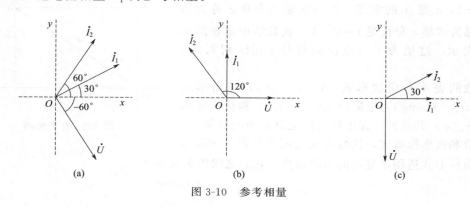

图 3-10 参考相量

4. 同频率正弦量的运算

在电路的分析计算中，会碰到求正弦量的和差问题，可以借助于三角函数、波形来确定所得正弦量，但这样不方便也不准确。由数学可知：同频率的正弦量相加或相减所得结果仍是一个同频率的正弦量。这样，就可以用相量来表示其相应的运算，即有定理：正弦量的和的相量，等于正弦量的相量之和，即 $i=i_1+i_2$ 的相量为 $\dot{I}=\dot{I}_1+\dot{I}_2$。

根据这个定理，求正弦量的和差问题就转化为求复数的和差或复平面上矢量的和差问题。电路中的计算问题就比较简便。

一般地，在进行电路分析计算时，先做相量图的定性分析，再由复数计算具体结果，然后转换成相应的瞬时值表达式，称其为相量图辅助分析法。

5. 相量运算公式

（1）相量的加减运算　设 $\dot{A}_1=a_1+jb_1$，$\dot{A}_2=a_2+jb_2$，则 $\dot{A}_1\pm\dot{A}_2=(a_1+a_2)+j(b_1\pm b_2)$。

（2）相量的乘除运算　设 $\dot{A}_1=r_1\angle\varphi_1$，$\dot{A}_2=r_2\angle\varphi_2$，则 $\dot{A}_1\cdot\dot{A}_2=r_1r_2\angle(\varphi_1+\varphi_2)$，$\dfrac{\dot{A}_1}{\dot{A}_2}=\dfrac{r_1}{r_2}\angle(\varphi_1-\varphi_2)$。

（二）纯电阻性单相交流电路

1. 电阻元件

在交流电路的分析中，对于元件上各量的参考方向，一般不加说明，仍遵循在直流电路中的约定，即电流和电压的方向为关联参考方向。电阻元件的关联参考方向、波形图和相量图如图 3-11(a) 所示。

对于电阻元件 R，通过的电流为 i，其上的电压为 u，根据欧姆定律，有

$$i=\frac{u}{R} \text{ 或 } u=Ri \tag{3-14}$$

即电阻元件上电压、电流的瞬时值仍遵从欧姆定律，是线性关系。

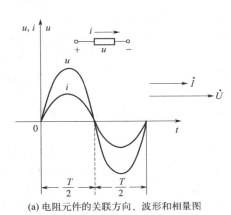

(a) 电阻元件的关联方向、波形和相量图　　(b) 电阻元件上的电流电压波形及功率

图 3-11　纯电阻电路

2. 正弦交流电路中的电阻元件

（1）电压与电流关系　在交流电路中，凡是电阻起主要作用的负载如白炽灯、电烙铁、电炉、电阻器等，其电感很小可忽略不计，则可看成电阻元件，仅由电阻元件构成的交流电路称为纯电阻电路。

设通过电阻元件的正弦电流为

$$i=I\sqrt{2}\sin(\omega t+\varphi_i)$$

则流过该电流的电阻元件上的电压为

$$u=Ri=RI\sqrt{2}\sin(\omega t+\varphi_i)=U\sqrt{2}\sin(\omega t+\varphi_u)$$

由上式可得　　　　　$U=RI$ 或 $U_m=RI_m$　$\varphi_u=\varphi_i$ (3-15)

即电阻元件电压、电流的有效值仍遵从欧姆定律，且同相。

将式 (3-15) 写成相量式为

$$\dot{U}=R\dot{I} \tag{3-16}$$

由式 (3-15) 和式 (3-16) 可以看出

① 电阻元件的电流和电压瞬时值、最大值、有效值关系都遵从欧姆定律。

② 电阻元件的电压与电流同相，如图 3-11(a) 所示。

（2）纯电阻电路的功率　电阻元件是一耗能元件，但在正弦交流电路中，其功率是随时间变化的，电阻元件在某一时刻的功率称为瞬时功率，如图 3-11(b) 所示。设电流的初相 $\varphi_i=0$，则

$$p=ui=U\sqrt{2}\sin(\omega t)I\sqrt{2}\sin(\omega t)=2UI\sin^2(\omega t)=UI-UI\cos(2\omega t)$$

为了计量方便，将瞬时功率在它的一个周期内求得的平均值称为平均功率。平均功率的求取方法，是将上式在一个周期内求积分，再除以周期 T，即可得到

$$P=UI \tag{3-17}$$

将式 (3-15) 代入式 (3-17)，得到

$$P = RI^2 = \frac{U^2}{R} \tag{3-18}$$

(三)数字示波器

1. 数字示波器概述

顾名思义,示波器是以显示二维平面图形为主的测试仪器,直接测试对象是各种电压与时间的函数波形。这就是示波器既区别于数字电压表(数字值显示为主),又不同于一般波形显示器(如图像监视器)的主要特征。在众多的测试仪器家族中,示波器在测量功能、产品类别以及发展速度诸方面都堪称老大,独树一帜。这主要是因为通过不同类型的传感器,人们可以比较容易地把存在于客观世界而人类又希望认知的诸多非电量转换为电压量随时间变化的过程。这样,示波器不仅可以直接测量电压随时间的变化过程,还可以借助传感器测试非电量的时域过程,从而使示波器在机械工程、电力、电子、化工、冶金、生物医学等众多领域得到广泛应用,成为最通用的电子测试设备之一。

从20世纪40年代诞生第一台商用示波器开始,从电路结构角度来看,示波器经历了模拟示波器(电子管→晶体管→集成电路)、通用数字存储示波器(晶体管→集成电路)和智能数字示波器(大规模专用集成电路与微处理器)三个发展阶段,性能指标发生了翻天覆地的变化。市场占有率最高的是经济型智能数字示波器和高带宽的模拟示波器。在高校实验室中,目前最常用的是以美国泰克(Tektronix)公司的TDSl000B/2000B/3000B系列示波器、北京普源精电(RIGOL)科技有限公司的DS1000/5000系列示波器和美国安捷伦(Agilent)公司的DSO3000/MSO6000系列示波器为代表的各种型号的高中低档智能数字示波器。

2. 智能数字示波器的主要技术特征

依托高速发展的计算机技术和数字电路技术,相对于模拟示波器,智能数字示波器的性能有了巨大的提高。其中最重要的特点是智能数字示波器的智能功能,这是区别它们的分水岭。

智能数字示波器具备智能仪器的共同功能与特点,同时也具有自己的技术特征,可以归纳为下述几个方面。

(1)基本功能 智能数字示波器的基本智能功能主要包括运行状态的自动设置、故障自我检测和零点的自校准、被测参数的自动测量、数据的分析与处理和可编程控制与网络传输等。这是大部分智能仪器共有的特点。

(2)快读慢写和慢写快读 智能数字示波器对模拟信号的采集捕捉过程和关于被测波形的重建显示功能是各自独立、相互分开的。数据存储器(RAM)就像一个水库,进水和出水两个闸门及流速各自独立控制。高速捕获的信号存储之后可低速显示,而慢变化过程经过长时间采集并数字化后的数据能在时间上压缩而快速显示。前者称为"快写慢读",后者叫作"慢写快读"。所谓"写"是指把数字化后的采集数据存入相应地址的存储单元,所谓"读"是指从存储器相应地址的存储单元中取出数据。这样就给使用者提供了很大的便利,既可以采集处理瞬态突变信号,又能适用于慢过程信号的测量。

(3)多样化的显示方法 智能数字示波器不仅可以显示波形,还可以显示文字、字母、符号、数字。很多示波器提供多种语言的文字显示,使用者借助帮助菜单能够快捷方便地了解示波器的使用方法。有的性能比较好的示波器还与计算机操作系统相融合,提供菜单选项和使用者输入等基本功能。

波形显示有"冻结""刷新""卷动"等方式。这几种方式都是数据存储器存取数据方法的具体表现。"冻结"方式有效时,整屏波形稳定不变,不再显示新的采集数据,好像被

"冻结"在屏幕上。"冻结"方式是示波器最基本、最常用的方式。正在采集显示波形只要按一下"Stop"键，波形就被"冻结"住了，以便测量与分析。"刷新"方式在波形更新的方式上表现为新的波形扫描迹线从左到右不断覆盖旧的波形扫描迹线，周而复始，一屏接着一屏，有点像用刷子刷墙的意思。"卷动"方式，是被测波形从左到右或从右到左地滚动显示，如果新的波形数据出现在屏幕的最左侧，屏幕最右侧的波形数据点就消失。似乎像一幕幕连续显示的图画。"刷新"和"卷动"方式可以用来寻找和发现波形异常。一旦观察到异常，立即冻结，以便仔细观察与分析。

（4）被测波形数据和示波器的状态设置能够长期稳定地保存　波形数据和状态设置的存储一般有三种形式，即"开机保存""关机保存"和"异地保存"。所谓开机保存是指波形数据的信息存储在示波器的 RAM 中，只要不断电，波形数据就会长期保存，随时调用，这种方式适用现场分析。因为示波器不可能永远不关机，所以数据无法永久保存。关机保存是指把数据从 RAM 转移到示波器内置的若干个（2～4 个）非易失存储器（称之为"参考存储器"）中，示波器关机后仍可长期保存，一般可长达数年。对于重要的参考波形和常用的状态设置往往使用这种保存方式。异地保存方式就是通过示波器的闪存口或通信接口，把数据存储器或参考存储器中的数据转移到移动存储器或计算机的硬盘中，以达到永久保存的目的。这种方式特别适合于大量测试数据保存和进一步分析处理。这是智能数字示波器重要技术特征。

（5）多种功能与方式的触发模式　这是智能数字示波器正确捕捉和观察非周期重复信号的基本保证。为了及时准确地捕获大量存在的非周期重复信号，如冲击与振动、开关动态过程、偶发机械故障、电网谐波、数字电路毛刺等等，智能数字示波器设置了多种功能与方式的触发模式，主要有自动触发、常态触发、单次触发、预触发、逻辑组合触发、状态触发、窗口触发、视频触发、电源触发等。它们的功能也各不相同，特别是常态触发和预触发相结合，在正确设置触发条件（触发斜率、电平、极性等）的基础上，用于非稳定随机电过程的测试是很有效的。比如，想观察一个电机启动过程的电流波形，就可以把触发起始点设置为数据存储器中间的某一点，而不是它的第一个存储单元。这样就可以观测到触发之前的波形，即电机启动过程中电流很大且尚未达到稳定时的波形，这在模拟示波器中是无法做到的。逻辑组合触发和状态触发主要用于数字电路的测试，而视频触发则适用于视频信号的观测，电源触发适用于显示测量工频信号。

（6）采样速率的宽变化范围和大容量的记录长度　这可确保智能数字示波器既能观测慢过程又能捕捉高速瞬变信号，同时还能保证信号的完整性以利于分辨它们的细节。就单台仪器而言，主流制造商生产的智能数字示波器的采样率变化范围可以从每秒零点几次直到高达每秒几十千兆次，对应的扫描速率为每格百秒到每格零点几纳秒，相应的带宽是直流到几千兆赫兹，动态范围几乎覆盖了所有信号的频率成分。另一方面，这些高档示波器的波形数据存储器容量很大，可高达几十兆字节。对一个特定的信号，就可以用较高的采样速率保存较多的波形数据，既保证了采样信息重建的保真度，又保证了信号的完整性。采样冻结后，可以借助示波器的多种显示功能，以自己定义的方式分段仔细观察，寻找和发现希望了解的"波形细节"。这对于捕获隐含于慢变化过程中的偶发瞬态信号（常常与设备故障相关）是很有实际意义的。

✡ 任务实施

第一步：机床照明电路的设计

如图 3-12 所示，火线 L 和零线 N 通过小空气开关 QF 或者单相漏电保护开关接入，使用电源变压器 T 将 220V 的电压变换为 36V 的电压后供给机床照明电路使用。白炽灯与控制开关 SA 串联后并联接在变压器二次输出端（36V），示波器在观测时要将探头的探勾、地线夹子并联在灯泡两端。

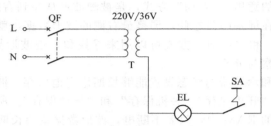

图 3-12 机床照明电路原理接线图

第二步：准备元器件并安装电路

机床照明电路所需元器件及仪表清单如表 3-3 所示。

表 3-3 机床照明电路所需元器件及仪表清单

器件名称	型号或参数	数量	器件名称	型号或参数	数量
漏电开关	DZ47LE 2P	1	电源变压器	220V/36V	1
白炽灯泡	40W/36V，螺口	1	小型断路器	DZ47-63	1
螺口平灯座	250V/0.3A	1	导线	铜线，$1.0mm^2$	若干
起子	一字、十字	1	剥线钳		1
电工胶木板	800mm×500mm	1	万用表	MF47 或 MY65	1
导轨	短	1	数字示波器	DS1052E	1

在电工胶木板或者网孔板上按图 3-12 安装上述电气元件，测试用数字示波器放在台面上待用。注意器件的平面布置一定要合理且符合安全规范，并方便接线。在接线时要注意区分变压器的一、二次接线端，千万不能接反。变压器一次线圈的匝数多，线径细；二次线圈的匝数少，线径粗，可以通过裸露的线圈线径给出判断，亦可用万用表电阻挡测量其一、二次线圈的电阻进行区分。装在电工实验箱的变压器，一定要看清楚其一、二次绕组的标识方可接线。

第三步：数字示波器的使用

数字示波器是采用数据采集、A/D 转换、软件编程等一系列的技术制造出来的高性能示波器。数字示波器一般支持多级菜单，能提供给用户多种选择，多种分析功能。还有一些示波器可以提供存储功能，实现对波形的保存和处理。利用示波器能观察各种不同信号幅度随时间变化的波形曲线，还可以用它测试各种不同的电量，如电压、电流、频率、相位差、调幅度等。下面以国产的 DS1000 型示波器为例讲解其使用方法。

(1) 前面板和用户界面　数字示波器的面板上包括调节旋钮和功能按键，调节旋钮的功能与其他示波器类似。显示屏右侧的一列 5 个灰色按键为菜单操作键（自上而下定义为 1 号至 5 号），如图 3-13 所示，通过它们，可以设置当前菜单的不同选项，如图 3-14、图 3-15 所示。其他按键为功能键，通过它们，可以进入不同的功能菜单或直接获得特定的功能应用。

(2) 功能检查　请按照如下步骤接入信号。

① 用示波器探头将信号接入通道 1（CH1）。将探头上的开关设定为 10×，并将示波器

项目三 单相交流电路的安装与测试　125

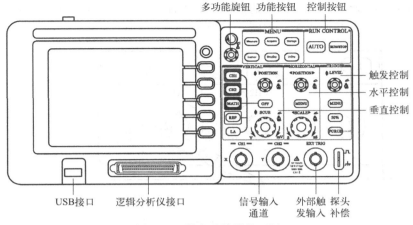

图 3-13　数字示波器的面板

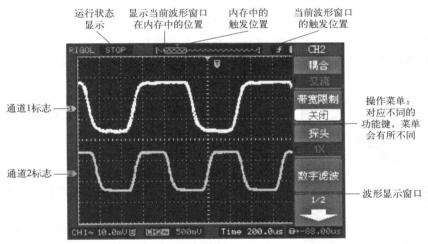

图 3-14　数字示波器的菜单显示 1

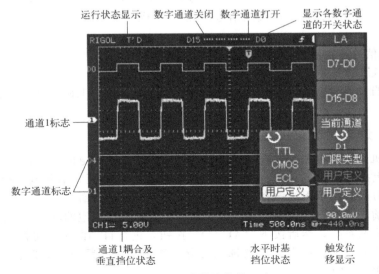

图 3-15　数字示波器的菜单显示 2

探头与通道1连接。将探头连接器上的插槽对准CH1同轴电缆插接件（BNC）上的插口并插入，然后向右旋转以拧紧探头。如图3-16所示。

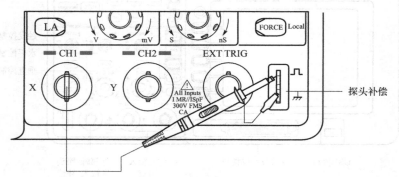

图3-16 探头设置时的连接

② 示波器需要输入探头衰减系数。此衰减系数改变仪器的垂直挡位比例，从而使得测量结果正确反映被测信号的电平（默认的探头菜单衰减系数设定值为1×）。设置探头衰减系数的方法如下：按CH1功能键显示通道1的操作菜单，应用与探头项目平行的3号菜单操作键，选择与使用的探头同比例的衰减系数。此时设定应为10×。如图3-17所示。

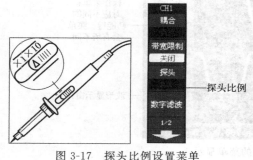

图3-17 探头比例设置菜单

③ 把探头端部和接地夹接到探头补偿器的连接器上。按AUTO（自动设置）按钮，几秒内，可见到方波显示。

④ 以同样的方法检查通道2（CH2）。按OFF功能按钮或再次按下CH1功能按钮以关闭通道1，按CH2功能按钮以打开通道2，重复②和③。

(3) 波形显示的自动设置　该型号数字示波器具有自动设置的功能。根据输入的信号，可自动调整电压倍率、时基以及触发方式至最佳形态显示。应用自动设置要求被测信号的频率大于或等于50Hz，占空比大于1%。使用自动设置如下：

① 将被测信号连接到信号输入通道。
② 按下AUTO按钮。

示波器将自动设置垂直、水平和触发控制。如需要，可手工调整这些控制使波形显示达到最佳。

第四步：通电及波形的观测

安装好的机床照明电路经检查无误后，可以通电测试。通电的顺序是先合上小空气开关QF1，然后合上控制开关SA，检查灯泡发光与否。如灯泡不亮，请断电（断开小空气开关）检查，可利用万用表的电阻挡检查电气元件的好坏和电路的通断。

可在通电前将示波器的探头的探钩和接地夹子分别夹在灯泡的两端。按照第三步设置好示波器探头的衰减系数，然后按下"AUTO"按钮，进行自动测量，再按下"MEASURE"按钮，选择电压测量，根据菜单上的选项可分别测出幅值、频率、周期、有效值（均方根值）等，填入表3-4中。

表 3-4　示波器观测交流电压数据记录

交流电压	示值	单位	交流电压	示值	单位
幅值		V	频率		Hz
有效值		V	周期		s
幅值与有效值的关系			频率与周期的关系		

第五步：实施过程回顾

在任务完成后，应分析总结：
（1）总结机床照明电路的接线方法，尤其是变压器的接线方法。
（2）总结示波器的使用方法，包括探头的连接、衰减系数的设置等。
（3）总结示波器测量幅值、有效值、频率、周期的方法。
（4）对观测结果进行分析，判断交流电压的波形是否为一正弦波，并得出幅值与有效值的关系、频率与周期的关系，是否满足相应的关系式。

任务测评

本任务主要内容是机床照明电路的搭建与测试。技能训练主要有两个方面的内容，一是机床照明电路的安装与接线，二是示波器的使用。在电路的设计与搭建时，可以采用不同的形式。一种形式在电工胶木板（或网孔板）上将电路元器件固定好，然后布线。另外一种是利用电工实验箱，元器件已经安装好，布线插接即可。教师可以事先演示电路如何搭建，以及示波器如何使用。首先，搭建好电路是基础，将变压器的一次绕组（220V）两端分别并联接入到火线和零线，将变压器的二次绕组（36V）与36V灯泡、开关相串联。将示波器探头的探钩与地线夹子分别夹在变压器的二次绕组（36V）两端。仔细检查无误后，通电进行测试。测试前，示波器要预先进行功能检查和探头衰减系数设置，衰减系数须设置为$10\times$。在任务实施时，教师须提醒学生注意以下事项（评分标准）。

① 搭建电路前一定要断开开关，切断电源，切忌带电作业，否则可能引发触电事故。带电作业者，扣10分。
② 示波器在接入之前一定要进行功能检查和探头衰减系数设置，衰减系数必须设置为$10\times$，否则屏幕上不能显示完整的波形。衰减系数设置不正确者，扣10分。
③ 有效值在示波器里用均方根值表示。有效值测量不正确者，扣5分。
④ 幅值和有效值的测量在误差允许范围内应满足$\sqrt{2}$的关系。幅值和有效值测量不正确者，扣10分。
⑤ 周期和频率在误差允许的范围内应满足倒数的关系。周期、频率不正确者，扣10分。
⑥ 可以利用万用表的交流电压挡测量电压的有效值，和示波器有效值的测量进行比对。示波器测量电压有效值和万用表测量有效值不正确者，扣10分。

教师在测评时，根据以上注意事项进行综合评分。

知识拓展——数字仪表

随着数字电子技术的飞速发展，特别是计算机技术的发展与普及，用数字电路处理模拟信号的应用在自动控制、通信以及检测等许多领域越来越广泛。

能将模拟量转换成数字量的电路称为模数转换器（简称A/D转换器或ADC）；能将数

字量转换为模拟量的电路称为数模转换器（简称 D/A 转换器或 DAC）。A/D 和 D/A 转换器是数字控制系统中不可缺少的组成部分，是用计算机实现工业过程控制的重要接口电路。

工业测量中被测量如电流、电压、空气压等模拟量，经模数转换器转换成数字量（简称模数转换）。数字仪表以数字的形式显示被测量，读数直观，一般包括测量线路、模数转换、数字显示三部分。

1. 数字仪表的构成

数字仪表包括信号变换电路、放大电路、非线性校正或开方运算电路、A/D 转换和驱动器、标度变换电路、光柱电平驱动电路、电压/电流（V/I）转换器以及各种调节电路。其构成原理如图 3-18 所示。

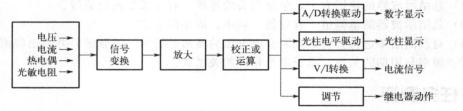

图 3-18　数字仪表的构成原理

信号变换电路是将来自各种检测元件或变送器（例如热电偶、热电阻、霍尔压力变送器、差压变送器等）的电压、电流信号转换成一定范围的电压值。仪表具有多种信号变换模块，以便与不同类型的输入信号相匹配。

放大电路是将热电偶的热电势或其他毫伏信号放大到伏级的幅度，以便使线性化电路或 A/D 转换器能正常工作。

非线性校正（即线性化）电路的作用是克服测温元件（热电偶、热电阻）的非线性特性，以提高仪表的测量精度；开方运算电路的作用是将差压信号转换成流量值。

A/D 转换和驱动器的任务是使连续变化的模拟量转换成断续变化的数字量，再加以驱动，以便直接点燃数码管进行数字显示。数显仪表通常采用 3 位半或 4 位半的 CMOS A/D 转换芯片。标度变换电路的作用是对被测信号进行量纲运算，从而使仪表能以绝对值形式真实地显示被测参数的大小。标度变换的功能可由模/数转换的模块来完成，也可以另设电路。

光柱电平驱动电路是将信号与一组基准值比较，驱动一列半导体发光管，使被测值以光柱形式进行显示。

V/I 转换器的作用是将电压信号转换成统一标准的直流电流信号 0～10mA(DC) 或 4～20mA(DC)，从而使该系列仪表能同电动单元组合仪表、可编程调节器以及其他可接收标准电流信号的仪表或计算机控制装置连用。

调节电路接收偏差信号，并按一定规律运算后，输出断续的（继电器触点动作）或连续的（直流电流）控制信号。其调节方式有位式、时间比例和比例微分积分（PID）等几种。

2. 数字电工仪表的特点

① 数字显示，读数不存在视觉误差。
② 精确度一般较高。
③ 灵敏度高。
④ 输入阻抗高。
⑤ 使用方便。
⑥ 性价比高。

⑦ 抗干扰性能较差，由于数字仪表灵敏度高，其副作用就是抗干扰性能差，外磁场和电场等变化容易引起读数变化。

习题

1. 填空题

（1）为了与一般的复数相区别，在此将用来表示正弦量的复数称为_____。

（2）相量只是表示_____，而不是等于_____。

（3）由数学可知：_____的正弦量相加或相减所得结果仍是一个_____的正弦量。显然，把_____正弦量的相量相加是没有意义的。

（4）电阻元件上电压、电流的瞬时值仍遵从_____，是_____。

（5）电阻元件的电流和电压_____、_____、_____关系都遵从欧姆定律。

（6）电阻元件的电流与电压相位_____。

（7）电阻元件是一_____元件，但在正弦交流电路中，其功率是随时间变化的，电阻元件在某一时刻的功率称为_____。

（8）为了计量方便，将瞬时功率在它的一个周期内的平均值称为_____。

（9）工业测量中被测量如电流、电压、空气压等模拟量，经_____转换成数字量。

2. 试写出下列正弦量的相量。

$$i_1 = 50\sqrt{2}\sin\left(100\pi t + \frac{\pi}{6}\right)\text{A}$$

$$u_1 = 100\sqrt{2}\sin\left(100\pi t + \frac{\pi}{3}\right)\text{V}$$

$$u_1 = 100\sqrt{2}\sin\left(100\pi t - \frac{2\pi}{3}\right)\text{V}$$

3. 已知 $i_1 = 3\sqrt{2}\sin(\omega t + 20°)\text{A}$，$i_1 = 5\sqrt{2}\sin(\omega t - 35°)\text{A}$，若 $i = i_1 + i_2$，求 $\dot{I}$ 和 i。

4. 写出数字示波器（DS1000型）测量交流电压幅值、有效值的操作步骤。

5. 请说出机床照明电路中的电源变压器的作用。

任务三　RLC 交流电路波形观测

【技能目标】

1. 能按照图纸安装 RLC 交流电路。
2. 能够运用所学知识读懂电气原理图。
3. 能运用数字示波器对阻感负载、阻容负载上的电压波形进行观测。
4. 能运用数字示波器测量阻感负载上的电压与电流之间的相位差。
5. 能运用数字示波器测量阻容负载上的电压与电流之间的相位差。

【知识目标】

1. 掌握纯电感电路的特性及其基本分析方法。
2. 掌握纯电容电路的特性及其基本分析方法。
3. 掌握 RLC 串联交流电路的分析方法。
4. 掌握相位差的测量方法。
5. 了解漏电保护开关的原理和使用方法。

【素质目标】

1. 培养化整为零和集零为整的能力。
2. 培养根据实际情况进行变通的能力。

 任务引入

电力系统中运行的负载，既有电阻性负载，又有电感性和电容性负载，这些负载通常是组合在一起运行的，但为了方便分析各元件在交流电路中运行的特性，通常将其分解为纯电阻电路、纯电感电路和纯电容电路。在上一任务里，我们已经安装了 CA6140 型普通车床的照明电路，并观测了纯电阻电路中的交流电压波形。现有一任务要求你安装 RLC 交流电路，通电后用示波器测量 RLC 负载上的电压与电流之间的相位差，假设你是工厂里的一名电工，那么你该如何去做呢？

 相关知识

（一）纯电感正弦交流电路分析

1. 电感元件

对于线圈，若忽略其损耗，仅考虑它在电路中的电磁效应，则该线圈只具有电感 L，SI 制单位为亨［利］（H）、毫亨（mH）和微亨（μH）；当线圈匝数为 N，磁通为 Φ，SI 制单位为韦［伯］（Wb），总磁通 $N\Phi$ 即为自感磁链 Ψ_L，设自感磁链 Ψ_L 的参考方向与产生它的电流 i 的参考方向满足右手螺旋关系，定义线圈电感为

$$L = \frac{N\phi}{i} = \frac{\psi_L}{i}$$

电感是反映线圈储存磁场能量的理想化元件，即电感元件，其电路符号如图 3-19 所示。当选取线圈的电流 i、电压 u 的参考方向为关联方向时，根据电磁感应定律，有

$$u = -e_L = L\frac{\mathrm{d}i}{\mathrm{d}t} \tag{3-19}$$

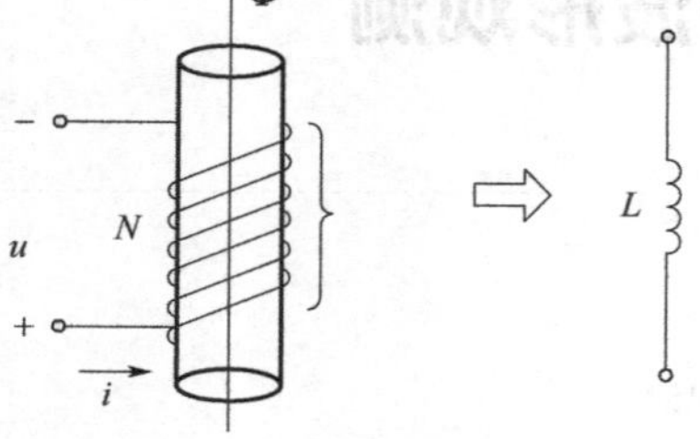

式(3-19) 表明：交变电流 i 流过电感 L 时，使电感两端出现交变的电感电压降 $u = L\dfrac{\mathrm{d}i}{\mathrm{d}t}$，反过来，为了驱使交变电流流过电感 L，必须外加一个交变电压 u，这个电压与交变电流在线圈中引起的自感电动势 e_L 相平衡，$u = -e_L$。由于电感两端的电压与通过该电感中电流的变化率成正比，在此意义上称电感元件为"动态元件"。对于直流电路，由于 i 为常数，$\dfrac{\mathrm{d}i}{\mathrm{d}t} = 0$，则 $u = 0$，即电感元件在直流电路中相当于短路。

图 3-19 电感元件电路符号

2. 正弦交流电路中的电感元件

（1）电压、电流关系　如图 3-20(a) 所示，电感元件的电压电流为关联参考方向。设通过电感元件的正弦电流为

$$i = I\sqrt{2}\sin(\omega t + \varphi_i)$$

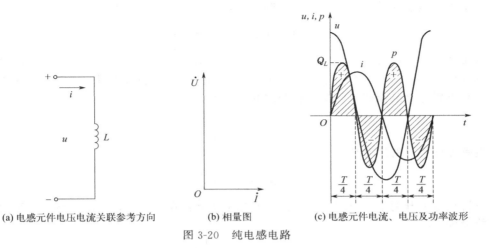

图 3-20 纯电感电路

由式(3-19)，可得到电感元件的电压为

$$u = U\sqrt{2}\sin(\omega t + \varphi_u) = L\frac{\mathrm{d}i}{\mathrm{d}t} = \omega L I\sqrt{2}\sin(\omega t + \varphi_i + 90°)$$

所以

$$U = \omega L I \quad \text{或} \quad U_m = \omega L I_m \tag{3-20}$$

$$\varphi_u = \varphi_i + 90° \text{ 或 } \varphi_{ui} = \varphi_u - \varphi_i = 90° \tag{3-21}$$

电压的相量表达式为

$$\dot{U} = \omega L I \angle(\varphi_i + 90°) = \mathrm{j}\omega L I \angle \varphi_i = \mathrm{j}\omega L \dot{I}$$

式中，ωL 称为电感元件的感抗，用 X_L 表示，即

$$X_L = \omega L = 2\pi f L \tag{3-22}$$

感抗的单位为欧姆（Ω）。X_L 与 ω 成正比，频率愈高，X_L 愈大，在一定电压下，I 愈小；在直流情况下，$\omega = 0$，$X_L = 0$，电感元件在交流电路中具有通低频阻高频的特性。电压的相量表达式还可写为

$$\dot{U} = \mathrm{j}X_L \dot{I} \tag{3-23}$$

即为电感元件在正弦交流电路中电流电压的相量关系式，其相量图如图 3-20(b) 所示。
由式(3-20)、式(3-21)、式(3-23)可知

① 电感元件的电压和电流的最大值、有效值之间符合欧姆定律形式。

② 电感元件的电压的相位超前电流 90°。

（2）纯电感电路的功率　设 $\varphi_i = 0$，纯电感电路的瞬时功率为

$$p = ui = 2UI\sin\left(\omega t + \frac{\pi}{2}\right)\sin\omega t = UI\sin 2\omega t$$

瞬时功率是以两倍于电流的频率、按正弦规律变化的，最大值为 $UI = I^2 X_L$，其波形如图 3-20(c) 所示。从瞬时功率的波形可以看出，在第 1 个 $\frac{T}{4}$ 和第 3 个 $\frac{T}{4}$ 时间内，u 与 i 同方向，p 为正，电感从外界吸收能量，线圈起负载作用；在第 2 个 $\frac{T}{4}$ 和第 4 个 $\frac{T}{4}$ 时间内，u 与 i 反向，p 为负值，电感向外释放能量，即把磁能转换为电能，放出的能量等于吸收的能量，故它是储能元件，只与外电路进行能量交换，本身不消耗能量。因此，它在一周期内的平均功率为零，这一点可以由正弦函数的对称性，利用积分的概念说明。

为了衡量电感元件与外界交换能量的规模，引入无功功率，即

$$Q_L = UI = I^2 X_L = \frac{U^2}{X_L} \tag{3-24}$$

这里"无功"的含义是，"功率只进行交换而不消耗"，并不是"无用"，无功功率的单位是乏（Var）或千乏（kVar）。与无功功率相对应，工程上还常把平均功率称为有功功率。

（3）电感元件的储能　已知电感两端的电压为

$$u = L \frac{\mathrm{d}i}{\mathrm{d}t}$$

电感元件吸收的瞬时功率为

$$p = ui = Li \frac{\mathrm{d}i}{\mathrm{d}t}$$

电流从零上升到某一值时，电源供给的能量就储存在磁场中，所以电感某一时刻储存的磁场能量为

$$W_L = \int p\,\mathrm{d}t = \frac{1}{2} L i^2 \tag{3-25}$$

式中，L、i 的单位分别为亨利（H）、安培（A），则 W_L 的单位为焦耳（J）。

（二）纯电容正弦交流电路分析

1. 电容元件

电容元件是根据电容器在电路中的基本性能，即储存电场能量这一主要特点而理想化的电路元件，SI 制单位为法［拉］（F）、微法（μF）和皮法（pF）。

由物理学可知 $C = \dfrac{q}{u}$，而 $i = \dfrac{\mathrm{d}q}{\mathrm{d}t}$，所以

$$i = C \frac{\mathrm{d}u}{\mathrm{d}t} \tag{3-26}$$

式(3-26)为电容元件的电流电压关系式，此式表明：电容元件任一瞬间电流的大小并不取决于这一瞬间电压的大小，而是与这一瞬间电压的变化率成正比。电容电压变化越快，电流越大；电容电压变化越慢，电流越小。电容元件虽有电压，但是如果电压不变，则其电流为零，这时的电容元件如同无限大电阻。即直流稳态下的电容就可以代之以开路。

2. 正弦交流电路中的电容元件

（1）电压、电流关系　如图 3-21(a) 所示，电容元件的电压电流为关联参考方向。

设通过电容元件的端电压为

$$u = U\sqrt{2}\sin(\omega t + \varphi_u)$$

由式(3-26)，可得电路中的电流为

$$i = I\sqrt{2}\sin(\omega t + \varphi_i) = C\frac{\mathrm{d}u}{\mathrm{d}t} = \omega C U\sqrt{2}\sin(\omega t + \varphi_u + 90°)$$

所以

$$I = \omega C U \quad \text{或} \quad I_\mathrm{m} = \omega C U_\mathrm{m} \tag{3-27}$$

$$\varphi_i = \varphi_u + 90° \text{ 或 } \varphi_{ui} = \varphi_u - \varphi_i = -90° \tag{3-28}$$

电压的相量表达式为

$$\dot{I} = \omega C U \angle (\varphi_u + 90°) = \mathrm{j}\omega C U \angle \varphi_u = \mathrm{j}\omega C \dot{U}$$

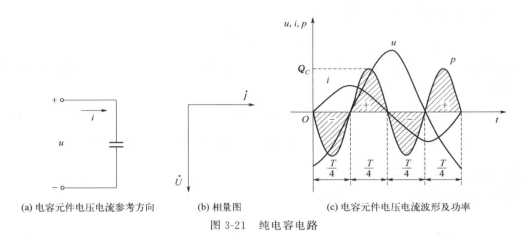

(a) 电容元件电压电流参考方向　　(b) 相量图　　(c) 电容元件电压电流波形及功率

图 3-21　纯电容电路

式中，$\dfrac{1}{\omega C}$ 为电容元件的容抗，用 X_C 表示，即

$$X_C = \dfrac{1}{\omega C} = \dfrac{1}{2\pi f C} \tag{3-29}$$

容抗的单位亦为欧姆（Ω）。X_C 与 ω 成反比，频率愈高，X_C 越小，在一定电压下，I 愈大；在直流情况下，$\omega = 0$，$X_C = \infty$，电容元件在交流电路中具有隔直通交和通高频阻低频的特性。电压的相量表达式还可写为

$$\dot{U} = -\mathrm{j} X_C \dot{I} \tag{3-30}$$

即为电容元件在正弦交流电路中电流电压的相量关系式，图 3-21(b) 为相量图（设 $\varphi_i = 0°$，则 $\varphi_u = -90°$）。

由式(3-27)、式(3-28)、式(3-30) 可知

① 电容元件的电压和电流的最大值、有效值符合欧姆定律。

② 电容元件的电流比电压超前 90°。

(2) 纯电容电路的功率　设 $\varphi_i = 0$，纯电容电路的瞬时功率为

$$p = ui = U_m I_m \sin\left(\omega t - \dfrac{\pi}{2}\right) \sin\omega t = -UI \sin 2\omega t$$

与纯电感电路的瞬时功率相似，纯电容电路瞬时功率也是以两倍于电流的频率、按正弦规律变化的，最大值为 $UI = I^2 X_C$，其波形如图 3-21(c) 所示。从瞬时功率的波形可以看出，在第 1 个 $\dfrac{T}{4}$ 和第 3 个 $\dfrac{T}{4}$ 内，u 与 i 反向，p 为负值，即电容元件释放能量，但在第 2 个 $\dfrac{T}{4}$ 和第 4 个 $\dfrac{T}{4}$ 内，u 与 i 同方向，p 为正值，即电容吸收能量，p 为正，由曲线的对称性知，吸收的能量与释放的能量相同，故它是储能元件。同理，电容的平均功率为零，电容的无功功率为

$$Q_C = -UI = -I^2 X_C = -\dfrac{U^2}{X_C} \tag{3-31}$$

容性无功功率为负值，表明它与电感转换能量的过程相反，电感吸收能量的同时，电容释放能量，反之亦然。

(3) 电容元件的储能　已知电容电流为

$$i = C \dfrac{\mathrm{d}u}{\mathrm{d}t}$$

电容元件吸收的瞬时功率为

$$p = ui = Cu\frac{du}{dt}$$

电容电压从零上升到某一值时，电源供给的能量就储存在电场中，所以电容某一时刻储存的电场能量为

$$W_C = \frac{1}{2}Cu^2 \tag{3-32}$$

式中，C、u 的单位分别为法拉（F）、伏特（V），则 W_C 的单位为焦耳（J）。

（三）RLC 串联交流电路分析

RLC 串联电路如图 3-22(a) 所示。

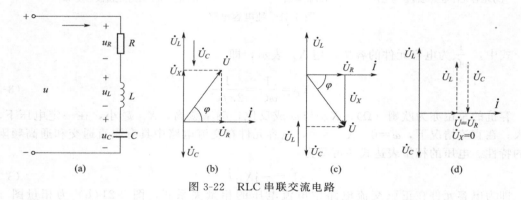

图 3-22　RLC 串联交流电路

正弦电流 $i = I\sqrt{2}\sin(\omega t + \varphi_i)$，对应的相量为 $\dot{I} = I\angle\varphi_i$。电流通过 RLC 元件，分别产生电压降为 u_R、u_L、u_C，相应的相量为 $\dot{U}_R$、$\dot{U}_L$、$\dot{U}_C$，三个元件通过相同电流，每个元件的电流、电压关系为

$$\dot{U}_R = R\dot{I}$$

$$\dot{U}_L = jX_L\dot{I}$$

$$\dot{U}_C = -jX_C\dot{I}$$

而端口总电压 $u = u_R + u_L + u_C$，根据相量形式的 KVL 定律，可得

$$\dot{U} = \dot{U}_R + \dot{U}_L + \dot{U}_C$$

将 R、L、C 各元件电流电压关系代入上式，整理后得出

$$\dot{U} = [R + j(X_L - X_C)]\dot{I}$$

令 $\dfrac{\dot{U}}{\dot{I}} = Z$，而 $Z = R + j(X_L - X_C) = R + jX$ 称为电路的复阻抗，单位为欧姆（Ω），其中 $X = X_L - X_C$ 称为电抗，单位为欧姆（Ω），故有

$$\dot{U} = Z\dot{I} \qquad Z = \frac{\dot{U}}{\dot{I}} \tag{3-33}$$

式(3-33) 称为相量形式的欧姆定律。

RLC 串联电路的相量图如图 3-22(b) 所示（假设 $X_L > X_C$）。从相量图可以看出，总电压与总电流有一个相位差 φ，由图知

$$\tan\varphi = \frac{U_L - U_C}{U_R} = \frac{(U_L/I) - (U_C/I)}{U_R/I} = \frac{X_L - X_C}{R} = \frac{X}{R}$$

若 $\dot{U} = U\angle\varphi_u$，$\dot{I} = I\angle\varphi_i$，则式(3-33)可写为

$$Z = \frac{\dot{U}}{\dot{I}} = \frac{U\angle\varphi_u}{I\angle\varphi_i} = \frac{U}{I}\angle(\varphi_u - \varphi_i) = R + jX = \sqrt{R^2 + X^2}\angle\arctan\frac{X}{R}$$

$$|Z| = \sqrt{R^2 + X^2} \qquad \varphi = \arctan\frac{X}{R} \tag{3-34}$$

式中，$|Z|$ 称为复阻抗的阻抗值，又称阻抗模；φ 为阻抗角，也是电压与电流的相位差。

由此可以看出，通过电路的电流的频率及元件参数不同，电路所反映出的性质不同。如果频率和元件参数使得 $X_L > X_C$，则 $X > 0$，电压超前电流，电路呈感性，如图 3-22(b) 所示。相反，若 $X_L < X_C$，$X < 0$，电压滞后电流，电路呈容性，如图 3-22(c) 所示。若 $X_L = X_C$，$X = 0$，电压与电流同相，电路呈电阻性，如图 3-22(d) 所示，此时，也称电路发生谐振。

（四）功率

为了分析方便，取电路电流为参考正弦量，$\varphi_i = 0$，$\varphi_u = \varphi$，即瞬时功率可写为

$$\begin{aligned} p &= ui = U_m I_m \sin(\omega t + \varphi)\sin\omega t \\ &= UI[\cos\varphi - \cos(2\omega t + \varphi)] \\ &= UI\cos\varphi - UI\cos(2\omega t + \varphi) \end{aligned}$$

相应的平均功率（有功功率）为

$$P = UI\cos\varphi \tag{3-35}$$

对于 RLC 串联电路，流过电阻、电感、电容三元件的电流相同，因此可以绘制出电压、阻抗和功率三角形，如图 3-23 所示。

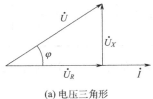
(a) 电压三角形
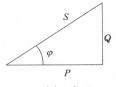
(b) 功率三角形
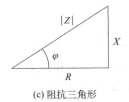
(c) 阻抗三角形

图 3-23 电压、阻抗和功率三角形

由功率三角形很容易得到无功功率 Q 和视在功率 S 分别为

$$Q = UI\sin\varphi \tag{3-36}$$
$$S = UI \tag{3-37}$$

虽然式(3-35)～式(3-37)是由串联电路推出的，但它却是计算正弦交流电路功率的一般公式。

由上述可知，交流发电机输出的功率不仅与发电机的端电压及其输出电流的有效值的乘积有关，而且还与电路（负载）的参数有关。电路所具有的参数不同，电路的性质就不同，电压与电流的相位差也不同，在同样电压 U 和电流 I 之下，这时电路的有功功率和无功功率也就不同。式(3-35)中的 $\cos\varphi$ 称为功率因数。

视在功率也称功率容量，交流电气设备是按照规定了的额定电压 U_N 和额定电流 I_N 来

设计使用的。变压器的容量就是以额定电压和额定电流的乘积来表示的,即
$$S_N = U_N I_N$$
视在功率的单位是伏安(V·A)或千伏安(kV·A)。由功率三角形或式(3-35)可以得出三个功率之间的关系为
$$S = \sqrt{P^2 + Q^2} \tag{3-38}$$

任务实施

第一步:设计 RLC 串联电路

如图3-24所示,220V 单相交流电通过小空气开关或漏电保护开关 QF 接入,使用电源变压器将 220V 的电压变换为 36V 的电压后供给 RLC 电路使用。接入变压器的目的是在使用示波器观测时,不至于因示波器探头分流而导致漏电保护开关跳闸。

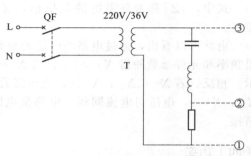

图 3-24　RLC 电路接线图

第二步:准备元器件并安装电路

安装 RLC 电路所需元器件及仪表清单如表 3-5 所示。

表 3-5　RLC 电路所需元器件及仪表清单

器件名称	型号或参数	数量	器件名称	型号或参数	数量
漏电保护开关	DZ47LE 2P	1	电源变压器	220V/36V	1
电感 L	17mH	1	导线	铜线,1.0mm²	若干
电容 C	3.0μF	1	剥线钳		1
起子	一字、十字	1	万用表	MF47 或 MY65	1
数字示波器	DS1052E	1	电工胶木板(实验箱)	800mm×500mm	1
电阻	200Ω				

在电工胶木板或者网孔板上安装上述电气元件,示波器放在台面上,注意器件的平面布置一定要合理且符合安全规范,并方便接线。

第三步:观测 RLC 电路电压与电流波形

安装好的 RLC 电路,经检查无误后,可以通电测试。合上小空气开关 QF,将示波器的两个通道的接地夹子均夹在图 3-24 中的①处,其中一个探头的探针置于②处,另外一个探头的探针置于③处。设置好示波器探头的衰减系数,然后按照下述步骤测得两波形之间的相位差。②处所测得的电阻电压波形与 RLC 电路的电流波形同相位,而③处所测得的即为 RLC 电路的电压波形。由此可测得 RLC 电路的电压波形与电流波形的相位差。

使用示波器测量两个正弦量波形相位差的具体操作步骤如下。

① 打开示波器,按下自动测量 AUTO。
② 调整水平、垂直挡位直至波形满足测试要求。
③ 按下 CURSOR 按钮以显示光标测量菜单。
④ 按下 1 号菜单操作键设置光标模式为手动。
⑤ 按下 2 号菜单操作键设置光标类型为 X。

⑥ 按键选定光标 1。
⑦ 旋动多功能旋钮将光标 1 置于第一个波形峰值处（或过零点）。
⑧ 按键选定光标 2。
⑨ 旋动多功能旋钮将光标 2 置于第二个波形峰值处（或过零点）。
⑩ 读出两波形的时间差值 Δx。
⑪ 将电压与电流之间的时间差值转换成角度差值，即相位差 $\Delta \varphi$：

$$\Delta \varphi = \frac{\Delta x}{T} \times 360° = \Delta x \times f \times 360°$$

⑫ 将所测得的相位差填入表 3-6，并确定二者相位的超前或滞后关系。
⑬ 改变电感或者电容值后，重新测量，记录数据到表 3-6 中。表中的计算值是根据阻抗角公式(3-34) 代入 RLC 计算得到的。

表 3-6　相位差测量数据记录

序号	项目	相位差 $\Delta \varphi /(°)$		超前(滞后)
		测量值	计算值	
1	RLC 电路的电压与电流			
2	RLC 电路的电压与电流(原电路参数下,改变电感参数值)			
3	RLC 电路的电压与电流(原电路参数下,改变电容参数值)			
结论				

第四步：实施过程回顾

在测量完后相关数据后，应分析总结：
① 总结示波器测量两波形相位差的方法。
② 对表 3-6 中观测与计算的结果进行分析总结，得出 RLC 电路的电压与电流之间的相位关系，是超前还是滞后。此相位角即为 RLC 负载的阻抗角。

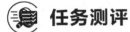

任务测评

本任务主要内容是 RLC 串联电路观测，重点是电压电流相位差参数的测量。技能训练主要有两个方面的内容，一是 RLC 串联电路的安装与测试，二是示波器的使用。在电路的设计与搭建时，可以采用不同的形式。一种形式是在电工胶木板（或网孔板）上将电路元器件固定好，然后布线。另外一种是利用电工实验箱，元器件已经安装好，布线插接即可。教师可以事先演示电路如何搭建，以及示波器如何使用。首先，搭建好电路是基础，将变压器的一次绕组（220V）两端分别并联接入到火线和零线，将变压器的二次绕组（36V）与 RLC 依次进行串联。将示波器两个探头的探钩与地线夹子按照图示位置分别接在二次绕组（36V）两端和电阻两端。由于示波器输入信号须为电压，而电阻两端的电压和电流同相位，由此可间接测得回路总电压与电流之间的相位差。接好线后，进行通电测试，示波器要预先进行功能检查和探头衰减系数设置，衰减系数须设置为 10×。在任务实施时，教师须提醒学生注意以下事项（评分标准）。

① 搭建电路前一定要断开开关，切除电源，切忌带电作业，否则可能引发触电事故。带电作业者，扣 10 分。
② 示波器在接入之前一定要进行功能检查和探头衰减系数设置，衰减系数必须设置为 10×，否则屏幕上不能显示完整的波形。衰减系数设置不正确者，扣 10 分。

③ 计算值为代入 RLC 的数值利用阻抗角公式计算得到。计算不正确者，扣 10 分。

④ 所测得的 Δx 为电压波形和电流波形在时间轴上的差值，须利用公式转换为角度。转换不正确者，扣 10 分。

⑤ 根据示波器所显示的波形得出电压和电流的相位关系（超前还是滞后）。电压和电流的相位关系不正确者，扣 10 分。

⑥ 将测量值和计算值进行比较，两者之间的误差要在合理的范围内，否则需要重测。误差不在合理范围内的，扣 10 分。

⑦ 应从阻抗角和电压、电流的相位差的关系方面得出结论。结论不正确者，扣 10 分。

教师在测评时，根据以上注意事项进行综合评分。

知识拓展——漏电保护原理

在本次任务和上次任务中，都用到了漏电保护开关，并且为了避免接入示波器观测波形时漏电开关跳闸，电路中特别接入了变压器进行隔离。那么漏电开关是如何工作的？主要应用在什么场合呢？

漏电开关，主要用于防止漏电事故的发生，其开关的动作原理：在一个铁芯上有两个绕组，主绕组和副绕组。主绕组也有两个绕组，分别为输入电流绕组和输出电流绕组。无漏电时，输入电流和输出电流相等，在铁芯上二磁通的矢量和为零，就不会在副绕组上感应出电势，否则副绕组上就会有感应电压形成，经放大器推动执行机构，使开关跳闸。

漏电开关将火线与零线同时穿过一个 O 形磁环作为初级线圈，次级用 N 匝线圈输出去推动一个电磁机构，电磁机构动作则脱扣。在正常情况下火线和零线上的流入电流等于流出的电流，所以感应出来的次级电压也为零，当火线或零线有一根线对地有接地电阻或者短路（有泄漏）时，火线和零线上流入和流出的电流就有一个差值，通过次级感应出来，当达到一定的数值时就推动电磁机构动作脱开主回路。

图 3-25 是漏电保护器工作原理，正常工作时电路中除了工作电流外没有漏电流通过漏电保护器，此时流过零序互感器（检测互感器）的电流大小相等，方向相反，总和为零，互感器铁芯中感应磁通也等于零，二次绕组无输出，自动开关保持在接通状态，漏电保护器处于正常运行状态。当被保护电器与线路发生漏电或有人触电时，就有一个接地故障电流，使流过检测互感器内的电流量和不为零，互感器铁芯中感应出现磁通，其二次绕组有感应电流产生，经放大后输出，使漏电脱扣器动作推动自动开关跳闸，达到漏电保护的目的。

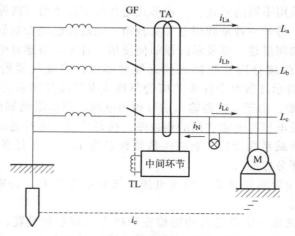

图 3-25 漏电保护开关动作原理图

习题

1. 填空题

(1) 由于电感两端的电压与通过该电感中电流的变化率成正比,在此意义上称电感元件为_____,电感元件在直流电路中相当于_____。

(2) 纯电感元件两端电压的相位超前电流_____。

(3) 无功功率的含义是,功率_____而不_____,并不是"无用"。

(4) 电容器在电路中的基本性能是储存_____,电感器在电路中的基本性能是储存_____。

(5) 直流稳态下的电容就可以代之以_____。

(6) 电容元件的电流比电压_____90°。

(7) 容性无功功率为负值,表明它与电感转换能量的过程_____,电感吸收能量的同时,电容释放能量,反之亦然。

(8) 视在功率也称____,交流电气设备是按照规定里的____和____来设计使用的。

2. 电路如题图 3-2 所示,直流电压源 $U_S=8\text{V}$,$R_1=1\Omega$,$R_2=R_3=6\Omega$,$L=0.1\text{H}$,电路已经稳定。求 L 的电流和磁场储能。

3. 把一个 0.1H 的电感元件接到频率为 50Hz、电压有效值为 10V 的正弦电压源上,问电流是多少?如保持电压不变,而频率调节为 5000Hz,此时电流为多少?

4. 电路如题图 3-3 所示,$R_1=4\Omega$,$R_2=R_3=R_4=2\Omega$,$C=0.2\text{F}$,$I_S=2\text{A}$,电路已经稳定。求电容元件的电压及储能。

5. 在电容为 $318\mu\text{F}$ 的电容器两端加 $u=220\sqrt{2}\sin(314t+120°)\text{V}$,试计算电容的电流及无功功率。

6. RLC 串联电路中,已知 $R=10\Omega$,$X_L=5\Omega$,$X_C=15\Omega$,电源电压 $u=200\sin(\omega t+30°)\text{V}$,试求:(1) 此电路的复阻抗 Z,并说明电路的性质;(2) 电流 $\dot{I}$ 和电压 $\dot{U}_R$、$\dot{U}_L$、$\dot{U}_C$。

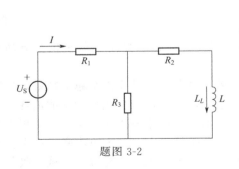

题图 3-2

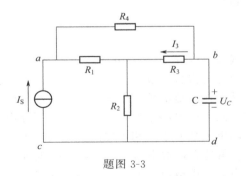

题图 3-3

任务四 日光灯照明电路的安装与测试

【技能目标】

1. 能按照图纸安装日光灯电路。
2. 能够运用所学知识读懂电气原理图。

3. 能运用功率因数表测量交流电路的功率因数。
4. 能运用接入电容器的方法提高电路的功率因数。

【知识目标】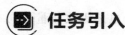

1. 掌握日光灯电路的原理和接线方法。
2. 掌握功率因数的计算方法。
3. 掌握功率因数表的原理和功率因数的测量方法。
4. 熟悉提高功率因数的方法。

【素质目标】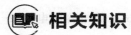

1. 培养解决实际问题的能力。
2. 培养服务社会的意识。

任务引入

日光灯又叫荧光灯，其照明电路与白炽灯照明电路一样具有结构简单、使用方便等特点，而且日光灯还有发光效率高的优点，因此，日光灯也是应用较普遍的一种照明灯具。

日光灯照明电路的安装与白炽灯照明线路的安装方法基本相同，但其本身的安装稍显复杂，具体分为准备灯架、组装灯具、固定灯架、组装接线、安装灯管、安装启辉器等步骤。

假设你是工厂里的一名电工，现车间要安装一批日光灯以增加照明效果，要求你按照图纸装接日光灯并能对日光灯照明电路进行调试，能运用功率因数表测量电路的功率因数，并采取接入电容器的方法提高交流电路的功率因数，那么你该如何去做呢？

相关知识

（一）功率因数

电网除了要负担用电负荷的有功功率，还要负担负荷的无功功率。根据功率三角形关系式可得到

$$\cos\varphi=\frac{P}{S} \tag{3-39}$$

式(3-37)被定义为电网的功率因数，其物理意义是，线路的视在功率 S 供给有功功率 P 的消耗所占百分数。

从实用节能的角度考虑，在电力网的运行中，希望的是电路功率因数越大越好，如能做到这一点，则电路中的视在功率将大部分用来供给有功功率，以减少无功功率的消耗。

功率因数介于 0 和 1 之间。当功率因数不等于 1 时，电路中发生能量交换，出现无功功率。φ 角越大，功率因数愈低，发电机所发出的有功功率就愈小，而无功功率就愈大。无功功率愈大，即电路中能量交换的规模愈大，发电机发出的能量就不能充分为负载所吸收，其中有一部分，在发电机与负载之间进行交换，这样，发电设备的容量就不能充分利用。

例如，容量为 1000kV·A 的变压器，如果 $\cos\varphi=1$，即能够发出 1000kW 的有功功率，而 $\cos\varphi=0.7$ 时，则只能发出 700kW 的功率。

当发电机的电压 U 和 P 输出的功率一定时，电流 I 与功率因数成反比，即

$$I=\frac{P}{U\cos\varphi}$$

而电路和发电机绕组上的功率损耗 P_L 与 $\cos\varphi$ 的平方成反比，即

$$P_L = I^2 r = \left(\frac{P}{U\cos\varphi}\right)^2 r = \frac{P^2 r}{U^2} \times \frac{1}{\cos^2\varphi}$$

式中，r 为线路及发电机绕组的电阻。

由以上分析可知，电路功率因数的提高，能使发电设备的容量得到充分利用，同时可降低线路的损耗。

电力负载中，绝大部分是感性负载，如企业中大量使用的感应电动机、照明用的日光灯、控制电路中接触器等都是感性负载。感性负载的电流滞后于电压 φ 角，φ 角总是不为零，所以 $\cos\varphi$ 总是小于1，如生产中最常用的异步电机在额定负载时的功率因数约为 0.7~0.9，在轻载时功率因数低于 0.5。电感性负载的功率因数之所以小于1，是由于负载本身需要一定的无功功率。提高功率因数，既要减少电源与负载之间能量的交换，又要使电感性负载能取得所需的无功功率。

提高电路功率因数，常用的方法是与感性负载并联电容器，其电路图和相量图如图 3-26 所示。在图中，RL 串联部分代表一个电感性负载，它的电流 $\dot{I}_1$ 滞后于电源电压 $\dot{U}$ 的相位 φ_1，在电源电压不变的情况下，并入电容 C，并不会影响负载电流的大小和相位，但总电流由原来的 $\dot{I}_1$ 变成了 $\dot{I}$，即 $\dot{I} = \dot{I}_1 + \dot{I}_C$，且 $\dot{I}$ 与电源电压相位差由原来的 φ_1 减小为 φ，所以，$\cos\varphi$ 大于 $\cos\varphi_1$，功率因数提高了，据此，可导出所需并联电容的计算公式为

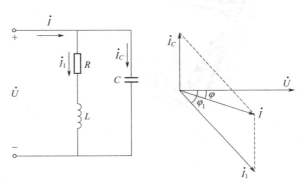

图 3-26 感性负载并联电容提高功率因数

$$C = \frac{P}{\omega U^2}(\tan\varphi_1 - \tan\varphi) \tag{3-40}$$

另外需注意的一点是，这里所讨论的提高功率因数是指提高电源或电网的功率因数，而某个电感性负载的功率因数并没有变。

在感性负载上并联了电容器后，减少了电源与负载之间的能量交换，这时，电感性负载所需要的无功功率，大部分或全部是就地供给（由电容器供给），也就是说，能量的交换现在主要或完全发生在电感性负载与电容器之间，因而减小了线路的功率损耗。还需注意的是，采用并联电容器的方法，电路有功功率未改变，因为电容器是不消耗电能的，负载的工作状态不受影响，因此该方法在实际中得到了广泛应用。

（二）功率因数表的原理和接线方法

正因为功率因数如此重要，所以利用功率因数表对工厂动力电路的功率因数进行测量非常重要。功率因数表是用来测量交流电路功率因数的仪表，它利用电动系仪表的工作原理制成，按相位的余弦刻度。电动系比率表中有两个可动线圈，一个用来产生转动力矩，一个用来产生反作用力矩，而不装设游丝，这就是比率表的特点。

图 3-27 为 D26-cosφ 型单相电动系功率因数表。测量时，电流线圈串联接入被测电路中，而电压线圈并联跨接在被测电路两端。单相电动系功率因数表指针的偏转角 α 等于被测电路中电压与电流的相位差角 φ，功率因数表的零点（$\cos\varphi=1$ 时）选择在标尺的中间。当指针向右偏转时，表示负载是容性的；当指针向左偏转时，表示负载是感性的。

使用单相电动系功率因数表示应注意以下几点。

① 使用前，仪表的指针可以在任意位置，所以不必做零位调整。

② 选择功率因数表时应注意，不要使被测电路的电流和电压超过仪表的电流和电压量程。尽管仪表的偏转角与电流和电压的大小无关，但仪表的电流线圈和电压线圈支路分别承载着负载的电流和电压，若出现过载现象有可能损坏仪表。

③ 功率因数表的接线应遵守"发电机端"的接线原则，即电流线圈与负载串联，使电流从电流线圈的发电机端流入；电压线圈与负载并联，使电压线圈的电流也是从发电机端流入。当负载电阻比功率因数表电流线圈电阻大得多时，采用电压线圈前接法；当负载电阻比功率因数表电压线圈电阻小得多时，采用电压线圈后接法。发电机端用星号"＊"标识，如图 3-28 所示。

图 3-27　D26-cosφ 单相功率因数表

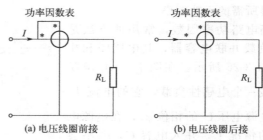

(a) 电压线圈前接　　　(b) 电压线圈后接

图 3-28　功率因数表的接线方法

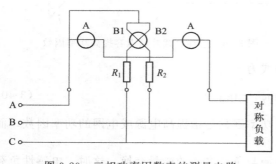

图 3-29　三相功率因数表的测量电路

三相电动系功率因数表是用来测量三相三线制对称电路的功率因数的。其测量电路如图 3-29 所示，它与单相功率因数表一样都是使用电动系比率表的测量机构，三相功率因数表两个动圈支路串接的是纯电阻，它们分别跨接在两相上，其中的电流仍是不同的。可以证明在参数选择合适的情况下，指针的偏转角 α 与负载的相位角存在着一定的关系。三相电动系功率因数表在接线时要特别注意相序关系，不能接错。

（三）无功补偿及其移相电容器容量的计算

在测量功率因数后，如发现电网功率因数过低，则需要进行无功补偿。无功补偿装置有移相电容器、同步调相机、静止无功补偿装置（SVC）三种类型。

由于经济成本和易于维护等方面的原因，移相电容器作为无功补偿装置应用得比较广泛。针对此问题，在生产实际中，常常要涉及移相电容器容量的计算。

根据用户负荷大小及其功率因数大小，在知道要求补偿后的功率因数值后，就可以按下式求得所需补偿电容器组的容量，即

$$\Delta Q = P(\tan\varphi_1 - \tan\varphi_2) \tag{3-41}$$

式中，φ_1 为补偿前的功率因数角；φ_2 为补偿后的功率因数角，可由给定的补偿前后的功率因数值算出。令 $k = \tan\varphi_1 - \tan\varphi_2$，上式可写为

$$\Delta Q = kP \tag{3-42}$$

在电力系统有关功率因数补偿的实际应用中，k 与 $\cos\varphi_1$、$\cos\varphi_2$ 的关系常用诺模图来表示，如图 3-30 所示。用此诺模图可以很方便地计算出所需补偿电容器的容量。

由于电容器的容量与电压的平方成正比例,因此仅按式(3-39)或者诺模图计算还与运行数据有差异,因而必须考虑电压校正系数。

根据图 3-30 查到的 ΔQ 值应用式(3-43)给以校正,即

$$\Delta Q' = \left(\frac{U_N}{U}\right)^2 \Delta Q \qquad (3\text{-}43)$$

式中 U_N——电容器的额定电压,kV。
U——电容器的实际电压,kV。
ΔQ——补偿电容器的容量,kVar。
$\Delta Q'$——考虑电压因素后补偿电容器的容量,kVar。

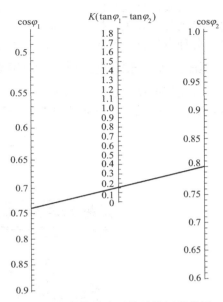

图 3-30 补偿功率因数计算用诺模图

任务实施

第一步:设计日光灯照明电路

(1) 灯管 灯管由玻璃管、灯丝和灯丝引出脚等组成。玻璃管内抽成真空后充入少量汞(水银)和氩等惰性气体,管壁涂有荧光粉,在灯丝上涂有电子粉。

(2) 启辉器 启辉器由氖泡、纸介质电容器、出线脚和外壳等组成。氖泡内装有"∩"形动触片和静触片。并联在启辉器氖泡上的电容有两个作用,一是与镇流器线圈构成 LC 振荡电路,该电路能延长灯丝的预热时间和维持感应电动势;二是能吸收干扰收音机和电视机的交流声。当电容被击穿时,剪除后,启辉器仍能使用。

(3) 镇流器 镇流器主要由铁芯和线圈等组成,整流器必须与灯管功率相符。镇流器有两个作用,一是在灯丝预热时,限制灯丝所需的预热电流值,防止预热过高而烧断,并保证灯丝电子的发射能力。二是在灯管启辉后,维持灯管的工作电压和限制灯管工作电流在额定值内,以保证灯管能稳定工作。

(4) 日光灯的工作原理 图 3-31 所示为日光灯工作原理图。日光灯管开始点燃时需要一个高电压,由跳泡(启辉器)提供。闭合开关接通电源后,电源电压经镇流器、灯管两端的灯丝加在启辉器的"∩"形动触片和静触片之间,引起辉光放电。放电时产生的热量使得用双金属片制成的"∩"形动触片膨胀并向外伸展,与静触片接触,使灯丝预热并发射电子。在"∩"形动触片与静触片接触时,二者间电压为零而停止辉光放电,"∩"形动触片冷却收缩并复原而与静触片分离,在动、静触片断开瞬间在镇流器两端产生一个比电源电压高得多的感应电动势,该感应电动势与电源电压串联后加在灯管两端,使灯管内惰性气体被电离而引起弧光放电。随着灯管内温度升高,液态汞汽化游离,引起汞蒸气弧光放电而发出肉眼看不见的紫外线,紫外线激发灯管内壁的荧光粉后,发出近似日光的可见光。

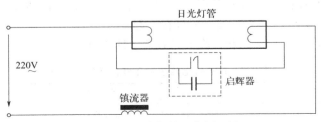

图 3-31 日光灯的工作原理图

认真阅读日光灯的工作原理，完成日光灯照明电路在电工胶木板上的布局和接线设计，包括日光灯、开关、插座、漏电保护开关、熔断器和电压电流表。要求电路布局规范、简洁，各种电气符号使用正确。也可在电工实验箱上实施。

第二步：安装日光灯照明电路

日光灯的接线装配方法如图 3-32 所示。功率因数测量电路的原理接线图如图 3-33 所示，所需要的元件及仪表清单如表 3-7 所示。按照如下步骤进行。

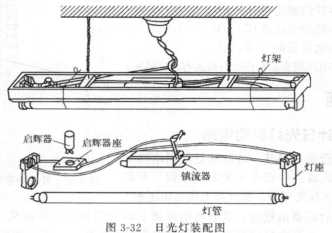

图 3-32 日光灯装配图

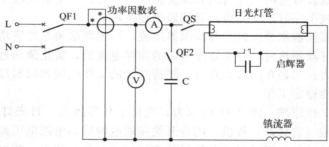

图 3-33 日光灯照明电路的原理接线图

① 用导线把启辉器座上的两个接线桩分别与两个灯座中的一个接线桩连接。

② 把一个灯座中余下的一个接线桩与电源零线连接，另一个灯座中余下的一个接线桩与镇流器的一个线头相连。

③ 镇流器的另一个线头与开关的一个接线桩连接。

④ 补偿电容 C 经由开关 QF2 并在火线 L 与零线 N 之间。

⑤ 单相功率因数表的电压线圈并联在火线与零线之间，电流线圈串入火线，注意电压线圈和电流线圈的发电机端（＊号端）要接在一起。

⑥ 接线完毕后，把灯架安装好，旋上启辉器，插入灯管。

表 3-7 日光灯电路所需元器件及仪表清单

器件名称	型号或参数	数量	器件名称	型号或参数	数量
漏电开关	DZ47LE 2P	1	启辉器		1
日光灯管	T8 18W/765	1	导线	铜线,1.0mm^2	若干

续表

器件名称	型号或参数	数量	器件名称	型号或参数	数量
日光灯架	AC220V	1	剥线钳		1
起子	一字、十字	1	万用表	MF47 或 MY65	1
导轨	短	1	电工胶木板	800mm×500mm	1
功率因数表	D26-cosφ	1	电容器	3.0μF	1
电压表	T19-V	1	毫安表	T19-MA	2
小型断路器	DZ47-63	1	墙壁开关		1

第三步：测量日光灯照明电路功率因数

按照如图 3-33 接线完毕，检查无误后，先后投入空气开关 QF1 和墙壁开关 QS，观察日光灯管发光与否。如不发光，检查电路元件是否接好，启辉器是否启动，接线是否正确。

日光灯正常发光后，读出功率因数表的读数 cosφ，并记录下来，注意观察指针偏向左边还是右边（如偏向右边，表示负载是"容性"的；如果偏向左边，负载则是"感性"的）。由于日光灯负载包含感性的镇流器，所以功率因数表指针应偏向左边。然后读出电压表和电流表的数值并记录下来，并将数据填写在表 3-8 中。

表 3-8 电路功率因数及电压电流测量数据

	电路总电压/V	电路总电流/A	功率因数
投入电容前			
投入电容后			
结论			

第四步：投入电容器后重新测量功率因数

合上开关 QF2，投入电容器 C，重新测量功率因数，以及电压和电流的数值，记录并填写到表 3-8 中。在电容器投入后发现指针向右偏转，说明电容器具有提高功率因数的作用，由于电容产生的无功功率补偿了电感消耗的无功功率，整个电路的功率因数得到了提高。另外，日光灯管在功率因数提高后，其两端的电压亦有所改善。

第五步：实施过程回顾

任务完成之后，应总结：
① 总结日光灯照明电路的设计与接线。
② 总结功率因数表的接线与使用方法。
③ 分析电容器投入前后功率因数的性质及变化情况，以及其两端电压的变化情况。
④ 总结投入电容器改善功率因数、电压质量以及促进节电的作用。

任务测评

本任务主要内容是日光灯照明电路的搭建与测试。技能训练主要有两个方面的内容，一是电路的设计与搭建，二是功率因数表、电压表、电流表等的使用。在电路的设计与搭建时，可以采用不同的形式。一种形式是在电工胶木板（或网孔板）上将电路元器件固定好，然后布线。另外一种是利用电工实验箱，元器件已经安装好，布线插接即可。教师可以事先演示电路的搭建方法，以及功率因数表、电压表、电流表的使用方法。首先,搭建好电路是基础,搭建电路时先将日光灯的镇流器、启辉器、灯管灯丝全部串联好作为一个整体,再和电流表串联。电压表和功率因数表的电压线圈并联在日光灯两端,而功率因数表的电流线圈与日光灯串联。接线时,注意功率因数表电压线圈和电流线圈的"*"号端要接入火线。其次,要注意功率因数表的使用方法。在任务实施时,教师须提醒学生注意以下事项(评分标准)。

① 搭建电路前一定要断开开关,切除电源,切忌带电作业,否则可能引发触电事故。带电作业者,扣 10 分。

② 功率因数表的电压线圈和电流线圈的"*"号端一定要接入火线,电压线圈和负载并联,电流线圈和负载串联。火线接线位置不正确者,扣 10 分。

③ 日光灯的镇流器、灯丝、启辉器要全部串联起来;如发现灯管不亮,用万用表检查灯丝两端电压,以及启辉器是否正常工作。整流器、灯丝、启辉器接线不正确者,扣 10 分。

④ 如发现功率因数表的指针偏向右侧,呈现容性,则需要减少电容器,使电路呈现感性。功率因数表指向不正确者,扣 10 分。

⑤ 观察电容器投入前后功率因数表的读数变化,以及电容器投切前后总电流的变化,得出无功补偿的结论。结论不正确者,扣 10 分。

教师在测评时,根据以上注意事项进行综合评分。

知识拓展——电动系仪表的原理和结构

1. 电动系仪表的结构原理

功率因数表属于电动系仪表。电动系测量机构的结构如图 3-34 所示。它有两个线圈,即固定线圈 1(简称定圈)和可动线圈 6(简称动圈)。定圈分为平行排列的两个部分,这使定圈两部分之间的磁场比较均匀。动圈与转轴固定连接,一起放置在定圈的两部分之间。游丝 4 用来产生反作用力矩,同时作为动圈电流的引入、引出元件。空气阻尼器是用来产生阻尼力矩的。

为了产生较强的磁场,增加转动力矩,也可将定圈绕在相互绝缘的硅钢片叠成的铁芯上,动圈内装有圆形铁芯,使气隙的磁通呈均匀辐射状。阻尼器采用电磁感应式或空气式阻尼器。

2. 技术特性

电动系测量机构具有以下特性。

① 准确度高。电动系仪表中没有铁磁物质,基本上不存在涡流和磁滞的影响,所以其准确度很高,可达到 0.1~0.5 级。

② 交直流两用。在交流测量中,其频率范围比较广,额定工作频率为 15~2500Hz,频率范围能扩大到 5000~10000Hz,同时还可用来测量非正弦电量。仪表标度尺反映被测量的有效值。测量正弦交

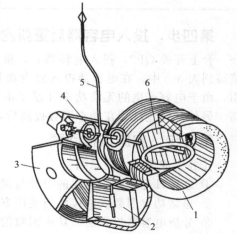

图 3-34 电动系测量机构的结构
1—固定线圈;2—空气阻尼器叶片;3—空气阻尼器外盒;4—游丝;5—指针;6—可动线圈

流量或非正弦交流量时,读数为有效值。测量直流量时,由于直流量的量值就是其有效值,故从标度尺可直接读出被测恒定直流量的数值。

③ 它不仅可以精确地测量电压、电流和功率,还可以用来测量功率因数、频率、电容、电感和相位差等。铁磁电动系仪表因有铁磁物质,所以误差较大,然而其转动力矩大,能耐

机械振动，且受外界磁场影响较小，所以主要作为配电盘式的功率表、功率因数表、频率表等，仅在特殊情况下才用于测量电压、电流。

④ 易受外磁场影响。电动系仪表的固定线圈磁场较弱。在一些准确度较高的仪表中，要采用磁屏蔽的装置，甚至改用无定位结构，以消除外磁场对测量的影响。

⑤ 过载能力与磁电系仪表相同。电动系仪表可动线圈中的电流需由游丝导入，所以过载能力较差。

⑥ 电动系电流表、电压表的标度尺刻度不均匀，标尺的起始部分分度很密，读数困难，但功率表的标度尺刻度可得到近似线性的分度。

习题

1. 填空题

（1）日光灯灯管开始点燃时需要一个_____，由跳泡（启辉器）提供。

（2）电力网除了要负担用电负荷的有功功率，还要负担负荷的_____。

（3）电力网的功率因数，其物理意义是线路的视在功率供给有功功率的消耗所占_____。

（4）在一定的电压和电流下，提高 $\cos\varphi$，其输出的_____越大。因此，改善功率因数是充分发挥设备潜力，提高设备的利用率的有效方法。

（5）在传送一定有功功率 P 的条件下，$\cos\varphi$ 越高，所需_____越小。

（6）功率因数表是用来测量交流电路功率因数的仪表，它利用_____的工作原理制成，按相位的_____刻度。

（7）功率因数表的零点（$\cos\varphi=1$ 时）选择在标尺的_____。当指针_____偏转时，表示负载是容性的；当指针向左偏转时，表示负载是_____的。

（8）在测量功率因数后，如发现电网功率因数过低，则需要进行_____。

（9）功率因数表的接线应遵守"发电机端"的接线原则。即：_____与负载串联，使电流从电流线圈的发电机端流入；_____与负载并联，使电压线圈的电流也是从发电机端流入。

（10）当负载电阻比功率因数表电流线圈电阻大得多时，采用电压线圈_____；当负载电阻比功率因数表电压线圈电阻小得多时，采用电压线圈_____。

2. 试述提高功率因数的意义。

3. 某用户负荷 750kW，平均电压 365V（三相），功率因数补偿前为 0.7，要求提高到 0.9，需 380V 电容器的容量是多少？

任务五　谐振电路的安装与测试

【技能目标】

1. 能独立完成 RLC 串联谐振电路的安装。
2. 能运用所学知识读懂电气原理图。
3. 能对谐振电路的电参数进行测试。
4. 能对 RLC 串联谐振电路进行分析和计算。

【知识目标】

1. 理解串联谐振和并联谐振的基本概念。
2. 掌握串联谐振有关参数的计算方法。

3. 了解串联谐振和并联谐振的应用。

【素质目标】

1. 培养勤于动脑、善于动脑的意识。
2. 培养相互配合、团结协作的精神。

 ## 任务引入

谐振在电子和无线电技术中应用极为广泛，如收音机的调谐回路利用谐振使某一个电台的信号放大到许多倍从而被检出，电视机的中频抑制回路利用谐振吸收中频干扰信号，而在电子整流器中利用谐振产生很大的电流，激发日光灯管发光。

现在手头有电容、电感、电阻、示波器等仪器仪表若干，除电感量未知之外，其他元件的参数均为已知。现在假设你是工厂里的一名工程师，如何利用现有的条件，测试出电感的参数呢？

 ## 相关知识

（一）串联谐振

1. 串联谐振概念

所谓串联谐振是指在含有 RLC 的串联电路中，端口上出现电压与电流同相位的现象，这种情况称为谐振。

2. 产生谐振的条件

图 3-35 所示为一 RLC 串联电路。

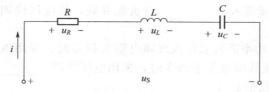

图 3-35　串联谐振电路

在正弦电压作用下，该电路的复阻抗为

$$Z = R + j\left(\omega L - \frac{1}{\omega C}\right) = R + j(X_L - X_C) = |Z| \angle \varphi$$

其中

$$\varphi = \arctan\frac{X_L - X_C}{R}$$

当 φ 等于零时，也即电路中电压与电流同相位时，电路发生谐振，此时有

$$X_L - X_C = 0 \rightarrow \omega L - \frac{1}{\omega C} = 0$$

或者

$$\omega L = \frac{1}{\omega C} \tag{3-44}$$

这就是串联电路产生谐振的条件：感抗等于容抗。

从式(3-44)可见，谐振的发生不仅与 L 和 C 有关，还和交流电源的角频率 ω 有关，因此通过改变 L 或 C 或 ω 的方法，都可以使电路发生谐振，这称为调谐。

3. 串联谐振电路的特征

① 阻抗。谐振时电路的总复阻抗是实数（即为纯电阻），且阻抗大小为

$$|Z| = \sqrt{R^2 + \left(\omega L - \frac{1}{\omega C}\right)^2} = R \tag{3-45}$$

故谐振时，阻抗值为 R 且是最小。

② 谐振频率。若在电路发生谐振时其角频率为 ω_0，由于 $\omega_0 L - \frac{1}{\omega_0 C} = 0$，故

$$\omega_0 = \frac{1}{\sqrt{LC}} \tag{3-46}$$

ω_0 称为电路的固有角频率，相对应的固有谐振频率为

$$f_0 = \frac{1}{2\pi\sqrt{LC}} \tag{3-47}$$

即谐振频率仅与 L、C 有关。

③ 特性阻抗 ρ 和品质因数 Q。电路发生谐振时的感抗和容抗称为特性阻抗 ρ，即

$$\rho = \omega_0 L = \frac{1}{\omega_0 C} = \sqrt{\frac{L}{C}} \tag{3-48}$$

可见，特性阻抗 ρ 是衡量串联谐振电路特性的重要参数，其数值仅与串联谐振电路的参数 L 和 C 有关。

电路的品质因数 Q 是反映谐振电路的选择性能好坏的指标，它的计算关系为

$$Q = \frac{\rho}{R} = \frac{\omega_0 L}{R} = \frac{1}{\omega_0 CR} = \frac{1}{R}\sqrt{\frac{L}{C}} \tag{3-49}$$

由式(3-47)可以看出，Q 值也仅与电路参数 R、L 和 C 有关。分析可知，在电路发生串联谐振时，电感电压与电容电压存在数值相等，而相位相反的现象，且其大小是电源电压的 Q 倍。由于串联谐振时有 $u_{L0} = u_{C0} = Qu_S$，如果存在 $Q \gg 1$，则电感电压和电容电压将会远大于电源电压，故串联谐振又称为电压谐振。

④ 谐振时电路中的电流最大，且与外加电源电压同相。若外加电源电压一定时，谐振阻抗最小，那么在电源电压 u_S 一定时，谐振电流取得最大值为

$$I_0 = \frac{u_S}{R} \tag{3-50}$$

因串联谐振时，存在电感电压与电容电压等值反相特点，故 LC 串联部分电压和为零，对外电路相当于短路。

⑤ 发生谐振时，由于感抗和容抗相等，故感性无功与容性无功也相等，电路的无功功率为 0，说明电感和电容之间有能量交换且达到完全补偿，不与电源进行能量的交换，所以电源提供的能量全部消耗在电阻上。

在上面的任务引入中，所提出的问题即可利用串联谐振原理解决。搭建串联谐振电路，调整信号发生器的频率使电路发生串联谐振，串联谐振时回路总电压的波形与电阻上的电压波形同相，利用示波器测出此时的谐振频率，即可用式(3-44)算出电感量。

在电力系统中，电源电压是比较高的，如果电路发生谐振，就会产生过高的电压，从而造成电气设备的损坏甚至发生危险，因此应避免电路出现谐振现象。而在无线电技术中，由于信号很弱，为得到所需要的信号，往往借助谐振来获得较高的信号电压，从

而将有用信号分离出来。如收音机的调谐（调台）通常是利用电容的改变使电路在所选电台的频率处发生谐振，从而使所选电台的微弱信号得到大幅度的放大，而其他电台的信号却得到抑制。

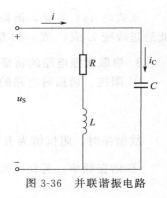

图 3-36 并联谐振电路

（二）并联谐振

所谓的并联谐振电路是指由电感线圈与电容器并联而构成的回路，其中的 R 为线圈本身的电阻，电容的损耗很小可以忽略。其电路如图 3-36 所示。

1. 产生谐振的条件

对于图 3-36 所示电路，其复导纳为

$$Y = \frac{1}{R+\mathrm{j}\omega L} + \mathrm{j}\omega C = \frac{R}{R^2+(\omega L)^2} + \mathrm{j}\left[-\frac{\omega L}{R^2+(\omega L)^2} + \omega C\right]$$
$$= G + \mathrm{j}(-B_L + B_C) = G + \mathrm{j}B = |Y|\angle\varphi' \tag{3-51}$$

式中，$|Y| = \sqrt{G^2 + B^2}$

$$\varphi' = \arctan\left(\frac{B}{G}\right)$$

当电路发生谐振时，导纳的虚部为零，即 $B=0$，$B_L=B_C$，$\varphi'=0$ 时，端口电压 $\dot{U}$ 与回路总电路 $\dot{I}$ 相同，电路呈纯阻性。因此电路发生谐振的条件是 $B=0$，由（3-51）式可得到

$$\left[-\frac{\omega L}{R^2+(\omega L)^2} + \omega C\right] = 0$$

由此可解得当电路发生谐振时

$$\omega_0 = \sqrt{\frac{1}{LC} - \frac{R^2}{L^2}} = \frac{1}{\sqrt{LC}}\sqrt{1 - \frac{CR^2}{L}} \tag{3-52}$$

或

$$f_0 = \frac{1}{2\pi}\sqrt{\frac{1}{LC} - \frac{R^2}{L^2}} = \frac{1}{2\pi\sqrt{LC}}\sqrt{1 - \frac{CR^2}{L}} \tag{3-53}$$

如果电路参数选定后，改变电源的频率，电路能否发生谐振，则要由式（3-52）中的根号内的值来决定。

如果 $1-\frac{CR^2}{L}>0$，即 $R<\sqrt{\frac{L}{C}}$ 时，ω_0 是实数，电路的谐振频率也存在，因此电路是可能发生谐振的；

如果 $1-\frac{CR^2}{L}<0$，即 $R>\sqrt{\frac{L}{C}}$ 时，ω_0 是虚数，电路就不可能发生谐振。

在实际应用中，由于 R 为线圈的电阻一般都比较小，大多能满足 $R\ll\omega_0 L$ 或者 $\frac{R^2}{L^2}\ll\frac{1}{LC}$，因此

$$\omega_0 \approx \frac{1}{\sqrt{LC}} \tag{3-54}$$

$$f_0 \approx \frac{1}{2\pi\sqrt{LC}} \tag{3-55}$$

这与串联谐振频率近似相等。

2. 并联谐振电路的特征

① 电路发生谐振时，电路阻抗呈纯阻性，且导纳为最小。当电路发生谐振时，$B=0$，则 $|Y|=G$ 且为最小。此时电路阻抗为

$$Z_0 = \frac{1}{G} = \frac{R^2+(\omega_0 L)^2}{R}$$

将式(3-54)代入上式可得

$$Z_0 = \frac{1}{G} = \frac{L}{RC} \tag{3-56}$$

上式表明，当电路发生谐振时，电路的等效阻抗最大，等效导纳最小，且仅由电路的参数决定，与外加电源频率无关。

② 谐振时 LC 并联部分电流为零，对外电路相当于开路。由图 3-36 得各支路电流为

$$I_L = \frac{U}{\sqrt{R^2+(\omega_0 L)^2}}, \text{当 } R \ll \omega_0 L \text{ 时}, I_L \approx \frac{U}{\omega_0 L} \quad I_C = U\omega_0 C$$

因此当谐振时，$\dot{I}_{LC} = \dot{I}_L + \dot{I}_C = j\left(\omega_0 C - \frac{1}{\omega_0 L}\right)\dot{U} = 0$

电路总电流为

$$I = I_0 = UG = \frac{UR}{R^2+(\omega_0 L)^2}$$

这个电流与电压是同相的，当 $R \ll \omega_0 L$ 时，$\frac{1}{\omega_0 L} \approx \omega_0 C \gg G$，故可得到 $I_L \approx I_C \gg I_0$，即在谐振时两并联支路的电流近似相等，并且比总电流大许多，因此并联谐振又称为电流谐振，此时电路中的总电流为最小。

③ 在外加电流源不变的条件下，并联谐振时回路端电压最大。并联谐振时，电路的特性阻抗与串联谐振电路的特性阻抗是一样的，为

$$\rho = \sqrt{\frac{L}{C}} \tag{3-57}$$

并联谐振时的品质因数 Q 定义为谐振时的容纳（或感纳）与输入电导 G 的比值，即

$$Q = \frac{\omega_0 C}{G} = \frac{\omega_0 C}{\frac{RC}{L}} = \frac{\omega_0 L}{R} = \frac{1}{R}\sqrt{\frac{L}{C}} = \frac{\rho}{R} \tag{3-58}$$

谐振时支路电流与 Q 的关系如下

$$Q = \frac{\omega_0 C}{G} = \frac{\omega_0 CU}{GU} = \frac{I_C}{I_0} \tag{3-59}$$

可见，支路电流 I_C 或 I_L 是总电流的 Q 倍。

并联谐振阻抗与品质因数的关系为

$$Z_0 = \frac{L}{RC} = \frac{1}{R}\sqrt{\frac{L}{C}}\sqrt{\frac{L}{C}} = Q\sqrt{\frac{L}{C}} = Q\rho \tag{3-60}$$

任务实施

第一步：设计 RLC 串联谐振电路

RLC 串联谐振电路如图 3-37 所示。信号发生器输出一定幅度的交流信号，其频率可变。利用示波器和交流毫伏表观测电路谐振前后的波形和电压数值。

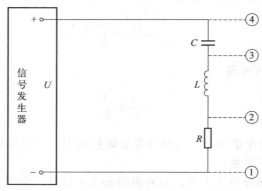

图 3-37　RLC 串联谐振电路

第二步：准备元器件和仪表，并搭建电路

RLC 串联谐振电路所需元器件及仪表清单见表 3-9。

表 3-9　RLC 串联谐振电路所需元器件及仪表清单

器件名称	型号或参数	数量	器件名称	型号或参数	数量
信号发生器	DG1022	1	连接导线		若干
数字示波器	DS1052E	1	电阻	510Ω，1.5kΩ	1
电容	3μF	1	电感	30mH	1
交流毫伏表	DA-16D	1			

在电工胶木板或者网孔板上安装上述电气元件，注意器件的平面布置一定要合理且符合安全规范，并方便接线。按照图 3-37 所示接好电路。或者利用电工实验箱找到相关元器件并插线即可。

第三步：信号发生器的使用训练

下面以常用的 DG1022 双通道/任意函数发生器为例介绍其使用方法。

（1）用户界面　DG1022 双通道/任意函数发生器提供了 3 种界面显示模式，单通道常规模式、单通道图形模式及双通道常规模式。这 3 种模式可通过前面板左侧的 View 按键切换，如图 3-38～图 3-40 所示。用户可通过 CH1/CH2 来切换活动通道，以便于设定每通道的参数及观察、比较波形。

（2）数字输入的使用　如图 3-41 所示，在前面板上有两组按键，分别是左右方向键和旋钮键及数字键盘。

① 使用数字键盘，用于波形参数的设置，直接改变参数值的大小。

② 使用左右方向键，用于数值不同数位的切换。使用旋钮，用于改变波形参数的某一数位数值的大小，旋钮的输入范围是 0～9，旋钮顺时针旋一格，数值增 1。

图 3-38 单通道常规显示模式

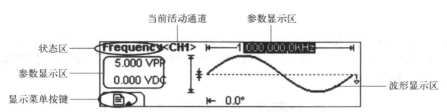

图 3-39 单通道图形显示模式

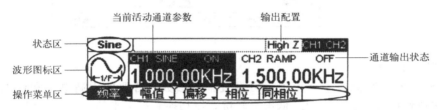

图 3-40 双通道常规显示模式

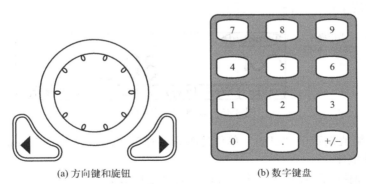

(a) 方向键和旋钮　　(b) 数字键盘

图 3-41 前面板的数字输入

(3) 波形设置　如图 3-42 所示，在操作面板左侧下方有一系列带有波形显示的按钮，它们分别是正弦波、方波、锯齿波、脉冲波、噪声波、任意波，以及两个常用按键：通道选择和视图切换键。下面介绍正弦波的设置，其他波形的设置可仿照正弦波的设置方法。

图 3-42 波形选择按键

按下 Sine 按键，在常规显示模式下，正弦波的参数值设置显示界面如图 3-43 所示。通过使用正弦波的操作菜单，可对正弦波的输出波形参数进行设置。

① 设置输出频率/周期。

a. 按 Sine→频率/周期→频率，可设置频率参数，若要设置波形周期，则再次按频率/周期键，可切换到周期软键。

图 3-43　正弦波参数值设置显示界面

b. 输入所需频率值。使用数字键盘，直接输入所选参数，然后选择频率所需单位，按下所需单位的软键即可。也可以使用左右键选择所需修改的参数值的数位，使用旋钮改变该数位置的大小。如图 3-44 所示。

图 3-44　设置频率的参数值

② 设置输出幅值。

a. 按 Sine→幅值/高电平→幅值，可设置幅值参数，若要使用高电平和低电平设置幅值，可再次按幅值/高电平或偏移/低电平软键，以切换到高电平和低电平软键。

b. 输入所需幅值。使用数字键盘或旋钮，输入所需参数值，然后按下对应所需单位软键，选择所需幅值单位。如图 3-45 所示。

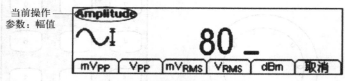

图 3-45　设置幅度的参数值

提示说明：幅值设置中"dBm"单位选项只有在输出阻抗设置为 50Ω 时才会出现。

③ 设置偏移电压。

a. 按 Sine→偏移/低电平→偏移，可设置偏移电压参数值。

b. 输入所需的偏移电压值。使用数字键盘或旋钮，输入所需参数值，然后按下对应所需单位软键，选择所需偏移电压值单位。如图 3-46 所示。

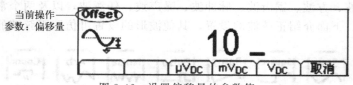

图 3-46　设置偏移量的参数值

④ 设置起始相位。

a. 按 Sine→相位，可设置起始相位参数值。

b. 输入所需起始相位值。使用数字键盘或旋钮，输入所需参数值，然后按下对应所需单位软键,选择所需起始相位单位。如图 3-47 所示。

图 3-47 设置相位的参数值

注意:在波形设置完毕后,还要按下对应通道的 output 键使其输出。

(4) 训练任务 试用信号发生器输出一频率为 175kHz、有效值为 5V、初相为 0°的正弦波,并用示波器观察其参数是否达到要求。

第四步:测试 RLC 串联谐振的谐振点

将信号发生器的输出电压调至一定的电压值并保持不变,将示波器的通道 1 探头接在④上,通道 2 的探头接在②上,两个探头的接地夹子均接在①上,同时将交流毫伏表接在电阻 R 两端。调节信号发生器输出电压的频率由小逐渐变大(注意维持其输出幅值不变),两通道的波形相位差为零时(两波形重合)的频率值即为电路的谐振频率 f_0,此时交流毫伏表上显示的电压为最大值。用毫伏表分别测得各元件上的电压 U_L、U_R、U_C 数据,并将其记录到表 3-10 中。改变电阻 R 的值,重复上述测试,并记录数据于表 3-10 中。根据所记录数据计算在不同 R 值时的谐振电流 I_0 和品质因数 Q。改变电阻值,将上述数据重新测量一次,并记录之。

表 3-10 RLC 串联谐振点测量数据

顺序		测量值				计算值	
		f_0	U_R	U_C	U_L	I_0	Q
1	R=						
2	R=						

第五步:测量谐振曲线

保持输入电压不变,改变信号发生器输出信号频率,以谐振频率为中心,选取不同频率,用交流毫伏表分别测量电阻 R、电感 L 和电容 C 两端的电压 U_R、U_L、U_C 并记录于表 3-11 中。根据所记录的数据,计算出各测试点所对应的电压值,并绘制电压与频率的谐振曲线。

表 3-11 RLC 串联谐振曲线测量数据

序号		1	2	3	4	5	6	7	8
改变 f									
测量值	U_R								
	U_C								
	U_L								

第六步:实施过程回顾

在任务完成之后,请总结:

① 信号发生器的使用，怎样输出一个幅值和频率可调的正弦波。
② 在示波器上如何得到谐振点？
③ 上述实训是通过改变信号频率使电路发生谐振，那么还可以改变何种参数使得电路发生谐振？

任务测评

本任务主要内容是串联谐振电路的搭建与测试。技能训练主要有两个方面的内容，一是电路的设计与搭建，二是信号发生器、示波器和交流毫伏表等的使用。在电路的设计与搭建时，可以采用不同的形式。一种形式是在电工胶木板（或网孔板）上将电路元器件固定好，然后布线。另外一种是利用电工实验箱，元器件已经安装好，布线插接即可。教师可以事先演示电路的搭建方法，以及信号发生器、交流毫伏表、示波器的使用方法。将示波器探头的探钩与地线夹子按照图示位置分别接在电阻两端和电源两端。由于示波器输入信号须为电压，而电阻两端的电压和电流同相位，由此可间接测得回路电流的相位。电阻两端接好线后，进行通电测试，示波器要预先进行功能检查和探头衰减系数设置，衰减系数须设置为 $10\times$。在任务实施时，教师须提醒学生注意以下事项（评分标准）。

① 示波器在接入之前一定要进行功能检查和探头衰减系数设置，衰减系数必须设置为 $10\times$，否则屏幕上不能显示完整的波形。衰减系数设置不正确者，扣 10 分。

② 信号发生器在调整好波形的频率和幅值后，须按下输出按钮。可先根据 RLC 的参数计算出谐振频率，设定信号输出频率，然后利用方向键和旋钮进行频率调整，直至两波形重合。得到谐振频率，应在频率的计算值附近。信号输出频率调整不正确者，扣 10 分。

③ 频率谐振曲线应为类似于正态分布的曲线，但比较陡峭。谐振点处为电压的最大值，然后在谐振点两侧电压或者电流下降速度较快。曲线绘制不正确者，扣 10 分。

④ 注意谐振时的电流和品质因数是根据测得的电压、阻值计算得到的，属于间接测量。电流和品质因数测得结果不正确者，扣 10 分。

⑤ 测量非工频交流电电压有效值需用交流毫伏表或者用示波器，不能用万用表电压挡。测量仪器使用不正确者，扣 10 分。

⑥ 谐振曲线的横坐标为频率，纵坐标为电阻电压、电感电压（或电容电压）。坐标标示错误者，扣 10 分。

教师在测评时，根据以上注意事项进行综合评分。

知识拓展——谐振在电子整流器电路中的应用

图 3-48 所示为电子整流器的工作原理图，将 220V 的交流电直接整流得到直流电，再用三极管 13001 和 13003 的高压管产生高频振荡，振荡后的高频电压通过一个串联谐振电路，谐振时电容两端有很高的电压。灯丝分别串联在电容两端，只有电路谐振时，灯丝与灯丝之间才有很高的高频电压，才能使灯管点亮。

该电路由整流滤波电路、启动电路、高频振荡电路、半桥逆变电路以及 LC 串联谐振输出电路五部分构成。

LC 串联谐振输出电路由电感 L_1 和 C_4 组成。VT_1、VT_2 产生的高频振荡方波由 L_1 加给负载作激励源。灯管点亮前，由 L_1、C_4 形成很大的谐振电流，并流过灯丝，使管内氢气电离，进而使水银变成水银蒸汽，C_4 两端的谐振高电压又使水银蒸汽形成弧光放电，激发管壁荧光粉发光。灯管点亮后，相当于给 LC 串联电路加上一个电阻，这样 LC 串联谐振电路就不再满足谐振条件，此时 C_4 两端电压较低，基本上不起作用，此时 L_1 则起阻流作用，限制流过灯管的电流。

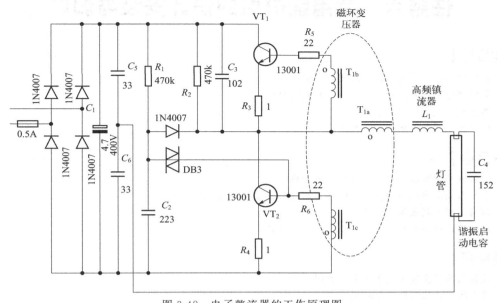

图 3-48　电子整流器的工作原理图

习题

1. 填空题

（1）所谓串联谐振是指在含有 RLC 的串联电路中，端口上出现电压与电流_____的现象，这种情况称为谐振。

（2）串联电路产生谐振的条件：_____。

（3）谐振的发生不仅与 L 和 C 有关，还和交流电源的角频率 ω 有关，因此通过改变 L 或 C 或 ω 的方法，都可以使电路发生谐振，这称为_____。

（4）串联谐振时，阻抗值为_____且是_____。

（5）电路发生串联谐振时的感抗和容抗称为_____。

（6）电路发生串联谐振时，电路的有功功率最大，无功功率为 0，即电源供给的能量全部消耗在_____上。

（7）串联谐振又称为电压谐振，电感电压和电容电压远大于_____；并联谐振又称为电流谐振，此时电路中的总电流为_____。

（8）电路的_____是反映电路选择性能好坏的指标，仅与电路参数有关。

（9）在电力系统中，_____是比较高的，如果电路发生谐振，就会产生过高的电压，从而造成电气设备的损坏甚至发生危险，因此应避免电路出现谐振现象。

（10）在无线电技术中，由于信号很弱，为得到所需要的信号，往往借助_____来获得较高的信号电压，从而将有用信号分离出来。

2. RLC 串联电路连接在电压为 $u_S = \sqrt{2}\cos\omega t$ V 的电压源上，试分析：

（1）如果电阻 $R = 10\Omega$，电感 $L = 20\text{mH}$，调整电容值 $C = 200\mu\text{F}$ 时，电路发生谐振，试计算谐振角频率、谐振时电路的电流、电感电压、电容电压等数值以及品质因数。

（2）如果电压源角频率调整为两倍谐振角频率，调整电容值 C 使电路再发生谐振，计算电路再次发生谐振时的电容值、电路电流、电感电压、电容电压等数值及品质因数。

任务六　家用配电板的设计安装与调试

【技能目标】
1. 能根据要求设计完整的家庭照明电路。
2. 能根据电路图安装各种低压电器和照明设备。
3. 能正确完成单相电能表的接线。
4. 能画出家用配电板原理接线图。

【知识目标】
1. 安装家用配电板电路时注重培养安全意识。
2. 了解家用配电板电路安装应配备的器材和所需用的电工工具。
3. 理解单相电能表的工作原理。
4. 掌握单相电能表的计量方法以及安装接线方法。

【素质目标】
1. 培养按照安全规范施工作业的意识。
2. 培养团结协作制作设备的能力。

任务引入

家用配电板（箱）是挂在家庭户外的配电设备，用以计量和分配电能之用，典型的照明配电箱如图 3-49 所示。对配电板（箱）进行安装、接线和检修是电工的一项基本技能。假设你是某家供电公司的一名电工，现需要对一住宅小区的居民用户安装配电箱，那么你应该如何做呢？

相关知识

电能表是用来计量某一段时间内负载消耗电能多少的仪表，俗称电度表、火表或电表。它不仅能反映负载消耗的功率大小，而且还能反映出电能随时间增长积累的总和，当电能表消耗了 1kW·h 的电能时，即消耗了 1 度电。在工农业生产中，无论是发电厂、供电部门还是生产用户以及家庭用户，都需要进行电能的计量，所以电能表的应用也是极为广泛的。

图 3-49　家用配电箱外形

（一）电能表概述

1. 电能表的分类

根据电能表的用途、结构形式、工作原理、准确度等级、测量对象以及所接的电源性质和接入方式、付款方式的不同，可将电能表分成若干类别。

根据其用途，一般将电能表分为测量用电能表和标准电能表两大类。测量用电能表又可分成以下不同的类别。

① 按其结构和工作原理的不同可分为感应式（机械式）、静止式（电子式）和机电一体式（混合式）。

② 根据接入电源的性质可分为交流电能表和直流电能表。

③ 按其准确度等级一般分为 3 级、2 级、1 级、0.5 级等不同等级的电能表。随着静止式电能表制造工艺及电子组件质量的提高，近年来又增加了 0.55 级和 0.25 级静止式电能表。

④ 按照表的安装、接线方式又可分为直接接入式和间接接入式（经互感器接入式）。其中，又有单相、三相三线、三相四线电能表之分。

⑤ 按平均寿命的长短，单相感应式电能表又分为普通型和长寿命技术电能表。长寿命技术电能表是指平均寿命为 20 年及以上，且平均寿命的统计分布服从指数分布规律的测量频率为 50Hz（或 60Hz）的感应式电能表，通常用于装配量大而用电量较小的单相供用电量的计量。

⑥ 根据付款方式的不同还分为投币式、磁卡式、电卡式（IC 卡）等预付费电能表。预付费电能表就是一种用户必须先买电，然后才能用电的特殊电能表，安装预付费电能表的用户必须先持卡到供电部门售电机上购电，将购得电量存入 IC 卡中，当 IC 卡插入预付费电能表时，电能表可显示购电数量，购电过程即告完成。预付费电能表不需要人工抄表，有效地解决了抄表难的问题。

2. 电能表的型号和名称

（1）电能表的型号　电能表的型号一般由五部分组成，各部分意义如下。

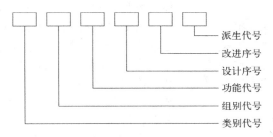

类别代号：一般电能表的类别代号均为 D。

组别代号：A 代表安培小时计，B 代表标准，D 代表单相电能表，F 代表伏特小时计，J 代表直流，S 代表三相三线，T 代表三相四线，X 代表无功。

功能代号：F 代表分时计费，S 代表电子式，Y 代表预付费式，D 代表多功能，M 代表脉冲式，Z 代表最大需量。

设计序号：一般用数字表示。

改进序号：一般用汉语拼音字母表示。

派生代号：T 代表湿热、干热两用，TH 代表湿热专用，TA 代表干热专用；G 代表高原用，H 代表船用，F 代表化工防腐。

（2）常用电能表的型号及意义　目前，电能表的形式及功能是多种多样的，各厂家在型号命名上也不尽完全相同，普通有功电能表只用两个字母表示其功能和用途。有特殊功能或电子式的电能表多用三个字母表示其功能和用途。举例如下：

① DD28 表示单相电能表。第一个字母 D 表示电能表，第二个字母 D 表示单相，28 为设计序号。

② DS862 表示三相三线有功电能表。第一个字母 D 表示电能表，第二个字母 S 表示三相三线，86 为设计序号，2 为改进序号。

③ DT862 表示三相四线有功电能表。D 表示电能表，T 表示三相四线，86 为设计序号，2 表示改进序号。

④ DJ 表示直流电能表。D 表示电能表，J 表示直流。
⑤ DB 表示标准电能表。D 表示电能表，B 表示标准。
⑥ DZ 表示最大需量电能表。D 表示电能表，Z 表示最大需量。
⑦ DBS 表示三相三线标准电能表。D 表示电能表，B 表示标准，S 表示三相三线。
⑧ DBT 表示三相四线标准电能表。D 表示电能表，B 表示标准，T 表示三相四线。
⑨ DX8 表示无功电能表。D 表示电能表，X 表示无功，8 为设计序号。
⑩ DTM31 表示三相四线脉冲电能表，D 表示电能表，T 表示三相四线，M 表示脉冲，31 为设计序号。
⑪ DTD18 表示三相四线有功多功能电能表。D 表示电能表，T 表示三相四线，D 表示多功能，18 为设计序号。

（二）单相电能表的结构及工作原理

1. 单相电能表的结构

感应式电能表的型号、规格虽然很多，且各有不同，但它们的基本结构及工作原理都很相似。单相感应式电能表的结构如图 3-50 所示。

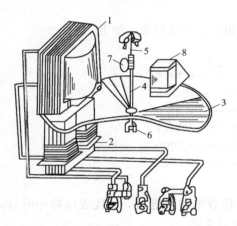

图 3-50　单相感应式电能表的结构
1—电压组件；2—电流组件；3—铝制圆盘；4—转轴；5—上轴承；6—下轴承；7—计度器；8—制动磁铁

三相与单相感应式电能表在结构上的不同点是电磁组件和铝制圆盘个数不等，因而基架、底座、外壳等都存在一定的差异，但其转动原理都完全一样，由测量机构和辅组件两大部分组成。测量机构是电能表的核心部分，它包括以下五部分。

① 驱动部分，也称驱动组件。它由电压组件 1 和电流组件 2 组成。其作用是产生驱动磁场，并与圆盘相互作用产生驱动力矩，使电能表的转动部分做旋转运动。

② 转动部分。由铝制圆盘 3 和转轴 4 组成，并配以支撑转动的轴承。轴承分为上、下两部分，上轴承 5 主要起导向作用；下轴承 6 主要用来承担转动部分的全部重量，它是影响电能表准确度及使用寿命的主要部件，因此对其质量要求较高。感应式长寿命技术电能表一般采用没有直接摩擦的磁力轴承。

③ 制动部分。制动磁铁 8 由永久磁铁和磁轭组成，其作用一是在铝制圆盘转动时产生制动力矩使其匀速旋转，其次是使转速与负荷的大小成正比。

④ 积算机构。计度器 7 由蜗轮通过减速轮、字码轮把电能表铝制圆盘的转数变成与电能量相对应的指示值，其显示单位就是电能表的计量单位，有功电能表的计量单位是 kW·h，无功电能表的计量单位是 kVar·h。

⑤ 辅助部件。它包括基架、底座、表盖、端钮盒和铭牌等。

2. 感应式单相电能表的工作原理

感应式单相电能表是利用电磁感应原理工作的，其铁芯的结构如图 3-51(a) 所示，电流和磁通如图 3-51(b) 所示。

当交流电通过感应式单相电能表的电压线圈时，在电压组件铁芯中产生一个交变磁通 Φ_u，这一磁通经过伸入铝盘下部的回磁板穿过铝盘构成磁回路，并在铝盘上产生涡流 i_u。

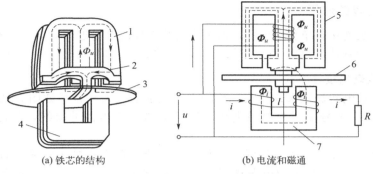

(a) 铁芯的结构   (b) 电流和磁通

图 3-51 单相电能表工作原理

1,5—电压元件铁芯；2—回磁板；3,6—铝盘；4,7—电流元件铁芯

交流电流通过电流线圈时，会在电流组件铁芯中产生一个交变磁通，这一磁通通过铁芯柱的一端穿出铝盘，又经过铁芯柱的另一端穿入铝盘，从而构成闭合的磁路。电压线圈和电流线圈产生的是两个交变磁通，这两个交变磁通及其产生的涡流相互作用，产生电磁力矩。这个电磁力矩（即转动力矩）推动铝盘转动。同时这两个磁通产生的涡流也与制动的永久磁铁产生的磁场相互作用产生制动力矩，制动力矩的大小是随铝盘转速的增大而增大的，与铝盘转速成正比。只有制动力矩与转动力矩平衡时，铝盘才能匀速转动。

图 3-52 中，Φ_u 为电压线圈产生的穿过铝盘的磁通，它与电压线圈的电压仍成正比，方向由纸面指向读者，根据右手螺旋法则可以判断出 Φ_u 产生的涡流 i_u 的方向。Φ_{i1} 和 Φ_{i2} 为电流线圈产生的磁通，其大小与电流线圈中的 i 成正比，方向如图 3-52 所示。同样，可以判断出 Φ_{i1} 和 Φ_{i2} 产生的涡流 i_1 和 i_2 方向，如图 3-52 所示。

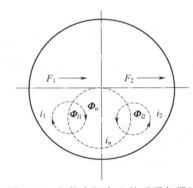

图 3-52 电能表铝盘上的磁通与涡流

铝盘的转速与负载的功率成正比，负载功率越大，铝盘转速越快

$$P = Cn \tag{3-61}$$

式中　P——负载功率；
　　　n——铝盘的转速；
　　　C——比例常数。

如果转动时间为 T，且保持功率不变，则上式变为

$$PT = CnT \tag{3-62}$$

式中　PT——在时间 T 内消耗的电能，用 W 表示；
　　　nT——铝盘在 T 时间内的转数，用 N 表示。

则被测负载在 T 时间内所消耗的电能为

$$W = CN \tag{3-63}$$

比例常数 C 的倒数，称为电能表常数，用 A 表示，则有

$$A = 1/C = N/W \tag{3-64}$$

电能表常数 A 是电能表的一个重要参数，它表示每千瓦时（kW·h）对应铝盘转数，通常标注在电能表的铭牌上。

（三）单相电能表的使用

直接将电能表连接在单相电路中，对单相负载消耗的电能进行测量，这种接线方式称为直入式接线。单相有功电能表直入式接线一般分为跳入式和顺入式两种类型。

1. 单相电能表的接线方式

（1）单相有功电能表跳入式接线　单相有功电能表跳入式接线如图 3-53 所示。接线特点是，电能表的 1、3 号端子为电源进线，2、4 号端子为电源的出线，并且与开关、熔断器、负载连接。

（2）单相有功电能表顺入式接线　单相有功电能表顺入式接线如图 3-54 所示。接线特点是，电能表的 1、2 号端子为电源进线，3、4 号端子为电源的出线，并且与开关、熔断器、负载连接。

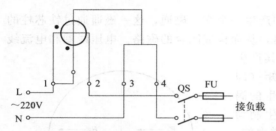
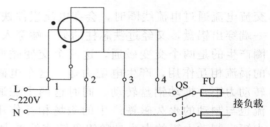

图 3-53　单相有功电能表跳入式接线图　　　图 3-54　单相有功电能表顺入式接线图

2. 正确读数

① 如果电能表直接接入被测电路中，可以从电能表上直接读得实际的用电量。

② 如果电能表经电流互感器接入被测电路中，则实际电能量按式（3-65）计算：

$$W = KW_0 \tag{3-65}$$

式中　W_0——电能表的读数，$kW \cdot h$；

　　　K——电流互感器的变比。

有些电能表上标有"$10 \times kW \cdot h$""$100 \times kW \cdot h$"字样，表示应将电能表的读数乘以 10 或 100 才是实际的电能。

3. 电能表的技术特性

（1）准确度等级　指电能表的基本误差。国家标准规定有功电能表准确度有 1.0 级和 2.0 级两个等级。国家标准中规定在额定电压、额定频率及 $\cos\varphi = 1$ 的条件下，1.0 级三相电能表工作 5000h，其他电能表工作 3000h 后，其基本误差仍应符合原来准确度等级的要求。单相电能表的基本误差见表 3-12。

表 3-12　单相电能表的基本误差

负载电流（额定电流的百分数）/%	功率因数 $\cos\varphi$	基本误差/%	
		1.0 级	2.0 级
5	1	±1.5	±2.5
10——额定最大电流	1	±1.0	±2.0
10	0.5	±1.5	±3.0
20——额定最大电流	0.5	±1.0	±2.0

（2）灵敏度　电能表在额定电压、额定频率及 $\cos\varphi=1$ 的条件下，负载电流从零开始增加，直至铝制圆盘转动，此时最小电流与额定电流的百分比，叫作电能表的灵敏度。国家标准规定，这个电流不能大于额定电流的 0.5%，如 5A、2.0 级的电能表，该电流不大于 0.025A，在 220V 的线路上，其功率相当于 6W。电能表灵敏度的规定值见表 3-13。

表 3-13　电能表灵敏度的规定值

准确度等级	0.5	1.0	2.0	3.0
额定电流百分数规定值/%	0.3	0.5	0.5	1.0

（3）潜动　指在负载电流为零时，电能表的铝制圆盘仍稍有转动的现象。按照规定，当电能表的电流线圈中无电流，且加在电压线圈上的电压为额定值的 80%～110% 时，在限定的时间内，铝制圆盘转动不应超过一整转。

（4）功率消耗　当电能表电流线圈中无电流时，在额定电压和额定频率下，其电压线圈消耗的功率不应超过 1.5～3W。

任务实施

第一步：家用配电板的电路设计

以小组形式合作完成家用配电板的电路设计。设计时请参考图 3-55，并在其基础上完善，要求电气符号规范、电路设计正确、书面简洁。选择导线的直径时，应根据家庭负荷电流的大小来确定，故首先应掌握负荷电流的计算。

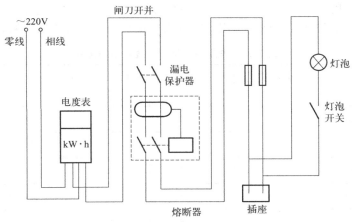

图 3-55　家用配电板电路原理接线图

（1）分支负荷电流的计算　住宅用电负荷与各分支线路负荷紧密相关。线路负荷的类型不同，其负荷电流的计算方法也不同。线路负荷一般分为纯电阻性负荷和感性负荷两类。

① 纯电阻性负荷。纯电阻性负荷如白炽灯、电热器等，其电流可按下式计算

$$电流(\text{A})=\frac{功率(\text{W})}{电压(\text{V})}$$

例：一只额定电压 220V，功率为 1000W 的电炉，其电流为 1000W/220V≈4.55A。

② 感性负荷。感性负荷如日光灯、电视机、洗衣机等。日光灯的负荷电流可按下式计算

$$电流(A) = \frac{功率(W)}{电压(V) \times 功率因数 \cos\varphi}$$

上式中的功率是指整个日光灯用电器具的负荷功率，而不是其中某一部分的负荷功率。日光灯的负荷功率，等于灯管的额定功率与镇流器消耗功率之和。当日光灯没有电容器补偿时，其功率因数可取 0.5~0.6，有电容器补偿时，可取 0.85~0.9。

③ 单相电动机。如洗衣机、电冰箱等含单相电动机的用电负荷，负荷电流可按下式计算

$$电流(A) = \frac{功率(W)}{电压(V) \times 功率因数 \times 效率}$$

单相电动机的负荷功率应按输入功率计算，如洗衣机的负荷功率，等于整个洗衣机的输入功率，包括电动机的输出功率和铁芯及线圈损耗的功率部分，而不仅指洗衣机中电动机的输出功率。如果电动机铭牌上无功率因数和效率数据可查，则电动机的功率因数和效率都可取 0.75。

例如：一台单相吹风电动机，功率为 750W，正常工作时，它自电源吸取的电流为 $\frac{750}{220 \times 0.75 \times 0.75} = 6.06(A)$。

(2) 家庭用电总负荷电流的计算　家庭用电总负荷电流不等于所有用电设备电流之和，而是要考虑这些用电设备的同时用电率，总负荷电流的计算公式为

总负荷电流＝用电量最大的一台家用电器的额定电流＋同时用电率×其余用电设备的额定电流之和

一般家庭同时用电率可取 0.5~0.8，家用电器越多，此值取得越小。

(3) 家庭用电量和设置规格的选用　家庭用电量和设置规格的选用见表 3-14。

表 3-14　家庭用电量和设置规格的选用

套型	使用面积 /m²	用电负荷 /kW	计算电流 /A	进线总开关脱扣器额定电流/A	电度表容量 /A	进户线规格 /(mm×mm)
一类	50 以下	5	20.20	25	10(40)	BV-3×4
二类	50~70	6	25.30	30	10(40)	BV-3×6
三类	75~80	7	35.25	40	10(40)	BV-3×10
四类	85~90	9	45.45	50	15(60)	BV-3×16
五类	100	11	55.56	60	15(60)	BV-3×16

第二步：家用配电板的布局设计

配电板的电气元件布局首先要满足整齐、对称、整洁、美观等原则。其布局设计参看图 3-56。室外交流电源线通过进户装置进入室内，再通过电能表和配电装置才能将电能送至用电设备。配电装置一般由控制开关、过载及短路保护电器等组成，容量较大的还装有隔离开关。将电能表、控制开关、短路和过载保护电器均安装在同一块配电板上。

第三步：家用配电板的安装接线

(1) 制作家用配电板所需工具与材料　制作家用配电板所需元器件与仪表清单见表 3-15。

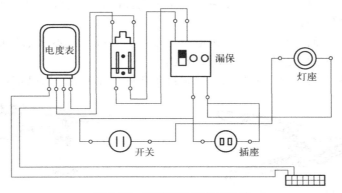

图 3-56　家用配电板布局设计

表 3-15　制作家用配电板所需元器件与仪表清单

器件名称	型号或参数	数量	器件名称	型号或参数	数量
漏电保护开关	DZ47LE 2P	1	墙壁插座		1
白炽灯泡	60W，螺口	1	墙壁开关		1
螺口平灯座	250V/0.3A	1	闸刀开关	HK1220V/15A	1
单相电能表	DD282	1	导轨	短	1
起子	一字、十字	各1	端子排	6P	1
万用表	MF47 或 MY65	1	导线	铜线，1.0mm^2	若干
电工胶木板	800mm×500mm	1	剥线钳		1

（2）制作家用配电板所需工具的使用训练

① 钢丝钳（又称为钳子）。钢丝钳（图 3-57）的用途是夹持或折断金属薄板以及切断金属丝（导线）。

② 尖嘴钳。尖嘴钳（图 3-58）的头部尖细，适用于在狭小的工作空间或带电操作低压电气设备；尖嘴钳也可用来剪断细小的金属丝。它适用于电气仪表制作或维修。

③ 电工刀。电工刀（图 3-59）适用于电工在装配维修工作中割削导线绝缘外皮，以及割削木桩和割断绳索等。

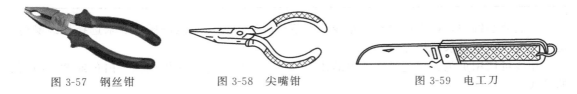

图 3-57　钢丝钳　　　　图 3-58　尖嘴钳　　　　图 3-59　电工刀

④ 螺丝刀。螺丝刀又称"起子"、螺钉旋具等，其头部形状有一字形和十字形两种，如图 3-60 所示。

(a) 一字形　　　　　　　　(b) 十字形

图 3-60　螺丝刀

⑤ 剥线钳。剥线钳（图3-61）用来剥截面积 6mm² 以下塑料或橡胶绝缘导线的绝缘层，由钳口和手柄两部分组成。

⑥ 低压验电器。低压验电器又称试电笔，是检验导线、电器和电气设备是否带电的一种常用工具。项目一中已述及，这里不再赘述。

⑦ 冲击钻。冲击钻（图3-62）是一种旋转式并带有冲击进给的电钻，一般为可调式。

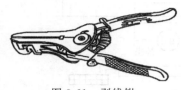

图3-61 剥线钳

图3-62 冲击钻

（3）导线的选择

① 导线颜色的选择。敷设导线时，相线 L、零线 N 和保护零线 PE 应采用不同颜色的导线。导线颜色的相关规定如表3-16 所示。

表3-16 导线的选用颜色规定

类别	颜色标志	线别	备注
一般用途导线	黄色 绿色 红色 浅蓝色	相线 L1 相 相线 L2 相 相线 L3 相 零线或中性线	A 相 B 相 C 相
保护接地（接零） 中性线（保护零线）	绿/黄双色	保护接地（接零） 中性线（保护零线）	颜色组合3∶7
二芯（供单相电源用）	红色 浅蓝色	相线 零线	
三芯（供单相电源用）	红色 浅蓝色（或白色） 绿/黄色（或黑色）	相线 零线 保护零线	
三芯（供三相电源用）	黄、绿、红色	相线	无零线
四芯（供三相四线制用）	黄、绿、红色 浅蓝色	相线 零线	

在装修装饰中，如果住户自己布线，因条件限制，往往不能按规定要求选择导线颜色，这时可遵照以下要求使用导线。

相线可使用黄色、绿色或红色中的任一种颜色，但不允许使用黑色、白色或黄/绿双色的导线。

零线可使用黑色导线，没有黑色导线时，也可用白色导线。零线不允许使用红、黄、绿三种颜色的导线。

保护零线应使用绿/黄双色的导线，如无此种颜色导线，也可用黑色的导线。但这时零线应使用浅蓝色或白色的导线，以便两者有明显的区别。保护零线不允许使用除绿/黄双色线和黑色线以外的其他颜色的导线。

② 导线截面的选择。导线的截面积以 mm² 为单位，导线的截面积越大，允许通过的安全电流就越大。在同样的使用条件下，铜导线比铝导线可以小一号。在选择导线的截面时，主要是根据导线的安全载流量来选择导线的截面。在选择导线时，还要考虑导线的机械

强度。

有些负荷小的设备，虽然选择很小的截面就能满足允许电流的要求，但还必须查看是否满足导线机械强度所允许的最小截面，如果这项要求不能满足，就要按导线机械强度所允许的最小截面重新选择。

（4）家用配电板的安装接线　首先按照布局图将电气元件用螺钉或者铝轧片固定在电工胶木板上。单相电能表的接线请注意，火线（相线）是 1 进 2 出，零线是 3 进 4 出。接线的总体要求是，横平竖直，弯成直角，少用导线少交叉，多线并拢一起走。在接线时应掌握以下接线工艺或方法。

① 导线绝缘层的剖削。

芯线截面为 $4mm^2$ 及以下的塑料硬线，其绝缘层用钢丝钳剖削，如图 3-63 所示。

芯线截面大于 $4mm^2$ 的塑料硬线，可用电工刀来剖削其绝缘层，如图 3-64 所示。

对导线连接的基本要求：

a. 接触紧密，接头电阻小，稳定性好。与同长度同截面积导线的电阻比应不大于 1。

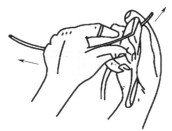

图 3-63　绝缘层用钢丝钳剖削

 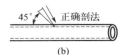 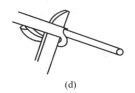

(a)　　　　　(b)　　　　　(c)　　　　　(d)

图 3-64　绝缘层用电工刀剖削

b. 接头的机械强度应不小于导线机械强度的 80%。

c. 耐腐蚀。对于铝与铝连接，采用熔焊法，主要防止残余熔剂或熔渣的化学腐蚀。对于铝与铜连接，主要防止电化学腐蚀。在接头前后，要采取措施，避免这类腐蚀的存在。

d. 接头的绝缘层强度应与导线的绝缘强度一样。

② 导线与导线的连接。

单股导线的直线连接见图 3-65。

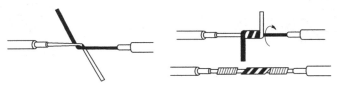

图 3-65　单股导线的直线连接

多股导线的直线连接见图 3-66。

单股导线的 T 形连接见图 3-67。

单股导线与多股导线的 T 形连接见图 3-68。

多股导线的 T 形连接见图 3-69。

③ 导线绝缘层的恢复。导线绝缘层被破坏或导线连接以后，必须恢复其绝缘性能。恢复后绝缘强度不应低于原有绝缘层的绝缘强度。可用以下绝缘带包扎方法恢复其绝缘强度（图 3-70）。

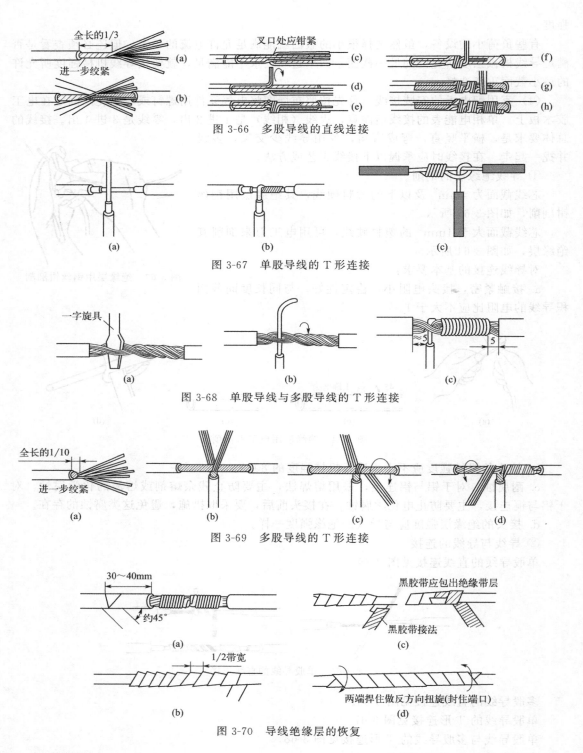

图 3-66 多股导线的直线连接

图 3-67 单股导线的 T 形连接

图 3-68 单股导线与多股导线的 T 形连接

图 3-69 多股导线的 T 形连接

图 3-70 导线绝缘层的恢复

注意事项:

a. 在 380V 线路上恢复导线绝缘时,必须先包扎 1~2 层黄蜡带,然后再包扎 1 层黑胶布。

b. 在 220V 线路上恢复导线绝缘时,先包扎 1 层黄蜡带,然后再包 1 层黑胶布,或者只包 2 层黑胶布。

 c. 绝缘带包扎时，各层之间应紧密相接，不能稀疏，更不能露出芯线。

 d. 存放绝缘带时，不可放在温度很高的地方，也不可被油类浸蚀。

第四步：家用配电板的通电调试

  检查电路接线并确认无误后，可以通电调试。调试时，需要将配电板电路垂直放置，依次合上闸刀开关、漏电保护开关与墙壁开关，则灯泡发光，电能表运转。为方便电能计算，可在插座上插入一功率较大的负载。负载通电 10min，读出电能表的走字，并将此读数和所计算出来的电能相比较。将数据填入表 3-17 中。

表 3-17 电能的计量

电能表的读数		kW·h
计算出的电能		kW·h
结论		

第五步：电能表的简易校验

  电能表运行情况是否正常，直接影响电能表的计量和收费。家庭用户中，可用实际测试的时间和理论计算的时间相比较的办法，来判断电能表的准确性。

  根据电能表的常数，可以算出转盘转一周所需的时间 t_1，即

$$t_1 = \frac{36 \times 10^5}{PN} \tag{3-66}$$

式中 t_1——理论计算出的转盘转一周所需的时间，s；

   P——测试时的负载功率，W；

   N——电能表的常数，r/kW·h。

  测试前，让电能表转盘边缘带红色（或黑色）标记的地方停于正前方。接通电路后，使用秒表开始计时，当转盘转到 20 周时，记下时间，由此计算出转盘转动一周所需的实际时间 t，并与理论计算转盘转动一周所需的时间 t_1 进行比较，t_1 可由式（3-66）计算得到。

 ① 当 $\left|\frac{t-t_1}{t_1}\right| < 2\%$ 时，可认为该电能表基本准确；

 ② 当 $t > t_1$ 时，说明电能表走得慢；

 ③ 当 $t < t_1$ 时，说明电能表走得快。

  测试时，要求负载电压与额定值相符，这样可使测试结果更趋准确。

  本任务要求测出配电板上电能表的实际时间和理论时间，填入表 3-18 中，以对电能表进行简易的校验，并得出校验结论。测试时，要求负载电压与额定值相符，这样可使测试结果更趋准确。

表 3-18 电能表的简易校验

电能表的实际时间		s
电能表的理论时间		s
结论		

第六步：实施过程回顾

  在任务完成后，应总结：

① 单相电能表的跳入式接线方法。
② 闸刀开关、单相电能表的安装注意事项。
③ 分析闸刀开关装在单相电能表后面的原因。
④ 总结家用配电板安装接线时要注意的安全规范。
⑤ 总结对单相电能表进行简易校验的方法。

任务测评

本任务主要内容是家用配电板的设计安装与调试。技能训练主要有两个方面的内容，一是电路的设计与搭建，二是单相电能表、电工工具等的使用。在电路的设计与搭建时，可在电工胶木板上将电路元器件固定好，然后布线。布线之前，应画出元器件布置图并按图将元器件固定在电工胶木板上。为了美观起见，导线应走在线槽内。闸刀开关在胶木板竖起时应手柄向上，电能表在竖起时不可颠倒或者横向放置。教师在任务实施时，须提醒学生注意以下事项（评分标准）。

① 在制作家用配电板之前，需要画好原理接线图和元器件布置图。原理图和布置图不符合要求者，扣 10 分。
② 固定好元器件后方可布线。所有导线须走在线槽内。走线时注意横平竖直，线头裸露部分不可过长，以免触电，也不可过短，以防止螺钉压在塑料上造成线路不通的情况。布线工艺不符合要求者，扣 10 分。
③ 注意开关控制火线，插座接线按照左零右火原则。不按规定接线者，扣 10 分。
④ 闸刀开关在胶木板竖起时应手柄向上。电能表在竖起时应垂直于地面放置。不按规定安装者，扣 10 分。
⑤ 在全部接好线后，经检查无误，方可通电调试。电能表走字必须将胶木板竖起并垂直于地面。不按规定安装者，扣 10 分。

教师在测评时，一看配电板的制作工艺，美观程度、布局是否合理，二看是否符合安全规范，三看电能表的测量数据是否正确。根据以上注意事项进行综合评分。

知识拓展——电能计量与自动抄表

电能计量自动抄表系统是将电能计量数据自动采集、传输和处理的系统。它克服了传统人工抄表模式的低效率和不确定性，推进了电能管理现代化的发展进程。

1. 电能计量自动抄表技术的产生背景

采用传统抄表方式人工抄取电能表数据，不可避免地存在以下问题：抄读数据存在误差，操作难以规范化，数据采集不及时，耗费人工多，成本高，效率低。为解决上述问题，近年来出现了将电能计量数据自动采集、传输和处理的电能计量自动抄表系统。

2. 电能计量自动抄表系统的构成和特点

典型的电能计量自动抄表系统主要由前端采集子系统、通信子系统和中心处理子系统三部分组成。

传感器、自动化仪表以及集成电路技术的发展，使得无论是机电脉冲式还是电子式电能表已能够较好地满足当今电能计量自动抄表技术的需要。对于机电脉冲式电能表，需在表内安装光电转换模块和相应的端口，实现反映用电量的电信号输出。这类模块和接口成本低、小巧且易于拆装，因此适于目前仍在大量使用的感应式电能表的改装。电子式电能表可直接读取其脉冲输出，有的新型电子式电能表本身安装有多种接口，适用于模拟、数字等各种通信模式。预计今后相当一段时间内，电能计量自动抄表系统的终端采集装置将以机电脉冲式电能表和电子式电能表两种仪表为主。

电能计量自动抄表技术的发展较快，开发、生产的厂家很多，在选用有关厂家的产品时，需认真调查、研究，选用较为成熟的产品，避免重复投资，从而使电能计量自动抄表技术更好地为电力系统服务。

习题

1. 填空题

(1) 相线可使用_____、_____或_____中的任一种颜色。

(2) 零线可使用_____色导线，没有时，也可用_____色导线。零线不允许使用_____、_____、_____色导线。

(3) 保护零线应使用_____双色的导线，如无此种颜色导线，也可用_____色的导线。

(4) 导线的截面积越_____，允许通过的安全电流就越_____。

(5) 导线绝缘层被破坏或导线连接以后，必须恢复其绝缘性能。恢复后_____不应低于原有绝缘层的绝缘强度。

(6) 电能表是用来计量某一段时间内_____多少的仪表，又称为"电度表"或"千瓦小时表"或电表。

(7) _____是电能表的核心部分，由五部分组成。

(8) 直接将电能表连接在_____中，对单相负载消耗的电能进行测量，这种接线方式称为直入式接线。

(9) _____是指在负载电流为零时，电能表的铝制圆盘仍稍有转动的现象。

2. 有一电能表，电能常数为1500r/kW·h，月初读数为120kW·h，从月初数到月底共45000转，请问月底的电能表读数是多少？

3. 总结单相电能表和闸刀接线的原则。

项目四

三相交流电路的安装与测试

任务一　工厂用配电板的设计安装与调试

【技能目标】

1. 能按照所给的图纸装接好工厂用配电板电路。
2. 能够运用所学知识读懂电气图纸。
3. 能对工厂用配电板电路通电运行和调试。
4. 能将三相有功电能表正确接入工厂用电路中。

【知识目标】

1. 了解对称三相交流电的产生和特征。
2. 理解对称三相交流电的表示方法。
3. 掌握对称三相交流电的特点和相序。
4. 理解三相有功电能表的原理。
5. 掌握三相有功电能表的接线方法。

【素质目标】

1. 培养按图施工、按图作业的基本职业素养。
2. 培养团结协作制作设备的能力。

任务引入

交流电除了用于照明之外，在工厂里主要用作动力之用。工厂里的主要动力负载为三相电动机，三相电动机可以驱动生产机械，以代替人工，从而大大提高了劳动生产率。对工厂用配电板进行安装接线与测试，是维修电工的一项重要技能。图4-1是一简易配电板的安装示意图。由于有照明负载的存在，所以配电板上要装接单相电能表（电度表），同时因有三相负载的缘故，配电板上又要装接三相电能表。此外，工厂的负载电流较大，在超出三相电度表额定电流范围的情况下，还要装接电流互感器将大电流变换成小电流。

现某工厂一个车间里装有两台电动机带动生产机械运行，需要对该车间进行有功电能计量，并需要装设若干白炽灯泡照明，使用墙壁开关控制。如果你是这个工厂的一名电工，你将如何设计、安装此配电板呢？

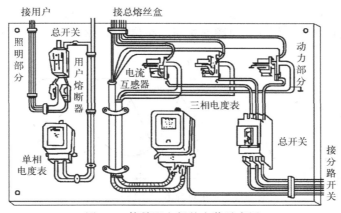

图 4-1 简易配电板的安装示意图

相关知识

（一）对称三相交流电的产生及表示方法

1. 对称三相交流电的产生

图 4-2 是三相交流发电机的原理图，它的主要组成部分是电枢和磁极。

电枢是固定的，亦称定子。定子铁芯的内圆周表面冲有槽，用以放置三相电枢绕组。每相绕组是同样的，它们的始端（头）标以 A、B、C，末端（尾）标以 X、Y、Z。每个绕组的两边放置在相应的定子铁芯的槽内，要求绕组的始端之间或末端之间都彼此相隔 120°。

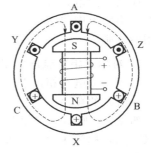

磁极是转动的，亦称转子。转子铁芯上绕有励磁绕组，用直流励磁。选择合适的极面形状和励磁绕组的布置情况，可使空气隙中的磁感应强度按正弦规律分布。当转子由原动机带动，匀速按顺时针方向转动时，则每相绕组依次切割磁力线，其中产生频率相同、幅值相等、相位相差 120° 的正弦电压。令 A 相初相为零，B 相滞后 A 相 120°，C 相滞后 B 相 120°。具有上述特点的一组交流电压或交流电流统称为对称三相正弦量。

图 4-2 三相交流发电机的原理图

2. 对称三相交流电的表示方法

以电压为例，设电压有效值为 U，三相电压的解析式为

$$\begin{cases} u_A = \sqrt{2}U\sin\omega t \text{ V} \\ u_B = \sqrt{2}U\sin(\omega t - 120°) \text{ V} \\ u_C = \sqrt{2}U\sin(\omega t + 120°) \text{ V} \end{cases} \tag{4-1}$$

用相量表示为

$$\begin{cases} \dot{U}_A = U\angle 0° \text{ V} \\ \dot{U}_B = U\angle -120° \text{ V} \\ \dot{U}_C = U\angle 120° \text{ V} \end{cases} \tag{4-2}$$

如果用相量图和正弦波形来表示,则如图 4-3 所示。由此可以看出,对称三相交流电的特征:最大值(或有效值)相等、角频率相同、相位互差 120°。

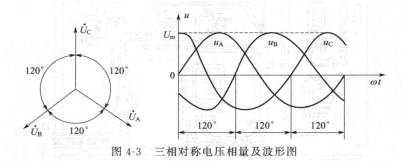

图 4-3　三相对称电压相量及波形图

(二) 对称三相交流电的特点及相序

1. 对称三相交流电的特点

从图 4-3 可以看出,由于对称三相电压的幅值相等,频率相同,彼此间的相位差也相等,因此它们的瞬时值或相量和为零,即

$$u_A + u_B + u_C = 0 \qquad \dot{U}_A + \dot{U}_B + \dot{U}_C = 0 \tag{4-3}$$

2. 三相三线制和三相四线制

在低压配电系统中,从配电变压器的三个绕组的首端引出三根火线(A、B、C)向外供电、不引出中线 N 的三相制叫三相三线制。如引出中性线 N,连同三根火线一起,则称三相四线制。

3. 对称三相交流电的相序

三相交流电在相位上的先后的顺序称为相序,它表示了三相交流电达到正的最大值(或相应零值)的顺序。

如图 4-3 所示,三相电压达到正的最大值的先后顺序是 u_A、u_B、u_C,相序简记为 A—B—C—A,称为正序,如果相序为 A—C—B—A,则称为反序。电力系统一般采用正序。通常在三相发电机或配电装置的三相母线上涂上黄、绿、红三种颜色以此区分 A、B、C 三相,或者用黄、绿、红三种颜色的绝缘导线来表示不同的三相。

改变三相电源的相序,可改变三相电动机的旋转方向。电动机的正反转控制可以通过改变电源相序来实现。实际应用中可任意对调两相火线改变电源相序实现电动机反转控制。

(三) 三相有功电能表

在工厂动力电路中,安装三相有功电能表对工厂内的用电电器和设备进行电能计量必不可少。三相电能表一般采用感应式结构,为单相电能表发展而成。它是根据两表法或三表法测功率的原理,将两个(称二元件式)或三个(称三元件式)电能表的测量机构组合在一起,使几个铝盘固定在同一转轴上,旋转时带动一个计度器,因而可以从计度器上直接读出三相总的有功电能,所以三相电能表具有单相电能表的一切性能。

1. 三相有功电能表的工作原理

三相有功电能表用来测量三相交流电路中电源输出(或负载消耗)的电能。由于测量电路接线方式不同,三相有功电能表又分三相三线制和三相四线制两种。

(1) 三相三线有功电能表(三相三线两元件电能表)　三相三线有功电能表适用于对三

相三线对称或不对称负载做有功电能的计量,可将这种电能表看成是两只单相电能表的组合,其原理结构如图 4-4 所示。它具有两组电流、电压线圈(即两组驱动元件),两个同轴转动的铝盘,两只制动磁铁,一套计度器。铁芯采用分离形式。电压元件为半封闭插片结构,性能较稳定,减小了摩擦力矩,有利于提高电能表的灵敏度,三相三线直入式电能表的读数直接反映了三相负载所消耗的电能。

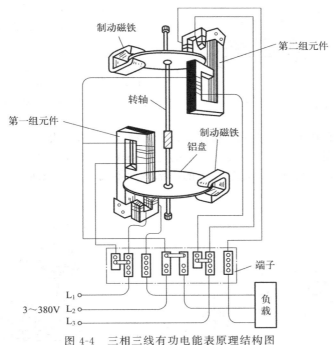

图 4-4 三相三线有功电能表原理结构图

有的三相三线有功电能表(如 DT2 型三相有功电能表),将两组元件共同作用在一个铝盘上,其特点是减小了电能表的体积,但两组元件间的涡流和磁通相互干扰,比两个铝盘的电能表产生的误差大。

三相三线有功电能表的工作原理与单相有功电能表的工作原理基本相同,三相有功电能表由电流、电压元件产生一移动磁场,同时与制动力矩相互作用,使铝盘在磁场中获得的转速正比于负载的有功功率,从而达到计量电能的目的。

(2) 三相四线有功电能表(三相四线三元件电能表) 三相四线有功电能表的工作原理与单相有功电能表的工作原理基本相同,适用于对三相四线对称或不对称负载做有功电能的计量。三相四线有功电能表可以看作是三只单相电能表的组合,它具有三组电压、电流元件,两个同轴转动的铝盘上、下排列,上面一只铝盘装有一套驱动元件(即电压、电流线圈),下面一只铝盘装有两组驱动元件,一套计度器。铁芯采用分离形式,电压元件为半封闭插片结构,三相四线有功电能表工作时,由三组电流、电压元件产生一移动磁场,作用在铝盘上的总转矩为三组元件产生的转矩之和,使铝盘在磁场中获得的转速正比于负载的有功功率,从而达到计量电能的目的。

2. 三相有功电能表的接线方法

(1) 三相三线有功电能表直入式接线方法 以 DS 型 5~10A 三相三线有功电能表为例,其直入式接线原理如图 4-5 所示。导线与端子的连接如图 4-6 所示。

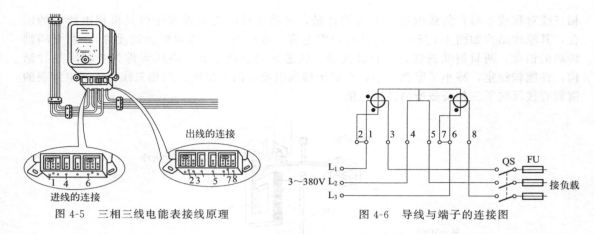

图 4-5 三相三线电能表接线原理　　　　图 4-6 导线与端子的连接图

（2）三相四线有功电能表直入式接线　以 DT 型 5~10A 三相四线有功电能表为例，其直入式接线原理如图 4-7 所示。导线与端子的连接如图 4-8 所示。1、3 端子接电流线圈，2 端接电压线圈的一端，另外一端已经在表的内部接到零线 N。其他两相的电压线圈与电流线圈的接法与之类似。

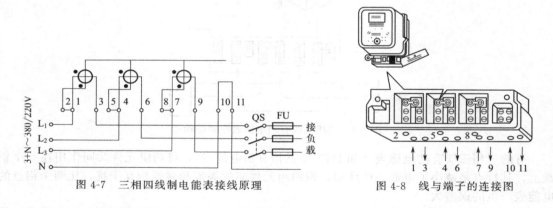

图 4-7 三相四线制电能表接线原理　　　　图 4-8 线与端子的连接图

（3）三相有功电能表直入式接线安装要求

① 接线前要检查电能表的型号、规格与负载的额定参数，电能表的额定电压应与电源电压一致，电能表的额定电流应不小于负载电流，并检查电能表的外观应完好。

② 与电能表相连接的导线必须使用铜芯绝缘导线，导线的截面积应能满足导线的安全载流量及机械强度的要求，对于电压回路不应小于 $1.5 mm^2$，对于电流回路不应小于 $2.5 mm^2$。截面积为 $6 mm^2$ 及以下的导线应采用单股导线。导线中间不得有接头。

③ 极性要接对，电压线圈的首端应与电流线圈的首端一起接到相线上。三相四线有功电能表的零线必须进、出表。

④ 要按正相序接线，开关、熔断器应接于电能表的负载侧。

⑤ 电能表安装一定要垂直竖立，不可侧放或倒放。

✱ 任务实施

第一步：厂用配电板的平面布置设计

首先进行平面布置设计，如图 4-9 所示。注意布局合理，且符合安全规范。进线从右侧的端子排接入,通过三相四线电能表,再引入总开关(漏电保护开关 QF1),然后再通过两个小空气开关接入三相电动机。从三相四线电能表引出一根火线和零线接入单相电能表,通过小空气开关接入照明负载。

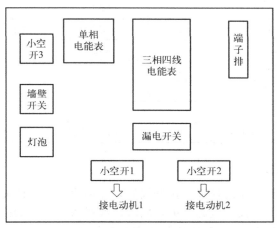

图 4-9 厂用配电板平面布置图

第二步:厂用配电板的原理接线图设计

按照上述配电板的平面布置,将相关的元件固定在电工胶木板或者网孔板上。由于既有电动机等对称三相负载,又有单相照明电路,故上述电路应该设计为三相四线制电路。由此在进线端子上引入 A、B、C、N,选用三相四线制有功电能表。设计的原理接线图如图 4-10 所示。

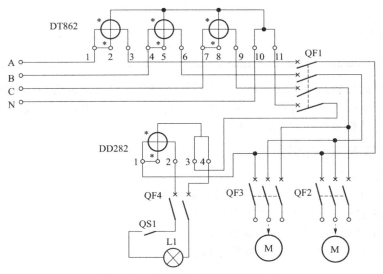

图 4-10 厂用配电板的原理接线图

第三步:准备电气元件并安装接线

厂用配电板所需元器件及仪表清单如表 4-1 所示。按照如图 4-9 布局,如图 4-10 接线,注意单相电能表和三相电能表的接线方法。

表 4-1　厂用配电板所需元器件及仪表清单

器件名称	型号或参数	数量	器件名称	型号或参数	数量
小空气开关	DZ47-63	2	漏电保护开关	DZ47LE 4P	1
白炽灯泡	60W,螺口	1	墙壁开关		1
螺口平灯座	250V/0.3A	1	导线	铜线,1.0mm^2	若干
单相电能表	DD282	1	三相电能表	DT862-4	1
起子	一字、十字	1	剥线钳		1
导轨	短	3	万用表	MF47 或 MY65	1
电工胶木板	800mm×500mm	1	端子排	6P	1
电动机	星形或三角形联结法	2	漏电保护开关	DZ47LE 2P	1

第四步：通电测试

(1) 电能表的读数和电能的计算　接好线后，仔细检查，确认无误后，可以通电。首先将配电板竖立在工作台上，投入电源开关，然后依次投入 QF1、QF2、QF3、QF4，按下墙壁开关 QS1，两台电动机转动，灯泡点亮。读出初始电度数，在经过一段时间的运行后，再读出电度数。根据电动机铭牌上的数据和灯泡的功率，按照式(4-4)计算得出用电设备消耗的电能，并与电能表的读数一起填入表 4-2。

$$W=PT \tag{4-4}$$

表 4-2　电能的计量　　　　　　　　　　　　　　　　　　单位：kW·h

单相电能表的读数	
单相负载消耗电能的计算值	
三相电能表的读数	
全部负载消耗电能的计算值	
结论	

(2) 电动机的反转运行　现需要一台电动机和另外一台电动机的转动方向相反，在停电状态下，将一台电机的三相电源进线任意两根对调，另外一台电机的接线顺序不变，然后通电，观察两台电动机的转动方向是否相反。

第五步：实施过程回顾

任务完成之后，应总结：
① 总结三相电能表的接线原则和单相电能表接线的区别。
② 结合实训过程说出厂用配电板布局的原则。
③ 总结三相电动机改变转动方向的方法。
④ 结合实训过程说出电工安全操作原则。

任务测评

本任务主要内容是厂用配电板的设计安装与调试。技能训练主要有两个方面的内容，一是电路的设计与安装接线，二是单相电能表、三相电能表、电工工具等的使用。在电路的设计与安装时，可在电工胶木板上将电路元器件固定好，然后布线。布线之前，应画出元器件布置图并按图将元器件固定在电工胶木板上。为了美观起见，导线应走在线槽内。开关在胶木板竖起时应手柄向上，电能表在竖起时不可颠倒或者横向放置。在任务实施时，教师须提醒学生注意以下事项（评分标准）。

① 在制作厂用配电板之前，需画好原理接线图和元器件布置图。原理图和布置图不按照要求绘制者，扣 10 分。

② 固定好元器件后方可布线。所有导线须走在线槽内。走线时注意横平竖直，线头裸露部分不可过长，以免触电，但也不可过短，以防止螺钉压在塑料上造成线路不通的情况。不按照规定布线者，扣 10 分。

③ 注意开关控制火线，插座接线按照左零右火原则。注意导线颜色的使用，黄绿红三种作火线使用，蓝色或者黑色作零线使用，绿/黄双色线作接地线使用。不按规定接线者，扣 10 分。

④ 开关在胶木板竖起时应手柄向上，电能表在竖起时不可颠倒或者横向放置。放置方向不正确者，扣 10 分。

⑤ 在全部接好线之后，经检查无误，方可通电调试。电能表走字必须将胶木板竖起并垂直于地面放置。通电调试不正确者，扣 10 分。

教师在测评时，一要看配电板的制作工艺、美观程度，以及布局是否合理；二要看是否符合安全规范；三要看电能表的测量数据是否正确，并根据以上注意事项综合评分。

知识拓展——相序指示器

图 4-11 为相序指示器电路，用以测定三相电源的相序 A、B、C。它是由一个电容器和两个瓦数相同的白炽灯连接的星形不对称三相负载电路。如果电容器所接的是 A 相，则灯光较亮的是 B 相（相序是对称的，任何一相均可作为 A 相，但 A 相确定后，B 相和 C 相也就确定了）。

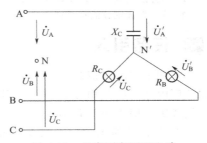

图 4-11 相序测定原理电路

习题

1. 填空题

（1）对称三相交流电的特征为：最大值相等、角频率相同、相位_____。

（2）由于对称三相电压的幅值相等，频率相同，彼此间的相位差也相等，因此它们的瞬时值或相量和为_____。

（3）在低压配电系统中，从配电变压器的三个绕组的首端引出三根火线（A、B、C）向外供电、不引出中线 N 的三相制叫_____制，如引出中线 N，连同三根火线一起，则称_____制。

（4）三相交流电在相位上的先后顺序称为_____。通常在三相发电机或配电装置的三相母线上涂上_____三种颜色以此区分 A、B、C 三相。

（5）电动机的正反转控制可以通过改变_____来实现。实际应用中可任意对调两相火线改变_____实现电动机。

（6）三相有功电能表用来测量三相交流电路中电源输出（或负载消耗）的电能。由于测量电路接线方式不同，三相有功电能表又分_____和_____两种。

（7）三相有功电能表由电流、电压元件产生一移动磁场，同时与_____相互作用，使铝盘在磁场中获得的转速正比于负载的有功功率，从而达到计量_____的目的。

2. 一对称三相正弦电压源的 $\dot{U}_A=127\angle 90°$V，试写出 $\dot{U}_B$、$\dot{U}_C$。

3. 为什么改变电源相序就能改变电动机的转向？

任务二　星形联结的三相交流电路的安装与测试

【技能目标】

1. 能将电源和负载接成星形接法运行。
2. 能利用交流电压表、电流表测量星形联结的三相交流电路的线电压、线电流、相电压和相电流。
3. 能对负载作对称星形接法的电路进行分析和计算。

【知识目标】

1. 理解星形联结方法及线电压、相电压的概念。
2. 掌握电源星形联结时线电压和相电压的关系。
3. 掌握三相负载作星形联结的方法。
4. 掌握线电流、相电流的概念以及相互之间的关系。
5. 掌握对称三相负载星形联结电路的分析计算方法。

【素质目标】

1. 培养热爱科学，敢于动手实践的意识。
2. 培养严谨细致的科学精神和职业素养。

  任务引入

三相电路的星形联结在工厂动力电路里有大量的应用。如工厂内运行的配电变压器的低压绕组和小功率电动机的三相绕组一般为星形联结。

如图 4-12 所示为一干式变压器，其低压侧的三相绕组在内部已经连接成星形接法，假如你是工厂里的一名电工，现需要对电气设备进行安装接线，具体要求是将三单相变压器和三相电动机接成星形联结方式运行，并接入电压表、电流表以对线电压、线电流、相电压、相电流进行测量，那么你将如何去做呢？

图 4-12　干式变压器低压绕组连接成星形

  相关知识

（一）三相电源的星形（Y）联结

1. 三相电源的星形联结

三相电源的星形联结如图 4-13 所示，将三个末端接在一起，从始端引出三根导线，这种连接方式称为星形联结。末端的连接点称为中（性）点，用 N 表示，从中（性）点引出的导线称为中（性）线，从始端 A、B、C 引出的三根导线称为相线或者端线，俗称火线。电源绕组按照这种接线方式向外供电的体制就被称为三相四线制。

（1）线电压　火线与火线之间的电压称为线电压，分别用 u_{AB}、u_{BC}、u_{CA} 表示，其对应的相量式分别为 $\dot{U}_{AB}$、$\dot{U}_{BC}$、$\dot{U}_{CA}$，当三个线电压有效值相等时，有 $U_{AB}=U_{BC}=U_{CA}=U_l$。下脚标表示线电压的正方向，U_l 为线电压。

（2）相电压　相线与中性线之间的电压称为相电压，分别用 u_A、u_B、u_C 表示，其对

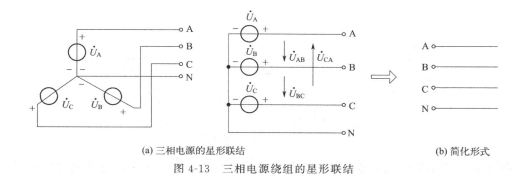

(a) 三相电源的星形联结　　　　　　　　　　　　　(b) 简化形式

图 4-13　三相电源绕组的星形联结

应的相量式分别为 $\dot{U}_{AN}$、$\dot{U}_{BN}$、$\dot{U}_{CN}$，可简写为 $\dot{U}_A$，$\dot{U}_B$、$\dot{U}_C$，当三个相电压有效值相等时，有 $U_A=U_B=U_C=U_p$，U_p 为相电压。各相电压的下脚标只有一个字母，但实际上表示了相电压的正方向由火线指向中线（或零线）N。很显然，星形联结由于有中线的存在，可同时提供相电压和线电压。

2. 三相电源星形联结时线电压与相电压的关系

$$\dot{U}_{AB}=\dot{U}_A-\dot{U}_B$$
$$\dot{U}_{BC}=\dot{U}_B-\dot{U}_C \quad (4-5)$$
$$\dot{U}_{CA}=\dot{U}_C-\dot{U}_A$$

由于 $\dot{U}_B$ 相位上滞后于 $\dot{U}_A$ 为 120°，故

$$\dot{U}_B=\dot{U}_A\angle-120°$$

当对称时，取一式进行计算，即

$$\dot{U}_{AB}=\dot{U}_A-\dot{U}_B=\dot{U}_A-\dot{U}_A\angle-120°=\dot{U}_A-\dot{U}_A\left(-\frac{1}{2}-j\frac{\sqrt{3}}{2}\right)=\sqrt{3}\dot{U}_A\angle 30°$$

其余两个线电压也可推出类似结果。

结论：① 当三个相电压对称时，三个线电压有效值相等且为相电压的 $\sqrt{3}$ 倍，即

$$U_l=\sqrt{3}U_p \quad (4-6)$$

② 相位上，线电压比相应的相电压超前 30°。

在我国低压配电系统中，规定相电压为 220V，线电压为 380V。

（二）三相负载的星形（Y）联结

三相电路的负载有两类，一类是对称的三相负载，如三相电动机，另一类是单相负载，如电灯、电炉、单相电机等各种单相用电器。在低压供电系统中，对于大量使用的单相负载应尽可能均匀分配在各相中，使其也近似于对称三相负载。这是由于对称三相负载具有许多优点。

1. 三相负载星形联结时的线电流与相电流、线电压与相电压之间的关系

负载星形联结的三相四线制电路一般可用图 4-14 所示的电路表示，每相负载的阻抗为 Z_A、Z_B、Z_C，如果 $Z=Z_B=Z_C=Z$，称为对称三相负载。三相电路中，流过每根端线的电流为线电流，分别用 i_A、i_B、i_C 表示；流过每相负载的电流称为相电流，分别用 $i_{A'N'}$、$i_{B'N'}$、$i_{C'N'}$ 表示，流过中线的电流称为中线电流，用 $i_{NN'}$ 表示。

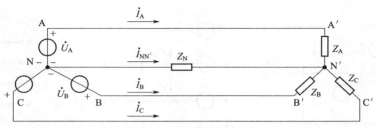

图 4-14 三相四线制电路

在图 4-14 所示的电流参考方向下,显然,三相负载星形联结时,电源侧的线电流与相应相电流相等,即

$$\dot{I}_A = \dot{I}_{AN}, \dot{I}_B = \dot{I}_{BN}, \dot{I}_C = \dot{I}_{CN} \tag{4-7}$$

根据基尔霍夫定律,中性线电流与线电流的关系为

$$\dot{I}_N = \dot{I}_A + \dot{I}_B + \dot{I}_C \tag{4-8}$$

图 4-14 是具有两个节点、四条支路的电路,可用节点电位法求出电源中点 N 与负载中点 N' 之间的电压,即中点电压为

$$\dot{U}_{N'N} = \frac{Y_A \dot{U}_A + Y_B \dot{U}_B + Y_C \dot{U}_C}{Y_A + Y_B + Y_C + Y_N} \tag{4-9}$$

式中,$Y_A = \frac{1}{Z_A}$、$Y_B = \frac{1}{Z_B}$、$Y_C = \frac{1}{Z_C}$、$Y_N = \frac{1}{Z_N}$ 为阻抗的倒数,称为导纳。

各相负载的相电压为

$$\dot{U}'_A = \dot{U}_A - \dot{U}_{N'N}, \dot{U}'_B = \dot{U}_B - \dot{U}_{N'N}, \dot{U}'_C = \dot{U}_C - \dot{U}_{N'N} \tag{4-10}$$

各相负载的电流及中线电流

$$\dot{I}_A = Y_A \dot{U}'_A, \dot{I}_B = Y_B \dot{U}'_B, \dot{I}_C = Y_C \dot{U}'_C$$

$$\dot{I}_N = Y_N \dot{U}_{N'N} = \dot{I}_A + \dot{I}_B + \dot{I}_C$$

如果不考虑端线及中线阻抗,负载相电压即为电源相电压,每相负载的电流可分别求出

$$\dot{I}_A = \frac{\dot{U}_A}{Z_A}, \dot{I}_B = \frac{\dot{U}_B}{Z_B}, \dot{I}_C = \frac{\dot{U}_C}{Z_C} \tag{4-11}$$

如果三相负载对称,即 $Z_A = Z_B = Z_C = Z$,由于三相电源电压对称,故 $\dot{U}_{N'N} = 0$,此时有

$$\dot{U}'_A = \dot{U}_A, \dot{U}'_B = \dot{U}_B, \dot{U}'_C = \dot{U}_C$$

$$\dot{I}_A = \frac{\dot{U}_A}{Z}, \dot{I}_B = \frac{\dot{U}_B}{Z}, \dot{I}_C = \frac{\dot{U}_C}{Z}$$

可见负载相电压对称,相电流也对称。于是,中线电流等于零,即

$$\dot{I}_N = Y_N \dot{U}_{N'N} = \dot{I}_A + \dot{I}_B + \dot{I}_C = 0$$

2. 三相负载星形联结电路的分析计算

从上述分析可以看到,对于对称三相电路,只需取一相计算,其余两相的电压(电流)根据对称性写出来。例如取出 A 相计算,画出单相计算图,如图 4-15 所示,计算 $\dot{I}_A$ 后,可

根据对称性写出 $\dot{I}_B$、$\dot{I}_C$。注意单相图中中性线阻抗必须视为零。这是因为在对称三相电路中，不管中性线阻抗 Z_N 为多少，$\dot{U}_{N'N}$ 总是零，N 与 N′点等电位。因此图 4-16 中 N 与 N′点应该以理想导线连接。

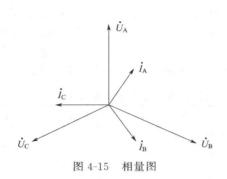

图 4-15　相量图

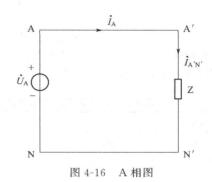

图 4-16　A 相图

从上述分析还可以看出，对于对称三相电路，有无中线并不影响电路，去掉中性线，电路如图 4-17 所示，成为三相三线制。一般地，以 Y_0 表示星形带中线的三相四线制电路，以 Y 表示星形不带中线的三相三线制电路。生产上最常用的三相电动机，就是以三相三线制供电的。

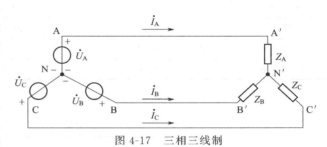

图 4-17　三相三线制

任务实施

第一步：电源的星形联结训练

配电变压器在电网中为用户供电，可以视作电源。现将三只相同的单相变压器一、二次绕组分别连接成星形接法，注意将首端（同名端）引出分别作相线 A、B、C（a、b、c），尾端接在一起引出作中线 N(n)，如图 4-18 所示。星形联结的要点是，首端引出，尾端并联在一起，引出作为中线。

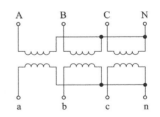

图 4-18　三单相变压器的星形联结

第二步：负载的星形联结训练

电阻炉是利用电流使炉内电热元件或加热介质发热，从而对工件或物料加热的工业炉。电阻炉在机械工业中用于金属锻压前加热、金属热处理加热、钎焊、粉末冶金烧结、玻璃陶瓷焙烧和退火、低熔点金属熔化、砂型和油漆膜层的干燥等。工业电阻炉一般为三相电阻性对称负载，现做星形联结训练，如图 4-19(a) 所示。三相交流电动机在工厂里是最常见的三相感性对称负载，将其做星形联结，首端引出接 A、B、C，尾端连接在一起，如图 4-19(b) 所示。注意星形联结负载的额定电压应为 220V（相电压）。

第三步：星形联结的三相交流电路的安装与测试

星形联结的三相交流电路原理接线如图 4-20 所示，所需元器件及仪表清单如表 4-3 所

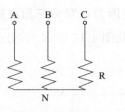
(a) 三相电阻炉

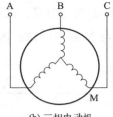
(b) 三相电动机

图 4-19 对称三相负载的星形联结

示。变压器的一、二次绕组均接成星形接法,引出中线。单相负载通过墙壁开关 QS1 接一灯泡,三相负载一为电阻炉(可用灯泡代替),另一为三相电动机,均接成星形接法,通过小空气开关 QF1、QF2 接入系统。为了测量线电压、相电压、线电流、相电流、分别接入电磁式电压表 V1、V2 和电流表 A1、A2。注意电压表和电流表在电路中的接法,以及其量程的选择。

表 4-3 星形联结的三相交流电路安装与测试所需元器件及仪表清单

器件名称	型号或参数	数量	器件名称	型号或参数	数量
小空气开关	DZ47-63	2	单相变压器	400V/400V	3
白炽灯泡	60W,螺口	4	墙壁开关		1
螺口平灯座	250V/0.3A	4	电压表	T19-V	2
电流表	T19-A	2	导线	铜线,1.0mm²	若干
起子	一字、十字	1	剥线钳		1
漏电保护开关	DZ47LE 4P	1	万用表	MF47 或 MY65	1
电工胶木板	800mm×500mm	1	电动机	星形接法(Y)	1

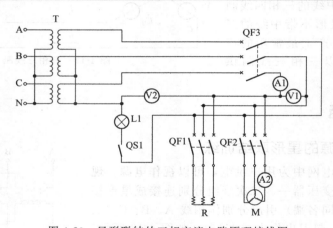

图 4-20 星形联结的三相交流电路原理接线图

第四步:线、相电压和线、相电流测量

接好线经反复检查无误后,通电运行,电动机、电阻炉和灯泡都应能正常工作。电压表 V1、V2 测量的分别为线、相电压,电流表 A1、A2 测量的分别为线、相电流,将测得的数值填入表 4-4 内。计算相、线电压和相、线电流之间的比值关系。

表 4-4 线、相电压和线、相电流的测量和计算

测量分类	测量值	线、相之间的比值关系
V1(线电压/V)		
V2(相电压/V)		
A1(线电流/A)		
A2(相电流/A)		

第五步：实施过程回顾

在任务完成之后，应总结：
① 总结电磁式电压表测量星形联结交流电路电压的方法。
② 总结电磁式电流表测量星形联结交流电路电流的方法。
③ 总结电源（变压器）为星形联结的接线方法。
④ 总结负载（电阻炉）为星形联结的接线方法。
⑤ 分析电动机星形联结时的额定电压。
⑥ 分析线/相电压和线/相电流之间的关系。

任务测评

本任务主要内容是星形联结三相交流电路的安装与测试。技能训练主要有两个方面的内容，一是电路的设计与搭建，二是电磁式电压表、电流表等的使用。在电路的设计与搭建时，可在电工胶木板上将电路元器件固定好，然后布线。也可在电工实验箱上利用现有元器件进行插接接线。可事先将电源（变压器）、负载（电动机、电阻炉）接成星形后再接入到电路中去。教师可事先进行讲解、演示，在任务实施时，教师须提醒学生注意以下事项（评分标准）。

① 按照原理接线图进行接线，可先将电源变压器、电动机、电阻炉（用灯泡模拟）接成星形接法后再接入到电路中去。接线不正确者，扣 10 分。

② 接线时注意导线颜色的使用，火线应用黄绿红三种颜色导线，零线可用黑色或者蓝色导线。导线颜色使用不正确者，扣 10 分。

③ 注意照明电路中开关控制火线，插座按照左零右火接线等原则。不按规定接线者，扣 10 分。

④ 电磁式电压表、电流表须平放在工作台上。电压表应并联使用、电流表应串联使用。电压表、电流表使用不正确者，扣 10 分。

⑤ 注意电磁式电压表、电流表量程的选择，以及火线进入表计时，须接到"＊"端。量程选择及火线接线不正确者，扣 10 分。

⑥ 注意电压表测量相电压时两端须并联在火线与零线上，在测量线电压时须并联在火线之间，不可搞错。电压表测量时接线不正确者，扣 10 分。

⑦ 在检查无误时，方可通电进行测试。测试时注意安全，防止触电。通电前不检查者，扣 10 分。

教师在测评时，根据以上注意事项进行综合评分。

知识拓展——三相不对称电路

不对称三相负载接入对称三相电源时，就构成三相不对称电路。三相不对称负载是指它们的复阻抗不相等，当按星形方式连接时，中线不能省去。当中线存在时，负载的相电压等于电源的相电压，即负载电压仍然是对称的。

$$U_l = \sqrt{3} U_p, I_l = I_p$$

各相电流分别计算为

$$\dot{I}_A = \frac{\dot{U}_A}{Z_A}, \dot{I}_B = \frac{\dot{U}_B}{Z_B}, \dot{I}_C = \frac{\dot{U}_C}{Z_C} \tag{4-12}$$

由于三相负载不对称，中线电流为

$$\dot{I}_N = \dot{I}_A + \dot{I}_B + \dot{I}_C \neq 0$$

中线不允许断开，否则，因为两中性点电压 $\dot{U}_{N'N}$ 发生位移，三相负载的相电压不再等于电源的相电压，造成三相负载有的相电压过高，有的相电压过低，严重时造成三相负载均不能正常工作，甚至电压高的那相负载可能因电压超过额定值而烧坏。

因此，在实际应用中三相不对称负载必须采用三相四线制，而且规定中性线不能装开关与熔断器，保证中性线可靠连接，不能断开。由于中性线的阻抗 Z_N 接近为零，能在负载不对称的情况下，强制 $\dot{U}_{N'N}=0$，使负载相电压保持对称。可见，在三相四线制中的中性线的作用是非常重要的。

以图 4-20 为例，如果灯泡 L1（单相负载）未接入电路运行（开关断开），星形接法可以去掉中线变成三相三线制运行，但如灯泡接入电路运行，则中线不能去掉，电路一定要以三相四线制运行。

习题

1. 填空题

（1）火线与火线之间的电压称为_____，我国的低压配电系统的线电压为_____。

（2）火线与零线之间的电压称为_____，我国的低压配电系统的相电压为_____。

（3）星形联结由于有_____的存在，可同时提供相电压和线电压。

（4）当三个相电压对称时，三个线电压_____相等且为相电压的_____倍，相位上，线电压比相应的相电压超前_____。

（5）三相对称负载接成星形接法时，由于相电压对称，相电流也对称，中线电流等于_____。

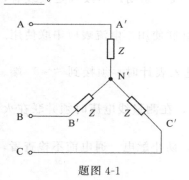

题图 4-1

（6）三相对称负载接成星形接法时，线电流_____相电流。

2. 三相三线制供电没有中线，电流怎么流回电源？

3. 为什么三相对称负载做星形联结时，可以去掉中线？

4. 什么情况下可将三相电路的计算转化为一相电路的计算？

5. 为什么电源中线上不允许安装熔丝和熔断器？

6. 某对称三相负载，每相负载为 $Z=5\angle 45°\Omega$，接成星形，接在线电压为 380V 的对称三相电源上，如题图 4-1 所示，求 $\dot{I}_A$、$\dot{I}_B$、$\dot{I}_C$。

任务三　三角形联结的三相交流电路的安装与测试

【技能目标】

1. 能将电源和负载接成三角形接法运行。
2. 能利用电压表、电流表测量三角形联结的三相交流电路中的线电压、相电压、线电流和相电流。
3. 能分析和计算负载作对称三角形接法的电路。

【知识目标】

1. 掌握三角形接法。

2. 掌握电源三角形联结时线电压和相电压的关系。
3. 掌握三相对称负载三角形联结的方法。
4. 掌握负载作三角形联结时线电流、相电流之间的关系。
5. 掌握对称三相负载作三角形联结时的电路分析计算方法。

【素质目标】
1. 培养相互配合、团结协作的精神。
2. 培养理论应用于实践并指导实践的意识。

任务引入

三相电路的三角形接法在电力系统中和工厂动力电路里亦有大量应用，如变电站运行的110kV主变压器，其10kV绕组即为三角形接法，10kV配电变压器的一次绕组（高压侧）也多为三角形接法，如图4-21所示。在工厂里大功率的三相电动机一般也采用三角形接法。假如你是工厂里的一名电工，现有任务要求你将三单相变压器和电动机分别接成三角形接法运行，并接入电压表、电流表以对线电压、相电压、线电流、相电流进行测量。此外，还要求你根据三角形电路的电压和电流特点选择合适的电气设备，并对三角形电路进行相关的分析和计算，那么你将如何去做呢？

图4-21　10kV配电变压器

相关知识

（一）三相电源的三角形（△）联结

1. 三相电源的三角形联结

三相电源的三角形（△）联结方式如图4-22(a)所示。把三个电源绕组首尾相连成为一个闭环，从两两绕组的连接点分别向外引出3根火线A、B、C，按这种接线方式向外供电的体制称为三相三线制，可简化图4-22(b)所示。显然，这种连接方式只能向负载提供线电压。

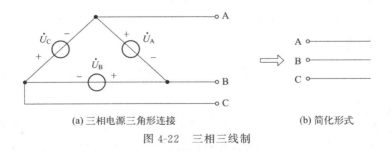

(a) 三相电源三角形连接　　　　(b) 简化形式

图4-22　三相三线制

2. 三相电源的三角形（△）联结时线电压和相电压的关系

由图4-24所示，三相电压源接成三角形时，电源的线电压等于其对应的相电压

$$\dot{U}_{AB}=\dot{U}_A$$
$$\dot{U}_{BC}=\dot{U}_B$$

$$\dot{U}_{CA}=\dot{U}_C$$

线电压与其对应的相电压的有效值相等,相位相同。

故对称三相电压三角形联结时,电源线电压与相电压的有效值关系可表示为

$$U_l=U_p$$

(二)三相负载的三角形(△)联结

1. 三相负载三角形联结时的线电压与相电压、线电流与相电流之间的关系

三相负载三角形联结的三相电路一般可用图 4-23 表示,各相负载的阻抗分别为 Z_{AB}、Z_{BC}、Z_{CA},电压和电流方向如图中所示。

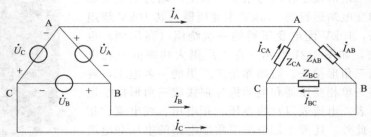

图 4-23 三角形联结的三相电路

如果不考虑端线阻抗,各相负载都直接接在电源的线电压上,负载的相电压与电源的线电压相等。因此,不论负载对称与否,其相电压总是对称的,即

$$U_{AB}=U_{BC}=U_{CA}=U_l=U_p$$

但此时的相电流与线电流不同,各相负载的相电流为

$$\dot{I}_{AB}=\frac{\dot{U}_{AB}}{Z_{AB}}, \dot{I}_{BC}=\frac{\dot{U}_{BC}}{Z_{BC}}, \dot{I}_{CA}=\frac{\dot{U}_{CA}}{Z_{CA}} \tag{4-13}$$

负载的线电流可应用基尔霍夫电流定律列出下列各式进行计算

$$\dot{I}_A=\dot{I}_{AB}-\dot{I}_{CA}, \dot{I}_B=\dot{I}_{BC}-\dot{I}_{AB}, \dot{I}_C=\dot{I}_{CA}-\dot{I}_{BC} \tag{4-14}$$

如果负载对称,则相电流也对称。为了分析方便,设

$$\dot{I}_{AB}=I_p\angle 0°, \dot{I}_{BC}=I_p\angle -120°, \dot{I}_{CA}=I_p\angle 120°$$

此时线电流 $\dot{I}_A$ 为

$$\dot{I}_A=\dot{I}_{AB}-\dot{I}_{CA}=I_p-I_P\left(-\frac{1}{2}+j\frac{\sqrt{3}}{2}\right)=\sqrt{3}\dot{I}_p\angle -30° \tag{4-15}$$

其余两个线电流也有类似结果。所以负载对称时,线电流的有效值是相电流有效值的 $\sqrt{3}$ 倍,线电流的相位滞后于相应的相电流 30°。

2. 三相负载三角形联结电路的分析与计算

由上述分析可知,对于对称三相电路,只要计算一相电流,其余相电流、线电流可以根据对称性推出。对称负载三角形联结时的相量图,如图 4-24 所示。

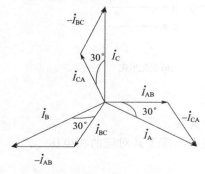

图 4-24 对称负载三角形联结时的相量图

如果考虑端线阻抗，需将三角形联结负载等效变换为星形联结，按星形联结计算端线电流，负载电流可按三角形联结时线电流之间的关系计算。

在实际问题中，如果只给定电源线电压，则不论电源是做三角形联结还是做星形联结，为分析方便，可以把电源假想成星形联结。如线电压为380V，可以认为电源是做星形联结且每相电源电压为220V，如果电源做三角形联结，可以化成Y或者Y_0联结体系，再按星形联结电路分析计算。

（三）实际负载接入三相电源的原则

1. 负载接入三相电源的原则

在工程技术和日常生活中，用电设备种类繁多，归纳起来有单相和三相之分，如电灯、电风扇等家用电器，只需单相电源供电即可，而三相电动机、三相电阻炉、三相空调机等需要三相电源供电才能工作。负载接入三相电源的原则如下。

① 为了使负载能够安全可靠地长期工作，更合理地使用三相电源，应按照电源电压等于负载额定电压的原则将负载接入三相供电系统中。

② 应使负载尽可能地均匀分布到三相电源上，力求使三相电路的负载均衡、对称。

三相电路中的三相负载有对称和不对称两种情况。

对称三相负载，各项负载的复阻抗相等，即$Z_A=Z_B=Z_C$（阻抗的模相等、阻抗角相同），称为对称三相负载，如三相变压器、三相电阻炉、三相电动机等。

不对称负载，各相负载的复阻抗不相等称为不对称三相负载，如三相照明电路中的负载。

一般情况下，三相电源都是对称的。因此，由对称三相负载组成的三相电路称为三相对称电路。由不对称三相负载组成的三相电路称为三相不对称电路。

2. 负载的连接

（1）单相负载的连接　家用电器等单相负载（如白炽灯、日光灯）的额定电压均为220V，根据负载接入三相电源的原则，将其接在三相电源的一根火线和零线之间即可满足要求。当使用多盏照明灯时，应使它们均匀地分布在各相中，如图4-25所示。需要注意的是，照明灯的开关应装设在火线一端（火线进开关原则）。

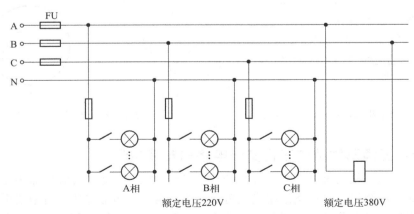

图4-25　单相负载接入三相四线制电源

有的单相负载如接触器、继电器等控制电器，它们之中某些型号的励磁线圈的额定电压为380V，此时应将励磁线圈接在两根电源火线之间，若错接在一根火线与零线之间，则会因为电压不足而不能正常工作。

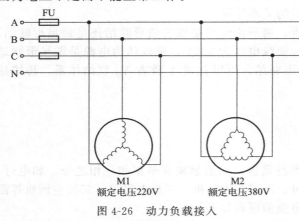

图 4-26 动力负载接入三相四线制电源

（2）动力负载与三相四线制电源的连接 动力负载（如三相交流异步电动机等）必须使用三相电源，它们本身的三相绕组就是一组对称三相负载。根据其额定电压的不同，电动机的三相绕组可以按不同的接法接三相四线制电源。例如，当电动机每相绕组的额定电压为 220V 时，应将其三相绕组按星形接法接入三相电源，如图 4-26 中的 M1 所示；若电动机每相绕组的额定电压为 380V 时，则它的三相绕组应按三角形接法接入三相电源，如图 4-26 中的 M2 所示。

 任务实施

第一步：电源的三角形联结训练

现将三只相同的单相变压器一次绕组、二次绕组均接成三角形，三绕组的首尾依次相连，三连接点引出作 A(a)、B(b)、C(c) 为负荷供电，如图 4-27 所示。三角形接法的要点是，三相绕组的首尾依次相连，连接点引出分别作为相线 A、B、C(a、b、c)。

第二步：负载的三角形联结训练

电容器在电力系统中作无功补偿之用时，常常为三角形接法。大容量的三相电动机负载也常常接成三角形。现给出同容量的低压电容器三只，三相电动机一台，要求分别接成三角形接法，如图 4-28 所示。注意三角形连接时负载的额定电压应为 380V。

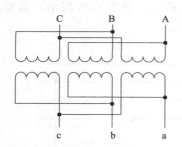

图 4-27 三单相变压器的 △/△ 连接

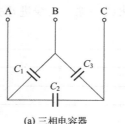

(a) 三相电容器

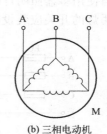

(b) 三相电动机

图 4-28 对称三相负载的星形接法

第三步：三角形联结的三相交流电路的安装与测试

三角形联结的三相交流电路如图 4-29 所示，所需的元件及仪表清单如表 4-5 所示。三单相变压器的一次绕组、二次绕组接成三角形接法。由于三角形接法没有中线引出，故二次所接负载均应为三相对称负载，通过小空气开关 QF1、QF2 接入低压无功补偿电容器和三相电动机，这两种负载也接成三角形接法。为了测量线电压、相电压、线电流、相电流，分别接入电磁式电压表 V1、V2 和电流表 A1、A2，注意电压表和电流表在电路中的接法，并注意其量程的选择。

表 4-5　三相交流电路作三角形接法时所需元器件及仪表清单

器件名称	型号或参数	数量	器件名称	型号或参数	数量
小空气开关	DZ47-63	2	单相变压器	400V/400V	3
低压电容器		3	电压表	T19-V	2
电流表	T19-A	2	导线	铜线,1.0mm^2	若干
起子	一字、十字	1	剥线钳		1
漏电保护开关	DZ47LE 3P	1	万用表	MF47 或 MY65	1
电工胶木板	800mm×500mm	1	电动机	三角形接法	1

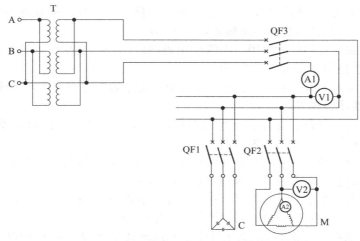

图 4-29　三角形联结的三相交流电路的原理接线图

第四步：线、相电压和线、相电流测量

接好线经检查无误后，通电运行，电动机、电容器都应能正常工作。电压表 V1、V2 测量的分别为线、相电压，电流表 A1、A2 测量的分别为线、相电流，将测得的数值填入表 4-6 内。计算线、相电压和线、相电流之间的比值。

表 4-6　线、相电压和线、相电流的测量和计算

测量分类	测量值	线、相之间的比值关系
V1(线电压/V)		
V2(相电压/V)		
A1(线电流/A)		
A2(相电流/A)		

第五步：实施过程回顾

在任务完成之后，应总结：
① 总结电磁式电压表测量三角形联结电路电压的方法。
② 总结电磁式电流表测量三角形联结电路电流的方法。
③ 总结电源（变压器）三角形联结的接线方法。
④ 总结负载（电容器）三角形联结的接线方法。
⑤ 分析电动机三角形联结时的额定电压。

⑥ 分析线/相电压和线/相电流之间的关系。

任务测评

本任务主要内容是三角形联结三相交流电路的安装与测试。技能训练主要有两个方面的内容，一是电路的设计与搭建，二是电磁式电压表、电流表等的使用。在电路的设计与搭建时，可用电工胶木板上将电路元器件固定好，然后布线。也可在电工实验箱上利用现有元器件进行插接接线。可事先将电源（变压器）、负载（电动机、电容器）接成三角形后再接入到电路中去。教师可事先进行讲解和演示。在任务实施时，教师须提醒学生注意以下事项（评分标准）。

① 按照原理接线图进行接线，可先将电源变压器、电动机、电容器接成三角形接法后再接入到电路中去。三角形接法不正确者，扣10分。

② 接线时注意导线颜色的使用，火线应用黄绿红三种颜色导线，零线可用黑色或者蓝色导线。导线颜色使用错误者，扣10分。

③ 电磁式电压表、电流表须平放在工作台上。电压表应并联使用，电流表应串联使用。电压表、电流表接线错误者，扣10分。

④ 注意电磁式电压表、电流表量程的选择，以及火线进入表计时，须接到"*"端。量程选择及火线接线不正确者，扣10分。

⑤ 注意电压表在测量线电压时须并联在火线之间，在测量相电压时并联在电动机的任一相绕组两端。线电压、相电压测量时接线错误者，扣10分。

⑥ 电流表在测量线电流时，须串联在火线上，在测量相电流时须串联在电动机的任一相绕组里。线电流、相电流测量时接线错误者，扣10分。

⑦ 在检查无误时，方可通电进行测试。测试时注意安全，防止触电。未检查者，扣10分。

教师在测评时，根据以上注意事项进行综合评分。

知识拓展——PT 开口三角测量零序电压

三个电压源三角形联结时接成一个闭合回路，当三相电源对称时，$u_A + u_B + u_C = 0$，该回路内不会产生电流。若三相电压不对称或者把电源始末端顺序接错了，在三相电压源的回路内将产生很大的环流，由于实际电源的内阻抗很小，会导致发电机绕组烧坏，这种情况是不允许发生的。为了避免接错，三相电压源采用三角形联结时，先不要完全闭合，留下一个开口，并在开口处接上一只交流电压表，若测得回路总电压等于零，则说明三相电压源接线正确，这时再把电压表拆下，将开口处接在一起，构成闭合回路。

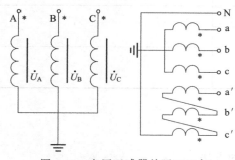

图 4-30 电压互感器的开口三角

在电力系统中，将电压互感器（PT）的辅助绕组接成三角形，在一个节点处留有开口，成为开口三角，如图4-30所示（a'和N之间），用以测量单相接地时的零序电压，以判断系统是否接地。当系统正常时候，三相电压对称，开口三角处的电压近似为零，而当单相接地发生时，三相电压不对称，开口三角处出现了较大的电压（称为零序电压），可以在开口三角处接电压表进行测量，也可以接一电压继电器，用以产生接地动作信号，告知变电站值班人员。

习题

1. 填空题

(1) 把三个电源绕组首尾相连成为一个_____，从两个绕组的连接点分别向外引出 3 根火线 A、B、C，按这种接线方式向外供电的体制称为三相三线制。

(2) 电源三角形联结方式只能向负载提供_____。

(3) 三相电压源接成三角形时，其线电压和相电压的有效值_____，相位_____。

(4) 当负载对称时，三角形联结电路的线电流的有效值是相电流有效值的_____倍，线电流的相位滞后于相应的相电流_____。

(5) 为了使负载能够安全可靠地长期工作，更合理地使用三相电源，应按照_____等于负载_____的原则将负载接入三相供电系统中。

(6) 对称三相负载组成的三相电路称为_____电路。由不对称三相负载组成的三相电路称为_____。

(7) 家用电器等单相负载（如白炽灯、日光灯）的额定电压均为_____，根据负载接入三相电源的原则，将其接在三相电源的一根_____和零线之间即可满足要求。

(8) 动力负载（如三相交流异步电动机等）必须使用_____，它们本身的三相绕组就是一组对称三相负载。

2. 三相三线制没有中线，电流如何流回电源？

3. 三相负载做三角形联结时，测出各相电流相等，能否说明三相负载是对称的？

4. 为什么三相负载做三角形联结，不论负载对称与否，3 个相电压的相量和均为零？

5. 某对称三相负载，每相负载为 $Z=5\angle 45°$，接成三角形，接在线电压为 380V 的电源上，如题图 4-2 所示，求 $\dot{I}_A$、$\dot{I}_B$、$\dot{I}_C$。

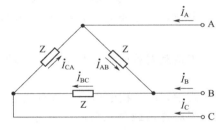

题图 4-2

任务四　三相交流电路的有功功率计算与测量

【技能目标】

1. 能按照功率要求配置三相交流电路的电气设备。
2. 能按照要求装接三相交流电路的有功功率表。
3. 能利用一表法和三表法正确测量三相交流电路的有功功率。

【知识目标】

1. 掌握三相电路的功率计算方法。
2. 了解电动系仪表的原理和结构。
3. 掌握电动系仪表测量三相电路功率的接线方法。
4. 掌握有功功率的测量方法。

【素质目标】

1. 培养严谨细致的科学精神和职业素养。
2. 培养理论应用于实践并指导实践的意识。

任务引入

作为电气工作人员，我们在选购设备时一定要考虑其功率（容量）大小。设备功率太大超出实际需要，就是"大马拉小车"，容易造成设备容量和电能的浪费，功率太小则设备可能无法正常工作。因此正确掌握功率的计算非常重要。另外，在电气设备的试验和检修过程中，常常要对已有的设备进行功率测量。假如你是工厂里的一名电工，现有一任务要求你能根据负载设备的铭牌所标示的功率正确计算线电流或者相电流，能够根据负载功率的大小选用合适的有功功率表，能按照所给出的原理图进行正确的接线，能对工厂动力电路开展运行调试工作，并能运用一表法和三表法对三相有功功率分别进行测量，那么你该如何去做呢？

 相关知识

（一）三相电路的功率

1. 三相电路的功率的计算

不论负载是星形联结还是三角形联结，总的有功（无功）功率等于各相有功（无功）功率之和，即

$$P = P_A + P_B + P_C = U_A I_A \cos\varphi_A + U_B I_B \cos\varphi_B + U_C I_C \cos\varphi_C$$

$$Q = Q_A + Q_B + Q_C = U_A I_A \sin\varphi_A + U_B I_B \sin\varphi_B + U_C I_C \sin\varphi_C$$

但视在功率不等于各相视在功率之和，而应为

$$S = \sqrt{P^2 + Q^2} \tag{4-16}$$

当负载对称时，每相电路的有功功率是相等的，因此三相电路的总功率为

$$P = 3P_P = 3U_P I_P \cos\varphi \tag{4-17}$$

式中，φ 是相电压 U_P 与对应的相电流 I_P 之间的相位差或负载的阻抗角。

当对称负载是三角形联结时

$$U_l = U_P \qquad I_l = \sqrt{3} I_P$$

当对称负载是星形联结时

$$U_l = \sqrt{3} U_P \qquad I_l = I_P$$

不论负载为哪种联结，将上述关系式代入式(4-17)，均可得

$$P = \sqrt{3} U_l I_l \cos\varphi \tag{4-18}$$

式(4-17)可用来计算对称三相电路有功功率，但工程上多用式(4-18)，因为线电压及线电流容易测得，而且三相设备铭牌标的也是线电压和线电流。

同理可得出对称三相电路无功功率及视在功率分别为

$$Q = 3U_P I_P \sin\varphi = \sqrt{3} U_l I_l \sin\varphi$$

$$S = 3U_P I_P = \sqrt{3} U_l I_l \tag{4-19}$$

2. 对称三相电路的瞬时功率

三相电路的瞬时功率等于各相瞬时功率之和，即

$$p = p_A + p_B + p_C \tag{4-20}$$

在对称三相电路中，A 相负载的瞬时功率为

$$p_A = u_A i_A = \sqrt{2} U_p \sin\omega t \cdot \sqrt{2} I_p \sin(\omega t - \varphi) = U_p I_p \cos\varphi - U_p I_p \cos(2\omega t - \varphi)$$

同理可得

$$p_B = U_p I_p \cos\varphi - U_p I_p \cos(2\omega t + 120° - \varphi)$$
$$p_C = U_p I_p \cos\varphi - U_p I_p \cos(2\omega t - 120° - \varphi)$$

将 p_A、p_B、p_C 代入式(4-20)，由于
$$\cos(2\omega t - \varphi) + \cos(2\omega t + 120° - \varphi) + \cos(2\omega t - 120° - \varphi) = 0$$

故 $p = 3U_P I_P \cos\varphi = P = $ 常数

可见，对称三相电路中，瞬时功率就等于有功功率，为一常数，不随时间变化，这是对称三相电路的一个重要特点。工程上常用的三相电动机通入对称的交流电后，由于瞬时功率是个常数，所以每个瞬时转矩也是常数，电动机的运行是稳定的，这是三相电动机的一大优点。

（二）电动系功率表

功率的测量，在直流电路中应能反映被测电路电压和电流的乘积（$P=UI$）；在交流电路中，还要能反映出被测电路的电流与电压之间的相位差的余弦，即电路的功率因数 $\cos\varphi$（$P=UI\cos\varphi$）。

1. 电动系功率表结构和工作原理

电动系测量机构用于功率测量时，其定圈串联接入被测电路，而动圈与附加电阻串联后并联接入被测电路。根据国家标准规定，在测量线路中，用一个圆加一条水平粗实线和一条竖直细实线来表示电压与电流相乘的线圈。

电动系功率表的电路原理图如图 4-31 所示。显然，通过定圈的电流就是被测电路的电流 I，所以通常称定圈为电流线圈；动圈支路两端的电压就是被测电路两端的电压，所以通常称动圈为电压线圈，而动圈支路也常被称为电压支路。

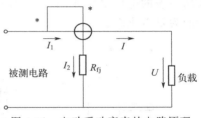

图 4-31 电动系功率表的电路原理

① 当用于直流电路的功率测量时，通过电流线圈的电流 I_1 与被测电路电流相等，即，$I_1 = I$，而电压线圈中的电流 I_2 可由欧姆定律确定，即

$$I_2 = \frac{U}{R_2} \tag{4-21}$$

由于电流线圈两端的电压降远小于负载两端的电压 U，所以可以认为电压支路两端的电压与负载电压 U 是相等的。式(4-21)中 R_2 是电压支路总电阻，它包括电压线圈电阻和附加电阻 R_{fj}。对于一个已制成的功率表，R_2 是一个常数。又因为电动系功率表可动部分的偏转角为
$$\alpha = K I_1 I_2$$

因此有
$$\alpha \propto UI = P \tag{4-22}$$

即电动系功率表用于直流电路的测量时，其可动部分的偏转角 α 正比于被测负载功率 P。

② 当用于交流电路的测量时，通过电流线圈的电流 i_1 等于负载电流 i，即
$$\dot{I}_1 = \dot{I}$$

而通过电压线圈的电流 i_2 与负载电压 u 成正比，即
$$\dot{I}_2 = \frac{\dot{U}}{Z_2} \tag{4-23}$$

式中，Z_2 为电压支路的总阻抗。

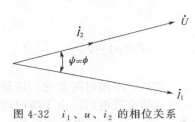

图 4-32 i_1、u、i_2 的相位关系

由于电压支路中附加电阻 R_{fj} 总是比较大，在工作频率不太高时，电压线圈的感抗可以忽略不计。因此，可以近似认为电压线圈电流 $\dot{I}_2$ 与负载电压 $\dot{U}$ 是同相的，即 $\dot{I}_2$ 与 $\dot{U}$ 之间的相位差等于零，而 $\dot{I}_1$ 与 $\dot{I}_2$ 之间的相位差 ψ 跟 $\dot{I}_1$ 与 $\dot{U}$ 之间的相位差 φ 相等，如图 4-32 所示。

因此可得

$$\alpha \propto UI\cos\varphi = P \tag{4-24}$$

电动系功率表用于交流电路的功率测量时，其可动部分的偏转角 α 与被测电路的有功功率 P 成正比。虽然这一结论是在正弦交流电路的情况下得出的，但它对非正弦交流电路同样适用。

2. 多量程功率表

便携式电动系功率表通常都是多量程的，一般有两个或三个电压量程。

① 电流的两个量程是由电流线圈的两个完全相同的绕组采用串联或并联的方法来实现的，如图 4-33 所示。如果两个绕组串联时的电流量程为 I_m，则两个绕组并联时的电流量程为 $2I_m$。电流量程的转换一般是通过用连接片改变额定电流来实现的。

② 功率表电压量程的改变，是通过在电压支路中串联不同的附加电阻来实现的，多量程功率表的电压电路如图 4-34 所示。这种功率表的电压支路有四个端钮，其中标有"*"端的为发电机端。

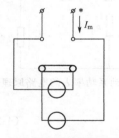
(a) 电流线圈的两部分串联

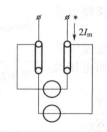
(b) 电流线圈的两部分并联

图 4-33 用连接片改变多量程功率表的电流量程

图 4-34 多量程功率表的电压电路

需要注意的是，功率表的不同量程是通过选择不同的电流量程和电压量程来实现的。例如，D9-W14 型功率表的额定值为 5/10A 和 150/300V，那么功率量程可以有以下四种选择。

5A、150V 量程：功率量程为 750W。
5A、300V 量程：功率量程为 1500W。
10A、150V 量程：功率量程为 1500W。
10A、300V 量程：功率量程为 3000W。

虽然 5A、300V 和 10A、150V 的功率量程相同，但使用时的意义却不一样，这一点必须特别注意。

（三）三相有功功率的测量

三相交流电路按电源和负载的连接方式的不同分为三相三线制和三相四线制两种系统，

而每一种系统在运行时又有不同的情况。根据三相电路的特点，有三种测量方法。

1. 三相三线制电路有功功率的测量

（1）一表法　对于三相三线制的对称电路，可以用一表法测量三相有功功率，即利用单相功率表直接测量三相三线制 Y 形或△形对称电路中任意一相的功率，然后乘以 3，即可得出三相所消耗的功率，如图 4-35 所示。

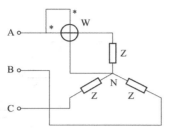 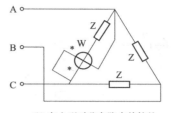

(a) 在 Y 形对称电路中的接线　　(b) 在△形对称电路中的接法

图 4-35　一表法测量对称三相电路的有功功率

如果被测电路的中点不便于接线，或负载不能断开，则应按图 4-36 所示的线路进行测量。图中，电压支路的非发电机端所接的是人工中点，即由两个与电压支路阻抗值相同的阻抗接成 Y 形，作为人工中点。

（2）两表法　在三相三线制电路中，不论其电路是否对称，都可以用图 4-37 所示的两表法来测量它的功率（也可以测量电能）。

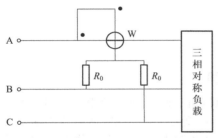 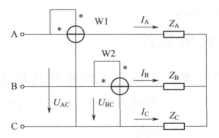

图 4-36　应用人工中点的一表法线路　　图 4-37　两表法测量三相三线制电路有功功率

其三相总功率 P 为两个功率表读数 P_1 和 P_2 的代数和，即

$$P = P_1 + P_2$$

应用两表法时，应注意两点。第一，接线时应使两个功率表的电流线圈串联接入任意两根火线，使其通过的电流为三相电路的线电流，两只功率表的电压支路的发电机端必须接至电流线圈所在火线，而另一端则必须接至没有接电流线圈的第三根火线。第二，读数时必须把符号考虑在内，当负载的功率因数大于 0.5 时，两功率表读数之和即是三相总功率；当负载的功率因数小于 0.5 时，将有一只功率表的指针反转，此时应将该表电流线圈的两个端钮反接，使指针正向偏转，该表的读数应为负，三相总功率即是两表读数之差。

2. 三相四线制电路有功功率的测量

（1）对称三相四线制电路　在对称三相四线制电路中，三相负载总的有功功率等于每一相有功功率的 3 倍。所以只要用一个单相功率表按图 4-38 所示方式接线，就可以测量出它的有功功率，即采用所谓的"一表法"测量。为了简单起见，图中功率表电压线圈支路的附加电阻略去。

这种测量的接线方式是，功率表的电流线圈串联接入三相交流电路中任何一相的火线中，其发电机端接电源侧；电压线圈的发电机端接到电流线圈所在的那一相火线上，而非发电机端接中线。这样，通过电流线圈的电流为负载的相电流，加在电压线圈支路的电压就等于负载的相电压；功率表两个线圈中电流的相位差也就是负载的阻抗角。所以，功率表所测得的功率为对称三相四线制电路中一相负载的有功功率，将其乘以3就是对称三相负载的总有功功率。

图 4-38　一表法测量对称三相四线制电路有功功率 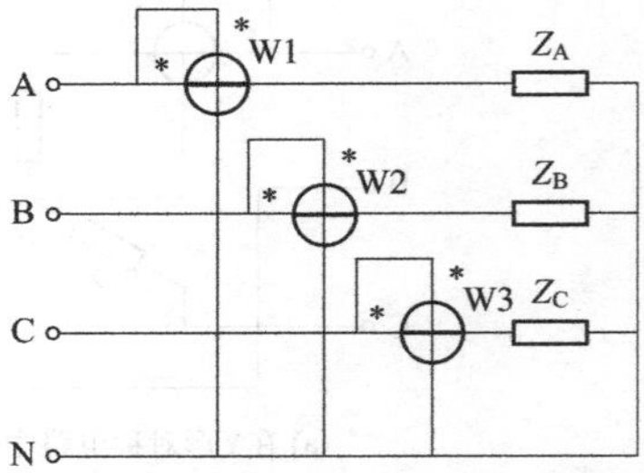　　图 4-39　三表法测量三相四线制电路有功功率

（2）不对称三相四线制电路　在三相四线制电路中，不论其对称与否，都可以利用三只功率表测量出每一相的功率，然后将三个读数相加，即求得三相总功率，三表法测量三相四线制电路有功功率的接线如图 4-39 所示。每个功率表的电流线圈分别串联接入每一相火线中，它们的发电机端接电源侧，功率表的电压线圈分别跨接在每相火线与中性线之间。这样，每个功率表测得的功率分别是相应相负载的有功功率，三相负载的有功功率等于三个功率表的读数之和。

✱ 任务实施

第一步：三相交流电路有功功率的计算

（1）读懂三相电动机的铭牌　三相异步电动机的铭牌一般形式如图 4-40 所示。

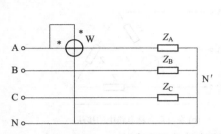

图 4-40　一种三相异步电动机铭牌

① 型号。Y112M-4 中"Y"表示 Y 系列笼式异步电动机（YR 表示绕线式异步电动机），"112"表示电机的中心高为 112mm，"M"表示中机座（L 表示长机座，S 表示短机座），"4"表示 4 极电机。有些电动机型号在机座代号后面还有一位数字，代表铁芯号，如 Y132S2-2 型号中 S 后面的"2"表示 2 号铁芯长。

② 额定功率。电动机在额定状态下运行时，其轴上所能输出的机械功率称为额定功率。

③ 额定速度。在额定状态下运行时的转速称为额定转速。

④ 额定电压。额定电压是电动机在额定运行状态下，电动机定子绕组上应加的线电压值。Y 系列电动机的额定电压都是 380V。凡功率小于 3kW 的电机，其定子绕组均为星形联结，4kW 以上都是三角形联结。

⑤ 额定电流。电动机加以额定电压，在其轴上输出额定功率时，定子从电源取用的线电流值称为额定电流。

⑥ 防护等级。指防止人体接触电机转动部分、电机内带电体和防止固体异物进入电机内的防护等级。防护标志 IP44 含义：IP——特征字母，为"国际防护"的缩写；4 级防固体（防止大于 1mm 的固体进入电机）；4 级防水（任何方向溅水应无有害影响）。

⑦ LW 值。LW 值指电动机的总噪声等级。LW 值越小表示电动机运行的噪声越低。噪声单位为 dB。

⑧ 工作制。指电动机的运行方式。一般分为"连续"（代号为 S1）、"短时"（代号为 S2）、"断续"（代号为 S3）。

⑨ 额定频率。电动机在额定运行状态下，定子绕组所接电源的频率，叫额定频率。我国规定的额定频率为 50Hz。

⑩ 接法。表示电动机在额定电压下，定子绕组的连接方式（星形联结和三角形联结）。

(2) 三相电动机的功率计算　三相电路的总功率为 $P = 3P_P = 3U_P I_P \cos\varphi$，或者 $P = \sqrt{3} U_l I_l \cos\varphi$。

由铭牌数据可以得出三相电动机的输入电功率（一般取三相电动机的功率因数 $\cos\varphi = 0.8$）：$P_1 = \sqrt{3} U_l I_l \cos\varphi = 1.732 \times 380 \times 8.8 \times 0.8 = 4633 (W)$。

由铭牌可以得到上述电动机的输出的机械功率即额定功率 $P_2 = 4kW$。

则可算得此三相电动机的效率 $\eta = \dfrac{P_2}{P_1} = \dfrac{4000}{4633} = 0.863$。

试找出实验室的电动机，抄录铭牌数据，并计算出效率。

第二步：电动系功率表的使用训练

(1) 使用注意事项

① 功率表在使用过程中应水平放置。

② 仪表指针如不在零位时，可利用表盖上的零位调整器调整。

③ 测量时，如遇仪表指针反向偏转，应改变仪表面板上的"＋""－"换向开关极性，切忌互换电压接线，以免使仪表产生误差。

④ 功率表与其他指示仪表不同，指针偏转大小只表明功率值，并不显示仪表本身是否过载。有时表针虽未达到满度，但只要 U 或 I 之一超过该表的量程，仪表就会损坏。故在使用功率表时，通常需接入电压表和电流表进行监控。

(2) 量程选择

功率表的电压量程和电流量程根据被测负载的电压和电流来确定，要大于被测电路的电压、电流值。只有保证电压线圈和电流线圈都不过载，测量的功率值才准确，功率表也不会被烧坏。

(3) D26-W 型功率表的接线方法　标有"＊"的接线柱为发电机端，另外三个是电压量程选择端。四个电流接线柱，没有标明量程，通过活动连接片使两个 2.5A 的电流线圈串联，得到 2.5A 量程，通过活动连接片使两个 2.5A 的电流线圈并联，得到 5.0A 的量程。

用功率表测量功率时，电压线圈要并联接入被测电路，电流线圈要串联接入被测电路。通常情况下，电压线圈和电流线圈的标有"＊"端应短接在一起，否则功率表除反偏外，还有可能损坏。功率表的正确接线方法有两种，如图 4-41 所示。

图 4-41(a) 为电压线圈前接法，适用于负载电阻远远大于电流线圈内阻的情况。这是由于图中电流线圈中流过的电流是负载的电流，但电压线圈支路反映的电压是负载和电流线圈上产生的电压之和。因此功率表反映的功率是负载和电流线圈消耗的功率。如果负载消耗的功率远远大于功率表电流线圈消耗的功率，功率表的读数才较为准确。

图 4-41(b) 为电压线圈后接法，适用于负载电阻远远小于电压线圈支路内阻的情况。

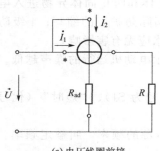

(a) 电压线圈前接

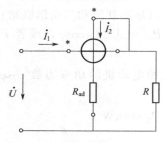

(b) 电压线圈后接

图 4-41 电动系功率表的接线方法

这是由于图中电压线圈支路反映的电压是负载电压，但电流线圈中流过的电流是负载的电流和电压线圈支路的电流之和，因此功率表反映的功率是负载和电压线圈支路消耗的功率。如果负载的电阻 R 远远小于电压线圈支路的内阻，则负载消耗的功率远远大于功率表电压线圈支路消耗的功率，功率表的读数才较为准确。

无论是电压线圈前接法还是电压线圈后接法，功率表的读数都会因含有功率表的损耗而产生误差。在一般的工程测量中，被测功率往往比表的损耗大得多，所以误差可以忽略不计。实际应用中，由于通常电流线圈的功耗比电压线圈支路的功耗小，所以常采用前接法。但当功率很小或精密测量时，就不能忽略功率表的损耗了。这时应对功率表的读数进行校正，即从读数中减去功率表的损耗，或采取一些补偿措施。

（4）功率表的读数 功率表与其他仪表不同，功率表的表盘上并不标明瓦特数，而只标明分格数，所以从表盘上并不能直接读出所测的功率值，而须经过计算得到。当选用不同的电压、电流量程时，每分格所代表的瓦特数是不相同的，故首先应计算出每一格代表的瓦数，即分格常数 C

$$C = \frac{电压量程（V）\times 电流量程（A）}{表盘满刻度数}$$

然后根据读出的格数 n，计算出所测量功率的大小，即

$$P = Cn$$

任务训练：试计算 D26-W 型功率表在不同量程对应的分格常数。

第三步：三相交流电路有功功率的一表法测量训练

对于三相三线制或者三相四线制的对称电路，可以用一表法测量三相有功功率，即利用单相功率表直接测量三相三线制 Y 形或 △ 形对称电路中任意一相的功率，然后乘以 3，即可得出三相所消耗的功率。一表法测量三相功率的原理可由式（4-17）得出。按照如表 4-7 准备所需元器件，搭建如图 4-42 所示的电路。在功率表接线时，注意其电压线圈应并联，电流线圈应串联。电压线圈和电流线圈的发电机端（"*"端）应接在一起。

表 4-7 三相有功功率测量所需元器件及仪表清单

器件名称	型号或参数	数量	器件名称	型号或参数	数量
小空气开关	DZ47-63	3	单相变压器	400V/400V	3
低压电容器		3	电压表	T19-V	2
电流表	T19-A	2	导线	铜线，1.0mm²	若干
起子	一字、十字	1	剥线钳		1
电工胶木板	800mm×500mm	1	万用表	MY65	1
功率表	D26-W	3	电动机	三角形接法	1
导轨		2			

用一表法测量有功功率时，图 4-42 所示电路只需接入功率表 W1，其他两只功率表不

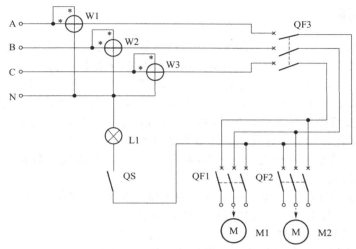

图 4-42 三相交流电路有功功率测量电路原理接线图

接，在通电运行时 QS 不投入，即单相负载不投入，只投入三相电动机 M1、M2，以保持三相电路对称运行。读出功率表的示值，将其乘以 3，即得到三相电路的总功率 $P_总$，填入表 4-8。然后根据电动机 M1 和 M2 的铭牌计算出其输入电功率 P_{M1} 和 P_{M2}，二者的和作为三相标称功率填入表 4-8，并验证如下公式

$$P_总 = P_{W1} \times 3 = P_{M1} + P_{M2}$$

测量值和标称值应近似相等。如不相等，则需要找出原因。

表 4-8 三相有功功率测量数据

	三相总功率测量值/W	三相标称功率/W
一表法		
三表法		
结论		

第四步：三相交流电路有功功率的三表法测量训练

在三相四线制电路中，不论其对称与否，都可以利用三只功率表测量出每一相的功率，然后将三个读数相加即为三相总功率。在图 4-42 中，接入三只功率表，在通电运行时，合上空气开关 QF1~QF3，以及墙壁开关 QS，使得三相四线制电路为不对称电路运行。读出三只功率表的示值，得到三相电路的总功率，填入表 4-8，其应等于两电动机的功率与灯泡功率的和，验证以下公式

$$P_总 = P_{W1} + P_{W2} + P_{W3} = P_{M1} + P_{M2} + P_{L1}$$

测量值和标称值应近似相等。如不相等，则需要找出原因。

第五步：实施过程回顾

在任务完成之后，应总结：
① 有功功率表的接线原则和接线方法。
② 一表法和三表法测量三相功率的接线原理与接线方法。
③ 三相电动机的输入功率（电功率）的计算方法。
④ 总结三相电动机的输入功率和输出功率（机械功率、额定功率）之间的关系。

任务测评

本任务主要内容是三相交流电路有功功率的测量。技能训练主要有两个方面的内容，一是电路的设计与搭建，二是单相功率表的使用。在电路的设计与搭建时，可在电工胶木板上将电路元器件固定好，然后布线。也可在电工实验箱上利用现有元器件进行插接接线。教师事先进行讲解和演示。在任务实施时，教师须提醒学生注意以下事项（评分标准）。

① 按照原理接线图进行接线，接线时注意导线颜色的使用，火线应用黄绿红三种颜色导线，零线可用黑色或者蓝色导线。导线颜色使用错误者，扣 10 分。

② 功率表须平放在工作台上，电压线圈应并联、电流线圈应串联使用。电压线圈、电流线圈接线错误者，扣 10 分。

③ 注意功率表电压线圈、电流线圈量程的选择，连接片须正确连接。火线进入表计时，须接到"＊"端。量程选择及火线接线错误者，扣 10 分。

④ 单相负载灯泡的开关须控制火线。开关接线错误者，扣 10 分。

⑤ 功率表读数须乘以分格常数才能得到功率值。功率结果不正确者，扣 10 分。

⑥ 在检查无误时，方可通电进行测试。测量数据时注意安全，防止触电。未检查者，扣 10 分。

⑦ 三相功率测量值和标称值之间的误差须在允许范围内，误差超出允许范围者，扣 10 分。

教师在测评时，根据以上注意事项进行综合评分。

 知识拓展——三相无功电能表

在发电配电过程中，为了了解设备的运行情况以改善电能质量、提高设备的利用率和降低线路损耗，需要安装无功电能表，以对无功电能进行测量。

电力工程中，单相无功电能表很少应用，大量使用的是三相无功电能表。三相无功电能表主要采用附加电流线圈的三相无功电能表（DX1 型）和具有 60°相位差的三相无功电能表（DX2 型）两种。

1. 采用附加电流线圈的三相无功电能表

这种三相无功电能表的结构与二元件三相有功电能表基本相同，不同的地方仅在于每个电磁元件的电流铁芯上，除了绕有基本的电流线圈外，还绕有与基本线圈匝数相等的附加线圈。

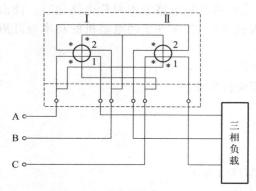

图 4-43 所示为采用附加电流线圈的三相无功电能表直接接入被测电路的接线图。图中，每组电磁元件的基本电流线圈和电压线圈的接线原则，和两表跨相法测量三相无功功率相同，即两组电磁元件的电流线圈分别按"发电机端"原则串联接入 A、C 相火线中，通过它们的电流分别为 i_a 和 i_c。

Ⅰ 组电磁元件的电压线圈两端电压为 U_{BC}，Ⅱ 组电磁元件的电压线圈两端电压为 U_{AB}。两个附加电流线圈互相串联起来，然后串联接入没有接基本电流线圈的 B 相火线中。

图 4-43 采用附加电流线圈的
三相无功电能表的接线图

每个附加线圈的接法与同一电流铁芯上的基

本线圈的极性应相反，以使同一电流铁芯上的这两个电流线圈产生的磁通方向相反，所以每个电流元件所反映的电流分别是 i_a-i_c 和 i_c-i_b。

可以证明，当三相电源电压对称时，两组电磁元件产生的总平均转矩为

$$M = C_1\sqrt{3}Q$$

式中，C_1 为比例系数；Q 为三相无功功率。

由上式可见，总平均转矩 M 和三相无功功率 Q 成正比，因而通过积算机构，便可测出三相无功电能。

这种三相无功电能表适用于电源电压对称的三相三线制和三相四线制电路。

2. 具有 60°相位差的三相无功电能表

这种三相无功电能表也是由两组电磁元件构成的，和普通感应系电能表不同的是，每组电磁元件的电压线圈支路中，分别串联接入了适当的电阻，使电压线圈支路中的电流在相位上不再比端电压落后 90°，而是 60°。接线时，仍要遵守"发电机端"原则。

习题

1. 填空题

（1）三相电路的瞬时功率等于_____之和。

（2）对称三相电路中，瞬时功率就等于_____，为一常数，不随时间变化，这是对称三相电路的一个重要特点。工程上常用的三相电动机通入对称的交流电后，由于瞬时功率是个常数，所以每个_____也是常数，电动机的运行是稳定的，这是三相电动机的一大优点。

（3）三角形联结时的相电压是星形联结时的_____倍，而总的有功功率是星形联结时的_____。

（4）电动系仪表有两个线圈，即_____和_____。

（5）对于三相三线制的对称电路，可以用_____法测量三相有功功率。

（6）在三相三线制电路中，不论其电路是否对称，都可以用_____法来测量它的功率。

（7）在三相四线制电路中，不论其对称与否，都可以利用_____法测量出三相电路的总功率。

（8）功率表的不同量程是通过选择不同的_____量程和_____量程来实现的。

（9）要使负载正常工作，负载的接法必须正确，若正常工作是星形联结而误接成三角形，将因每相负载承受_____电压，导致_____过大而烧毁；若正常工作是三角形联结而误接成星形，则因_____过小而不能正常工作。

（10）电动系测量机构用于功率测量时，其定圈_____接入被测电路，而动圈与附加电阻_____后_____接入被测电路。

2. 测量功率时，如果功率表的指针出现反偏，应如何处理？

3. 使用功率表时，应如何选择量程？

4. 功率表如何正确读数？

5. 有一个对称三相负载，每相的电阻 $R=6\Omega$，容抗 $X_C=8\Omega$ 接在线电压为 380V 的三相对称电源上，分别计算下面两种情况下负载的有功功率，并比较其结果。（1）负载为三角形联结；（2）负载为星形联结。

项目五

变压器、互感器的安装与测试

任务一　变压器的安装与测试

【技能目标】

1. 能根据变压器的原理判别变压器的类型。
2. 能对变压器的相关参数进行测量。
3. 能按照所给的图纸安装含有变压器的三相交流电路。

【知识目标】

1. 理解磁路的基本物理量和磁场的基本定律。
2. 了解铁磁材料的磁性能。
3. 掌握变压器的基本结构和工作原理。

【素质目标】

1. 培养理论从实践中来并到实践中去的意识。
2. 培养热爱科学、敢于动手实践的意识。

任务引入

变压器是利用电磁感应的原理来改变交流电压的装置，主要构件是初级线圈、次级线圈和铁芯（磁芯）。主要功能有：电压变换、电流变换、阻抗变换、隔离、稳压（磁饱和变压器）等。按用途可以分为：配电变压器、电力变压器、全密封变压器、组合式变压器、干式变压器、油浸式变压器、单相变压器、电炉变压器、整流变压器等。图 5-1 所示的即为实际工作中常用到的配电变压器和电源变压器。

工厂里或者电力系统中运行的电力变压器，常常需要在检修时进行各种试验，如变比、极性测试，空载试验和短路试验；而电源变压器标称功率、电压、电流等参数的标记，日久会脱落或消失，有的市售变压器根本不标注任何参数，这给使用带来极大不便。假如你是工厂的一名电气检修人员，如需要对变压器进行各种参数的测试，应该如何

图 5-1　变压器实物

去做呢？

相关知识

（一）磁路

磁路是磁场存在的一种特殊形式，是限制在一定空间范围内的磁场。实际电路中在他励电感原级的线圈中放有铁芯，线圈通电后铁芯就构成磁路。

而磁场是由磁体或电流生成的，通常用磁力线来形象地描述磁场的存在和分布情况，磁力线是闭合的曲线，磁力线上每一点的切线方向就是该点磁场的方向，磁力线的疏密程度则表示该点磁场的强弱。其中反映磁场基本特征的物理量主要是磁感应强度 B、磁通 Φ、磁导率 μ 以及引出量磁场强度 H。

1. 磁感应强度 B

磁感应强度是表征磁场性质的基本物理量之一，反映的是介质磁场中某点磁场的强弱及方向，是一个矢量，用符号"B"表示。

磁感应强度 B 的大小表征介质磁场中某点磁场对垂直于磁场方向的电流元 dIl 的作用力 dF 的大小。通常用磁力线（即磁感应线）的疏密来表示磁感应强度的大小，即单位面积的磁通量，因此 B 也称"磁通密度"，具体由式（5-1）确定。

$$B = \frac{\Phi}{s} \tag{5-1}$$

磁感应强度 B 的方向是用磁场中某点的磁力线的切线方向来表示该点的磁场方向。电流磁场的磁感应强度的方向与产生该磁场的电流方向符合右手螺旋定则关系，也可用小磁针来判断磁感应强度的方向。放置在磁场中的小磁针 N 极所指的方向，即为该点磁感应强度的方向。

如果某磁场中磁感应强度的大小处处相等，方向也都相同，则称这种磁场为均匀磁场。

在国际单位制中，磁感应强度 B 的单位采用"特斯拉（T）"或"韦伯/米^2（Wb/m^2）"；在实际工程中，常采用电磁制单位"高斯（Gs）"。

二者的关系是：$1T = 10^4 Gs$。

2. 磁通 Φ

磁通是表征磁场性质的另一个基本物理量，反映的是磁感应强度在某一截面内累积的效果，也是一个矢量，用符号"Φ"表示。

磁通 Φ 的大小是指磁力线垂直穿过截面 S 时的磁感应强度的总通量，如图 5-2 所示，由式（5-2）确定。

$$\Phi = \int_S d\Phi = \int_S B \cdot dS \tag{5-2}$$

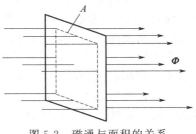

图 5-2　磁通与面积的关系

> 注意：①若是平面均匀磁场且磁力线与截面 S 垂直，那么存在关系式 $\Phi = BS$；若磁力线与 S 不垂直时，则 $\Phi = BS\cos\alpha$。
>
> ②若为平面非均匀磁场，则 B 应取平均值，即 $\Phi = \overline{B}S$ 或 $\Phi = \overline{B}S\cos\alpha$。
>
> 磁通 Φ 的方向与磁感应强度 B 的方向一致。

在国际单位制中，磁通 Φ 的单位采用"韦伯（Wb）"；工程电磁制单位中，采用"麦克斯韦（Mx）"。

二者的关系是：$1\text{Wb}=10^8\text{MX}$

3. 磁导率 μ

磁导率是表征物质导磁性能的一个物理量，反映介质具有的导磁能力大小，属于一个标量，用符号"μ"表示。

在国际单位制中，磁导率采用的通用单位是"亨/米（H/m）"。

实验测出，真空（或空气）的导磁能力极弱，其磁导率是一个常数，数值为

$$\mu_0 = 4\pi \times 10^{-7} \text{H/m} \tag{5-3}$$

其他物质的导磁性能用相对磁导率 μ_r 来表示。

任一物质的磁导率 μ 与真空磁导率 μ_0 的比值称为此物质的相对磁导率，即

$$\mu_r = \frac{\mu}{\mu_0}$$

那么该物质的磁导率

$$\mu = \mu_0 \cdot \mu_r$$

几种常见物质的相对磁导率见表 5-1。

表 5-1　几种常见物质的相对磁导率

物质	μ_r/(H/m)	物质	μ_r/(H/m)	物质	μ_r/(H/m)
空气	1.000000365	铝	1.000214	铂	1.00026
银	0.999974	铜	0.99990	汞	0.999971
碳（金刚石）	0.999979	硅钢片	700～10000	坡莫合金	20000～200000
铸铁	200～400	锰锌铁氧体	300～5000	镍锌铁氧体	10～1000

自然界的物质对磁的敏感程度有所不同，根据其导磁能力的强弱，将物质分为了磁性物质和非磁性物质两大类。

（1）非磁性物质　对磁极不敏感，几乎没有导磁能力，μ 很小，接近于 μ_0，即相对磁导率 $\mu_r \approx 1$。非磁性物质又分为顺磁性物质和反磁性物质两种，其相对磁导率相差不大。顺磁性物质的相对磁导率 μ_r 略大于 1，在 1.000003～1.00001 之间，如空气、铝、纸、铬、铂等物质；反磁性物质的相对磁导率 μ_r 略小于 1，在 0.999995～0.99983 之间，如汞、铜、银等物质。

（2）磁性物质　对磁极其敏感，有极强的导磁能力，μ 很高，μ_r 相当大，高达 10^2 以上，而且 μ_r 不是常数。磁感应强度及环境温度的改变将会影响它的数值大小，也就是说，磁场的强弱及温度会影响磁性物质的导磁能力。

若物质的 $\mu_r \gg 1$ 时，对应的物质称铁磁性物质。如铁、镍、钴、硅钢、镍钴合金、坡莫合金等，其相对磁导率 μ_r 可高达 10^4 以上。

铁磁性物质如果处在电流磁场中，对电流的磁场会产生极大的影响。因此，实用电工设备的铁芯，都选用导磁性能好的铁磁性材料，如硅钢片、铸铁、镍钴合金等。

4. 磁场强度 H

磁场强度是为了分析和计算磁场的方便而引入的一个物理量，反映的是电流磁场中某点的磁场强弱及方向，不包括磁介质磁化后附加的磁场，是一个矢量，用符号"H"表示。

磁场强度 H 的大小与产生该磁场的电流大小及所在点的磁力线路径有关，由全电流定律确定。

磁场中，磁感应强度 B、磁场强度 H 和磁导率 μ 三者的关系为

$$B = \mu H$$

磁场强度 H 的方向与产生磁场的电流呈右手螺旋定则关系，即与磁感应强度 B 的方向

一致,某点的磁场方向指该点磁力线的切线方向。

磁场强度 H 的单位,国际单位制中采用"安/米(A/m)",工程制单位采用"奥斯特(Oe)",二者的关系是

$$1A/m = 4\pi \times 10^{-3} Oe。$$

(二)磁路的基本定律

1. 磁通连续性原理

从物理学知识中我们知道,磁力线是无头无尾的封闭曲线,因此,若磁场中存在任意闭合的曲面,则穿入此闭合曲面的磁力线总通量必定等于穿出该曲面的磁力线总通量。

磁通连续性原理内容描述为:磁场中通过任意闭合曲面的磁通总量的面积分恒等于零。磁通连续性原理数学表达式如下

$$\Phi = \oint_S d\Phi = \oint_S B \cdot dS = 0 \tag{5-4}$$

2. 全电流定律

磁场中存在的全电流定律又称安培环路定律,它反映了磁场中具有的一种基本性质。

具体内容描述为:在磁场中,磁场强度 H 沿任意闭合磁力线路径的线积分等于穿过该闭合磁力线所围面积内全部电流的代数和。

全电流定律的数学表达式如下

$$\oint_l H dl = \sum I \tag{5-5}$$

式中,电流的正负取值规定如下:先假设某绕向为沿闭合磁力线积分的方向,凡是与该绕行方向符合右手螺旋定则的电流前面取"+"号;反之,则电流前加"-"号。

综上所述可得:

① 由式(5-5)可知,H 的数值只与产生磁场的电流以及磁场的分布情况有关,与磁场中有无磁介质无关。

② H 与 B 二者的数值不等,主要区别是:H 表示的是电流本身产生的磁场,反映的是电流的励磁能力;B 表示的是电流磁场与磁介质磁化后具有的附加磁场合成后的总磁场,其数值不仅与电流的大小有关,而且与磁介质的磁导率有关。

③ Φ、B、H 三者之间有一定的关系,若磁场中磁力线与截面 S 相垂直,那么:如果磁场中有铁磁性材料,且介质磁导率为 μ(非常数),则存在关系式:$\Phi = BS$,$B = \mu H$;如果磁场中是非磁性介质,如空气、胶木棒等,其磁导率取 μ_0(常数),那么有关系式

$$\Phi_0 = B_0 S_0$$
$$B_0 = \mu_0 H_0$$

(三)铁磁材料的磁性能

铁磁性物质又称磁介质,是指在较弱的电流磁场作用下能有较强的附加磁场产生,使原电流磁场强度增加很多的一类物质。

磁介质为什么会产生这种现象呢?具体分析如下。

1. 铁磁物质(材料)的磁化

铁磁物质在外磁场中呈现磁性的现象,称为铁磁物质的磁化,磁化过程如图 5-3 所示。

(1)"磁畴"分子 铁磁物质内部的分子结构不同于其他物质,其分子运动的结果自然在其周围形成许多微小的磁性区域,称"磁畴"。每个"磁畴"分子内部所有的分子电流

（电子的自由旋转）产生的磁场方向一致，因此，每个磁畴分子都相当于一块体积极小、磁性很强的小磁铁，如图5-3(a)所示。

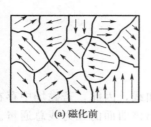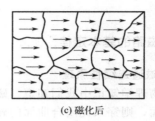

(a) 磁化前　　　　　　　(b) 磁化中　　　　　　　(c) 磁化后

图5-3　铁磁物质的磁化过程

（2）铁磁物质的磁化过程　铁磁物质在没有外磁场作用时，各磁畴分子排列无序，杂乱无章，所有磁畴分子的总磁性相互抵消，所以整个物质对外不显磁性。若把铁磁物质放进外磁场，在一定大小的外磁场力作用下，铁磁物质内的绝大多数磁畴分子的磁场方向与外磁场将趋于一致，如图5-3(b)所示。完全磁化后，在铁磁物质内部将形成很强的与外磁场同方向的附加磁场，如图5-3(c)所示，从而使得铁磁性物质对外显示出磁性，这即是"铁磁物质的磁化"过程。

2. 铁磁物质的磁性能

此类物质处在外磁场中时，呈现出特殊的磁性能，主要体现在高导磁性、磁饱和性及磁滞性三个方面。

（1）高导磁性　铁磁物质具有磁化的特性，外磁场越强，与外磁场一致方向的磁畴越多，附加磁场也越强，也就使得铁磁性物质的磁导率远大于非铁磁性材料的磁导率，说明磁性物质具有很高的导磁性能。

（2）磁饱和性　铁磁物质磁化过程中，外磁场增大，其附加磁场也随之增强。是不是附加磁场会随着外磁场的增加而一直增大呢？答案是"否定"的。因为，当外磁场的强度继续增加达到某一数值时，所有的磁畴分子都按照外磁场方向排列，如图5-3(c)所示。这时即使再增加外磁场的强度，其附加磁场也无法增强，而基本保持不变，这种现象说明铁磁性物质具有"磁饱和"性能。

（3）磁滞性　铁磁性物质如果处于交变磁场中时，外磁场方向的不断改变，使得磁畴分子也跟着不断转向。由于分子热运动的存在会阻止磁畴转向，因而出现磁畴分子的转动变向跟不上外磁场变向的问题，也就是说磁感应强度 B 的变化滞后于磁场强度 H 的变化，这种现象称为"磁滞"，体现了铁磁性物质具有的"磁滞"特性。

3. 磁化曲线及其磁化特性分析

（1）磁化曲线　铁磁性物质具有磁化的特点，对应的磁化曲线通常用 B-H 关系线来描述，称"磁化曲线"。B-H 磁化曲线通常由实验测定，测量电路如图5-4所示。

将待测的铁磁材料制成环形铁芯，并在铁芯上均匀密绕 N 匝线圈，并接入磁通计；用直流电源 U_s 经过电位器 R_w 给线圈加电，线路中串接电流表，采用双刀双掷开关控制通、断。

开关拨向 1-1' 端，调节电位器 R_w 的数值，使线圈中通过不同的励磁电流 I，利用电流表测量出励磁电流 I 的数值，借助磁通计测量出该励磁电流对应的铁芯中的磁通数据，作表格分别记录电流表和磁通计对应的数据值（测取大约二十个实验数据即可）。根据实验测定记录的表格数据，以铁芯磁通 Φ 为纵坐标，以励磁电流 I 为横坐标，绘制出 Φ-I 关系曲线。

根据 $B=\dfrac{\Phi}{S}$ 和 $H=\dfrac{IN}{l}$ 两个公式，便可通过测定的 **Φ**-**I** 数据，画出 **B**-**H** 关系曲线（l 为有效链路长度）。

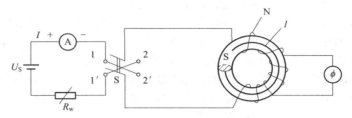

图 5-4　**B**-**H** 磁化曲线测量电路

（2）起始磁化曲线及其特性分析　图 5-5 给出铁磁性物质的基本磁化特性曲线，曲线可分三段，具体分析如下。

Oa 段：随 **H** 的增大，**B** 几乎是直线上升，体现高的导磁性能；

ab 段：随 **H** 的增大，**B** 的增长速度变慢；

bc 段：**H** 继续增大，但 **B** 的增长极慢，铁磁材料内部的磁场达到了饱和值 B_m，体现了磁饱和特性。

由基本磁化曲线看出，铁磁性物质整个磁化过程中，**B**-**H** 呈非线性关系，也就说明对应的铁磁性物质的磁导率不是一个常数。

图 5-6 中的曲线描述了铁磁物质磁化过程中具有的 μ-**H** 特性，反映了铁磁性物质磁导率 μ 的变化趋势。

分析图可知：磁导率 μ 的大小随磁场强度 **H** 的强弱变化而改变，它存在一个最大磁导率 μ_{max} 点。

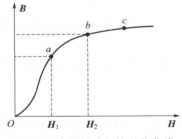　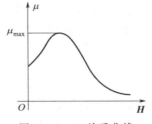　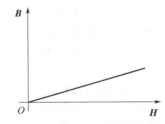

图 5-5　铁磁物质起始磁化曲线　　图 5-6　μ-**H** 关系曲线　　图 5-7　非磁性物质的磁化曲线

非磁性物质的磁化曲线见图 5-7，可以看出，它是一条直线。因为非磁性物质的磁导率 μ_0 是一个常数，所以，对应的 μ-**H** 关系曲线为线性关系。

通常，非磁性物质的磁导率都取真空的磁导率，即 $4\pi \times 10^{-7}$ H/m。

（3）铁磁物质的磁滞回线及其特性分析　铁磁材料在反复磁化过程中的 **B**-**H** 线称磁滞回线，如图 5-8 所示，特性分析如下。

励磁电流 I 从零开始增加，**H** 从零开始增大，使磁感应强度 **B** 随之由零增加，直至达到饱和值 B_m，如图 5-8 中的

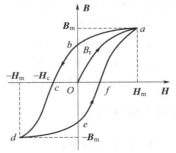

图 5-8　磁滞回线

Oa 段所示。此时若减小励磁电流 I,H 也随之减小,B 也将从 B_m 开始下降。但是,它并没有沿原来的路径返回,而是历经另外的线路。

实践证明,当磁场强度为零(即励磁电流 $I=0$)时,铁磁性材料仍然会保留有一定的磁性($B=B_r\ne0$),如图 5-8 中的 b 点,称 B_r 为剩磁。

要使剩磁去掉,就必须使线圈中的电流反向,产生反向磁场。反向磁场的逐渐增强,将不断削弱原来方向的剩磁,称此为"退磁",图 5-8 中的 bc 段就是退磁过程。直到 $H=-H_c$ 时,剩磁完全消除。克服剩磁所加的反向磁场强度 H_c 称作"矫顽磁力",简称"矫顽力"。

如果外磁场 H 继续反向增大,则附加磁场 B 也改变方向,铁磁材料反方向被磁化。直至达到反向饱和值 $-B_m$。若再继续改变电流方向,B 值沿 $defa$ 变化,形成一个闭合回线,见图 5-8,称闭合回线 $abcdefa$ 为磁滞回线。

用不同的 H_m 值对铁磁物质进行交变磁化,可相应得到一系列大小不同的磁滞回线。

图 5-9 中给出了同一铁磁材料在反复磁化过程中的一簇磁滞回线,连接各条磁滞回线的顶点所得到的曲线称为"基本磁化曲线"。分析基本磁化曲线得出,附加磁感应强度 B 的变化始终落后于外加磁场 H 的变化,此点进一步证明了铁磁性材料具有的磁滞特性。

基本磁化曲线与起始磁化曲线差别很小,它是经过多次循环往复磁化得到的曲线,与起始磁化曲线相比,它更加稳定。

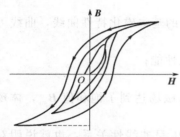

图 5-9 铁磁材料的基本磁化曲线

4. 铁磁性物质分类

铁磁性物质的种类不同,其磁导率及磁滞回线都不一样。根据磁滞回线的形状特点,将铁磁性材料分为软磁材料、硬磁材料和矩磁材料三类。

(1)软磁性材料

① 特点。具有较小的矫顽磁力和剩磁,磁滞回线窄而细长,回线面积小。这种材料易磁化,也易退磁。常见的软磁材料有铸铁、硅钢、坡莫合金及铁氧体等。

② 应用。软磁材料一般被用来制造交流电工设备的铁芯。例如交流电机、变压器、电磁铁等的铁芯。

(2)硬磁材料

① 特点。具有较大的矫顽磁力,磁滞回线宽而短,回线面积大。这种材料难磁化,磁化后磁性不易消失。常见的永磁材料有碳钢、铁镍铝钴合金等。近年来稀土永磁材料发展很快,像稀土钴、稀土钕铁硼等,它们的矫顽磁力都很大。

② 应用。永磁材料一般被用来制造永久磁铁。例如电信仪表的铁芯、永磁式扬声器及小型直流电机的永磁铁芯等。

(3)矩磁材料

① 特点。具有较小的矫顽磁力,但有较大的剩磁,磁滞回线接近于矩形。这种材料的磁稳定性较好。常用的矩磁材料有镁锰铁氧体及铁镍合金等。

② 应用。矩磁材料被用于计算机和控制系统,如存储器的磁芯。

(四)变压器

1. 变压器的分类

变压器一般按照用途、相数、冷却介质、铁芯形式和绕组数分类。

① 按照用途的不同，可分为用于输配电的电力变压器、用于整流电路的整流变压器和用于测量技术的仪用互感器。

② 按照变换电能相数的不同，可分为单相变压器和三相变压器。

③ 按照冷却介质的不同，可分为油浸变压器和干式变压器。

④ 按照铁芯形式的不同，可分为芯式变压器和壳式变压器。

⑤ 按照绕组数的不同，可分为双绕组变压器、自耦变压器、三绕组变压器和多绕组变压器。

2. 变压器的基本结构和工作原理

（1）变压器的基本结构　变压器由铁芯和绕在线圈上的两个或者多个线圈组成。铁芯的作用是构成磁路，为了减少涡流损耗和磁滞损耗，采用导磁性能好、厚度较薄、表面涂绝缘漆的硅钢片叠装而成。

根据铁芯结构形式的不同，变压器可分为芯式和壳式两种。图 5-10（a）是芯式变压器。芯式变压器的原、副绕组套装在铁芯的两个铁芯柱上，其特点是结构简单，电力变压器均采用这种结构。图 5-10（b）是壳式变压器，壳式变压器的铁芯包围线圈。其特点是可省去专门的保护包装外壳，功率较小的单相变压器多采用这种形式，如电子电路中所用的变压器。

绕组也称线圈，是变压器的导电回路，按结构分为高压绕组和低压绕组。绕组采用纱包线或高强度漆包的扁铜或圆铜线绕成。为了便于绕组与铁芯柱之间的绝缘处理，往往把低压绕组置于内圈，高压绕组置于外圈，或者交替放置。

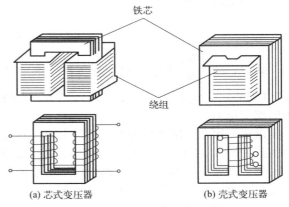

图 5-10　芯式及壳式变压器

图 5-11 是单相双绕组的变压器的原理结构及图形符号，通常把连接电源的绕组称为一次绕组，又称原绕组或初级绕组，凡是表示一次绕组各量的字母均标注下标"1"；接负载的绕组称为二次绕组，又称次级绕组或副绕组，凡是表示二次绕组各量的字母均标注下标"2"。虽然一、二次绕组在电路上是分开的，但两者在铁芯上是处于同一磁路上的。为了防止变压器内部绕组短路，绕组与绕组、绕组与铁芯之间要有良好的绝缘。

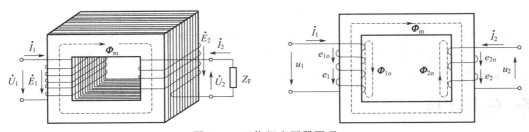

图 5-11　双绕组变压器原理

（2）变压器的工作原理　变压器的工作原理就是电磁感应原理，通过一个共同的磁场，将两个或两个以上的绕组耦合在一起，实现从一个电路向另一个电路传递能量或信号，能量通过磁耦合由电源传递给负载。

理想变压器是实际变压器的理想化模型，满足以下条件可认为是理想变压器。

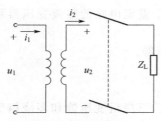

图 5-12 理想变压器电路

① 变压器的全部磁通都闭合在铁芯中无漏磁通。
② 变压器工作时，其本身不消耗功率，既无铁损耗，也无铜损耗。
③ 铁芯材料的磁导率趋于无穷大，产生磁通的磁化电流趋近于零，可以忽略不计。

理想变压器的电路如图 5-12 所示。

3. 理想变压器的作用

(1) 理想变压器的电压变换作用　如图 5-12 所示，根据理想变压器的条件，可知一次电压、二次电压分别为

$$u_1 = N_1 \frac{d\Phi}{dt} \qquad u_2 = N_2 \frac{d\Phi}{dt}$$

由以上两式可得

$$\frac{u_1}{u_2} = \frac{N_1}{N_2} = K \tag{5-6}$$

式中，$K = \frac{N_1}{N_2}$ 为电压比，变压器一次、二次绕组的端电压与它们的匝数成正比。当 $K > 1$ 时，$u_1 > u_2$，为降压变压器；当 $K < 1$ 时，$u_1 < u_2$，为升压变压器；当 $u_1 = u_2$ 时，为隔离变压器。

由于一次、二次绕组的端电压是由同一磁通感应得到的，而它们的参考方向对同名端指向一致，所以 u_1 和 u_2 同相、同频率、同变化规律。

(2) 理想变压器的电流变换作用　由于理想变压器没有有功功率的损耗，又无磁化所需的无功功率，所以一次、二次绕组的视在功率相同，因此有

$$u_1 i_1 = u_2 i_2$$

$$\frac{i_1}{i_2} = \frac{u_2}{u_1} = \frac{N_2}{N_1} = \frac{1}{K} \tag{5-7}$$

(3) 理想变压器的阻抗变换作用　从一次绕组的两边看理想变压器的输入阻抗为

$$Z_i = \frac{\dot{U}_1}{\dot{I}_1} = \frac{K \dot{U}_2}{\frac{1}{K} \dot{I}_2} = K^2 Z_L \tag{5-8}$$

式(5-8) 两边同时对阻抗取模，可得

$$|Z_i| = K^2 |Z_L| \tag{5-9}$$

可见，二次接有负载阻抗为 Z_L 的理想变压器，对电源来说，可等效为一个 K^2 倍 Z_L 的输入阻抗 Z_i。由于 K 为正实数，所以 Z_i 和 Z_L 之间，阻抗不同，但是阻抗角相同，即理想变压器的阻抗变换作用，只改变阻抗的大小，而不改变阻抗的性质。

✳ 任务实施

第一步：变压器的识别

(1) 从外形识别　常用电源变压器的铁芯有 E 形和 C 形两种。E 形铁芯变压器呈壳式结构（铁芯包裹线圈），采用 D41、D42 优质硅钢片作铁芯，应用广泛。C 形铁芯变压器用冷轧硅钢带作铁芯，磁漏小，体积小，呈芯式结构（线圈包裹铁芯）。

(2) 从绕组引出端子数识别　电源变压器常见的有两个绕组，即一个初级和一个次级绕

组,因此有四个引出端。有的电源变压器为防止交流声及其他干扰,初、次级绕组间往往加一屏蔽层,其屏蔽层是接地端。因此,电源变压器接线端子至少是 4 个。

任务:给出一变压器,试判断是 E 形还是 C 形变压器,并说明原因。

第二步:变压器的功率估算

(1) 变压器功率的估算 电源变压器传输功率的大小,取决于铁芯的材料和横截面积。所谓横截面积,不论是 E 形壳式结构,或是 E 形芯式结构(包括 C 形结构),均是指绕组所包裹的那段铁芯柱的横截面(矩形)面积。在测得铁芯截面积 S 之后,即可按公式

$$P = S^2/1.5$$

估算出变压器的功率 P,其中 S 的单位是 cm^2。

例如,测得某电源变压器的铁芯截面积 $S=7cm^2$,估算其功率,得

$$P = S^2/1.5 = 7^2/1.5 = 33(W)$$

剔除各种误差外,实际标称功率是 30W。

(2) 原副边绕组的估算 要使用一个没有标记的电源变压器,最基本的任务是找出初级绕组,并区分初、次级绕组的输出电压。

任务:给出一变压器,请根据其铁芯的截面积估算出其功率大小。

第三步:变压器变比与极性的测定

在电力系统或在工厂供配电线路的检修过程中,常常会对变压器的变比 K 与极性进行测试,以发现变压器所存在的问题。图 5-13 是变压器极性和变比的测试电路。

① 按图 5-13 接线。

② 调节三组不同的电压,用万用表分别测量 U_{AX}、U_{ax}、U_{Aa} 的电压,记录于表 5-2 中。

③ 变比 $K = \dfrac{U_{AX}}{U_{ax}}$。如果测得的 $U_{AX} > U_{Aa}$,则 A 与 a、X 与 x 是同名端,否则 A 与 a、X 与 x 便是异名端。

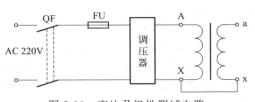

图 5-13 变比及极性测试电路

表 5-2 变比和极性测试数据

序号	U_{AX}/V	U_{ax}/V	U_{Aa}/V	$k = \dfrac{U_{AX}}{U_{ax}}$	同名端
1					
2					
3					

第四步:变压器的空载电流及开路电压测试

按如图 5-14 接线。在调压器输出电压为零后,闭合开关,调节调压器输出电压在 0.5~1.2 倍的额定电压范围内(一定包含 U_{2N},并在 U_{2N} 附近多测几点),每次观察电压表、电

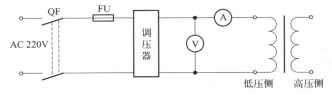

图 5-14 空载电流及开路电压测定试验

流表（可用钳形表进行对比）数值共读取 6 组数据，将测量数据记录于表 5-3 中，并根据以上数据绘出空载电流随电压变化的曲线图。

表 5-3　空载电流和开路电压数据

序号		1	2	3	4	5	6
测试数据	U/V						
	I/A						

第五步：实施过程回顾

在任务完成之后，应总结：
① 总结根据铁芯横截面积对变压器进行功率估算的方法。
② 总结同名端的测量方法。
③ 总结变比测量的方法及依据。
④ 总结变压器的空载电流及开路电压测试方法。

  任务测评

本任务主要内容是变压器的安装与测试。技能训练主要有三个方面的内容，一是变压器的识别与估算，二是变压器同名端、变比的测定，三是变压器空载电流与电压的测试。变压器的识别与估算可利用实验室的电源变压器进行训练。变压器的同名端、变比的测定，以及空载电流、电压的测试，可利用电工实验箱现有元器件进行。教师事先进行讲解、演示。在任务实施时，教师须提醒学生注意以下事项（评分标准）。

① 按照原理接线图进行接线，接线时注意导线颜色的使用，火线应用黄绿红三种颜色导线，零线可用黑色或者蓝色导线。导线颜色使用错误者，扣 10 分。

② 电磁式电压表、电流表须平放在工作台上。电压表应并联使用、电流表应串联使用。电压表、电流表接线错误者，扣 10 分。

③ 注意电压表、电流表量程的选择，以及火线进入表计时，须接到"＊"端。量程选择及火线接线错误者，扣 10 分。

④ 在检查无误时，方可通电进行测试。测试时注意安全，防止触电。通电前未检查者，扣 10 分。

⑤ 同名端测定时，注意一、二次绕组的尾端用导线连接在一起，根据测量数据需要指出一、二次绕组的哪些端子是同名端。同名端测定错误者，扣 10 分。

⑥ 根据绘出的空载电流随电压变化的曲线图，说出空载试验的目的和意义。空载曲线图绘制不正确者，扣 10 分。

教师在测评时，根据以上注意事项进行综合评分。

  知识拓展——变压器故障分析及解决方案

常见的电力变压器如图 5-15 所示。变压器在运行时，可能产生一些故障，其中渗漏油故障为常见的故障。具体可分析如下。

1. 焊接处渗漏油

主要原因是焊接质量不良，存在虚焊、脱焊，焊缝中存在针孔、砂眼等缺陷，变压器出厂时因有焊药和油漆覆盖，运行后隐患便暴露出来，另外由于电磁振动会使焊接振裂，造成渗漏。对于已经出现渗漏现象的，首先找出渗漏点，不可遗漏。针对渗漏严重部位可采用扁

图 5-15 电力变压器

铲或尖冲子等金属工具将渗漏点铆死，控制渗漏量后将治理表面清理干净，目前多采用高分子复合材料进行固化，固化后即可达到长期治理渗漏的目的。

2. 密封件渗漏油

通常箱沿与箱盖的密封是采用耐油橡胶棒或橡胶垫密封的，如果其接头处处理不好会造成渗漏油故障，有的是用塑料带绑扎，有的直接将两个端头压在一起，由于安装时滚动，接口不能被压牢，起不到密封作用，仍是渗漏油。可用福世蓝材料进行粘接，使接头处形成整体，从而使渗漏油现象得到控制；若操作方便，也可以同时将金属壳体进行粘接，达到渗漏治理目的。

3. 法兰连接处渗漏油

法兰表面不平，紧固螺栓松动，安装工艺不正确，使螺栓紧固不好，而造成渗漏油。先将松动的螺栓进行紧固后，对法兰实施密封处理，并对可能渗漏的螺栓也进行处理，达到完全治理的目的。对松动的螺栓进行紧固时，必须严格按照操作工艺进行操作。

4. 铸铁件渗漏油

渗漏油主要原因是铸铁件有砂眼及裂纹。针对裂纹渗漏，钻止裂孔是消除应力避免延伸的最佳方法。治理时可根据裂纹的情况，在漏点上打入铅丝或用手锤铆死。然后用丙酮将渗漏点清洗干净，用材料进行密封。铸造砂眼可直接用材料进行密封。

5. 螺栓或管子螺纹渗漏油

出厂时加工粗糙，密封不良，变压器密封一段时间后便产生渗漏油故障。采用高分子材料将螺栓进行密封处理，达到治理渗漏的目的。另一种办法是将螺栓（螺母）旋出，表面涂抹福世蓝脱模剂后，再在表面涂抹材料后进行紧固，固化后即可达到治理目的。

6. 散热器渗漏油

散热器的散热管通常是用有缝钢管压扁后经冲压制成的，在散热管弯曲部分和焊接部分常产生渗漏油，这是因为冲压散热管时，管的外壁受张力，其内壁受压力，存在残余应力。将散热器上下平板阀门（蝶阀）关闭，使散热器中油与箱体内油隔断，降低压力及渗漏量。确定渗漏部位后进行适当的表面处理，然后采用福世蓝材料进行密封处理。

7. 瓷瓶及玻璃油标渗漏油

通常是因为安装不当或密封失效。高分子复合材料可以很好地将金属、陶瓷、玻璃等材质进行粘接，从而达到渗漏油的根本治理。

 习题

1. 填空题

（1）_____经过的路径称为磁路。磁路是根据_____设计的。

(2) 通电导体在磁场中受力在_____时最大。
(3) 垂直通过某一截面的磁力线数目越多，则该面积的磁通_____，磁场强度相应_____。
(4) 磁导率是反映_____。磁性材料磁导率受_____影响发生变化。
(5) 铁磁材料具有的特性是_____、_____、_____。
(6) 铁芯损耗是指铁芯绕组中的_____和_____的总和。
(7) 变压器是既能变换_____和_____，又能变换_____的电气设备。
(8) 决定电流互感器原边电流大小的因素是_____。
(9) 一个理想变压器，原线圈输入220V电压时，副线圈输出电压为22V，若副线圈增加100匝后输出电压增加到33V，则变压器原线圈匝数为_____匝。
(10) 如题图5-1所示的理想变压器，它的初级线圈接在交流电源上，次级线圈接一个标有"12V 100W"的灯泡，已知变压器初、次级线圈的匝数比为18∶1，那么小灯泡正常工作时，图中的电压表的读数为_____V，电流表的读数为_____A。

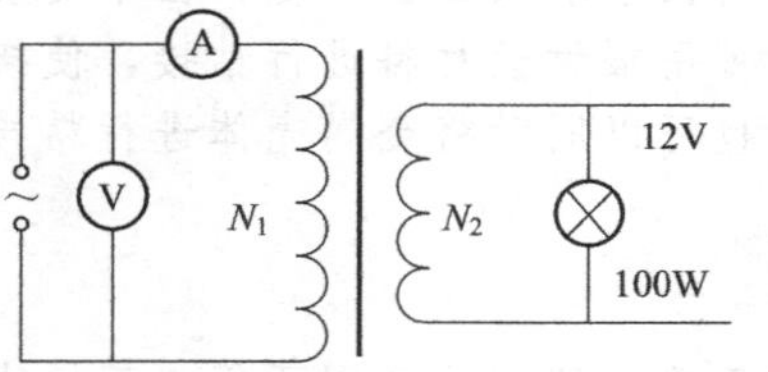

题图 5-1 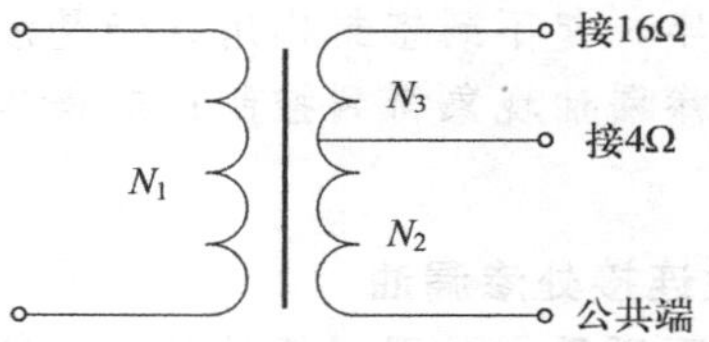　　　　　题图 5-2

2. 如题图5-2所示，使4Ω和16Ω的扬声器均能与内阻为256Ω的信号源匹配，设变压器的初级绕组的匝数 N_1 为400，试求次级绕组 N_2 和 N_3 的匝数。
3. 理想变压器一次绕组接在220V的正弦电压上，测得二次绕组的端电压为22V，已知一次绕组 $N_1=200$ 匝，求变压器的变比 K 和二次绕组的匝数 N_2 各为多少？
4. 扩音机的输出变压器，一次绕组 $N_1=300$ 匝，二次绕组 $N_2=60$ 匝，二次侧接阻抗为160Ω的扬声器。若二次改接阻抗为8Ω的扬声器，要求一次侧的等效阻抗保持不变，则这时二次绕组匝数 N_2 应为多少？（假设初级绕组匝数不变）

任务二　互感器在交流电路中的安装与测试

【技能目标】
1. 能根据互感器原理判别互感器的类型。
2. 能对互感器的相关参数进行测量。
3. 能按照所给的图纸装接电流互感器。

【知识目标】
1. 理解电流互感器和电压互感器的结构和工作原理。
2. 理解变压器与互感器的区别。
3. 掌握互感器的使用。

【素质目标】
1. 培养根据实际情况进行变通的能力。
2. 培养严谨细致的科学精神和职业素养。

任务引入

互感器就是按比例变换电压或电流的设备。互感器的功能是将高电压或大电流按比例变换成标准低电压（100V）或标准小电流（5A 或 10A，均指额定值），以便实现测量仪表、保护设备及自动控制设备的标准化、小型化，互感器还可用来隔开高电压系统，以保证人身和设备的安全。测量用互感器，也称仪用互感器，它可按一定比例和准确度变换电压或电流，以便于测量时扩大量限。按功能分类，测量用互感器有电压互感器和电流互感器之分，用作变换电压的称为电压互感器，用作变换电流的称为电流互感器。电压互感器和电流互感器的实物如图 5-16 所示。

假设你是供电局的一名电工，现在需要你为某工厂安装三相电能表配电流互感器电路以对工厂的用电进行计量，那么你该如何去做呢？

(a) 电压互感器

(b) 电流互感器

图 5-16　互感器外形

相关知识

（一）互感器概述

1. 测量用互感器的作用

由于生产实践的需要，在交流电路中进行测量时，有时会遇到比所用仪表量限高得多的电压和大得多的电流，例如几千伏以至更高的电压，几百安以至更大的电流。这时如果采用分流器和附加电阻的办法解决，就会遇到很多困难，例如会使附件尺寸变得庞大，消耗的功率也比较大，并且如果将仪表直接接到高压电路中，对工作人员的人身安全及测量仪表的绝缘都是很危险的，而增加仪表的绝缘强度，则会使仪表结构复杂，成本也要大大提高。

为了解决上述矛盾，人们采用了测量用互感器，用来扩大交流仪表的量限。测量用互感器的作用通常有以下几个方面。

① 使测量仪表与高压装置之间有很好的电气隔离，保证了工作人员和设备的安全。

② 使测量仪表的制造标准化、小型化。采用互感器后，在工程测量中，仪表的量限可以设计为 5A 或 100V，而不需要按被测电流或电压的大小来设计，并且仪表的连接线也可以采用小截面的导线。

③ 当电力系统发生短路故障时，使仪表免受大电流的冲击而损坏。

④ 二次回路不受一次回路的限制，可采用星形、三角形等多种接法，因而使接线灵活方便。

由于上述原因，测量用互感器在工程测量中得到了广泛使用。

2. 测量用互感器的结构原理

测量用互感器实质上是一种特殊结构和特殊运行方式的变压器，它的一次绕组与高压线路相连，二次绕组接测量仪表，因变压器一、二次绕组之间无电的连接，所以实现了高压线路与测量仪表间的电气隔离。测量用互感器实际上就是一个铁芯变压器。其结构如图 5-17 所示，L 和 K 为一、二次绕组端子标号。

测量用互感器的闭合铁芯由硅钢片叠成，以减少涡

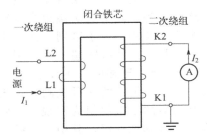

图 5-17　测量用互感器结构示意图

流损失。铁芯上通常绕有两个绕组（或多个绕组，特殊情况可以是一个绕组）接到电源，称为互感器的一次绕组，另一个绕组接到测量仪表，称为互感器的二次绕组。

铁芯按其结构形式可分为矩形铁芯和环形铁芯两种。一般互感器只有一个铁芯。高压电流互感器为了保护其二次回路的运行可靠和测量的标准度，必须将不同用途的二次回路分开，因此，一般都具有两个或两个以上的铁芯。

测量用互感器是利用电磁感应原理工作的，因此它的两个（或两个以上）相互绝缘的绕组必须套用在共同的铁芯上，它们之间有磁的耦合，但没有电的直接联系。当一次侧与高压线路的电源连接时，在外施电压作用下，一次绕组中有交流电流通过，并在铁芯中产生交变磁通，其频率和外施电压的频率一样。这个交变磁通同时交链一、二次绕组，根据电磁感应定律，便在一、二次绕组内感应出电动势。

对于测量用互感器，一次侧感应电动势的大小接近于一次侧外施电压，而二次侧感应电动势则接近于二次侧电压。互感器一次、二次侧电压之比决定于一、二次绕组匝数之比，利用一、二次绕组匝数比的不同，就可把任何一种数值的交流电压、电流变换成所需要的另一种数值的交流电压和电流。因此，只要确定了一次、二次绕组的匝数比，便可以二次测量一次电压和电流，实现测量信号的传递。

（二）电流互感器

电流互感器是一种将高压系统中的电流或低压系统中的大电流，变换成低电压标准小电流的电流变换装置，所以电流互感器从前也叫作变流器。后来，一般把从直流电变成交流电的仪器设备叫作变流器，而把变换电流大小的电器（利用电磁感应中的互感原理）叫作电流互感器。电流互感器曾用 CT、LH（拼音字母）表示，现国家标准规定为 TA。

根据发电和用电的不同情况，线路上的电流大小不一，而且相差悬殊，有的只有几安，有的却大到几万安。要直接测量这些大大小小的电流，就需要有量程从几安到几万安的许多电流表和其他仪表，这样就给仪表制造带来很大困难。此外，有的线路是高压的，例如 220kV 高压输电线路，如果要直接用电流表测量高压线路上的电流，是极其危险的，而电流互感器就是用来解决这些问题的设备。

1. 电流互感器的结构

电流互感器相当于一个电流变换器，主要由绕组、铁芯及绝缘支持物构成。图 5-18 为 LFC-10 型电流互感器外形。

（1）一次绕组 按匝数多少可分为单匝式和多匝式两种。为了区分一次绕组的首、尾端，通常用 L1 表示首端，接电路中的电源侧，用 L2 表示尾端，接电路中的负荷侧，习惯用法中，也有用 P1、P2 或者 +、- 表示首尾端的。穿芯式电流互感器将一次线直接从 P1 到 P2 穿过铁芯中间的孔，如图 5-18 所示。

（2）二次绕组 二次绕组的匝数远远多于一次绕组，按绕组的数量，可分为单绕组和双绕组两种，其中二次绕组为双绕组的电流互感器一般用于高压电力系统中。为了区别二次绕组的首尾端，通常用 K1 表示首段，用 K2 表示尾端。习惯用法中，也有用 S1、S2 或者 +、- 表示首、尾端的，还有用 "*"端表示首端，另外一端为尾端。二次绕组的两端可接测量仪表或电流继电器的线圈。如电流互感器的二次绕组为双绕组，两套绕组的准确度等级一般分为 0.5 级和 3.0 级，其中 0.5 级的绕组应接电能计量回路，3.0 级的绕组应接电流表或电流继电

图 5-18　电流互感器外形

器的线圈。

电流互感器的图形符号及绕组首尾端标示如图 5-19 所示。

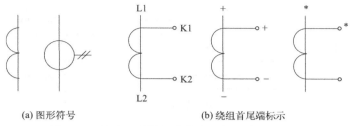

(a) 图形符号　　　　　　(b) 绕组首尾端标示

图 5-19　电流互感器图形符号及绕组首尾端标示

当被测电流很大时，电流互感器的一次绕组往往是一段平直的铜条，二次绕组的额定电流一般规定为 5A，因此，与电流互感器配套使用的电流表量程也都是 5A。因为二次侧所接仪表的线圈阻抗都很小，二次侧便接近短路状态，所以电压不高。

电流互感器的结构和形状根据用途、工作电压、一次额定电流和准确度等级的不同而不同，工作电压越高的互感器外形尺寸越大，对绝缘水平要求也越高。由于运行的额定电压不同，电流互感器的绝缘结构形式和使用的绝缘材料也不同，一般 500V～10kV 的电流互感器大多采用支柱式绝缘或环氧树脂浇注绝缘，35kV 及以上的，多采用油浸绝缘或瓷绝缘结构。

2. 电流互感器的工作原理

电流互感器的工作原理与变压器相似，测量时，由于接入二次绕组回路中的电流表、功率表和电能表的电流线圈的阻抗很小，所以工作中的电流互感器接近于短路状态。

根据变压器的电流变换原理，其一、二次电流的比与一、二次绕组匝比的倒数相等，即

$$\frac{I_1}{I_2}=\frac{N_2}{N_1}$$

对于电流互感器，一次绕组的电流与二次绕组的电流之比，同样满足上式。在测量过程中，用电流表测出二次绕组的电流 I_2，根据一、二次绕组的匝数，就可以确定与一次绕组连接的被测电路的电流 I_1。为了方便起见，用电流互感器的变流比 K_I，即一次绕组额定电流与二次绕组额定电流之比，来表示电流互感器的一、二次绕组电流的关系，即

$$K_I=\frac{N_1}{N_2} \tag{5-10}$$

显然，对于一个已制成的电流互感器来说，变流比 K_I 取决于二次绕组与一次绕组的匝数比 N_2/N_1，且是一个常数。变流比 K_I 通常标注在电流互感器的铭牌上，这样，被测电流 I_1 与二次绕组电流 I_2 的关系为

$$I_2=K_I I_1$$

实际上，由于存在铁耗和励磁电流，电流互感器的两侧电流并不是简单地与匝数成正比，因此带来数值上的误差，而且两侧电流也不是简单的反相 180°，存在有相位误差，所以，为提高精度，电流互感器要选用优质电工钢片，而且铁芯磁通密度要尽量选取低值，铁芯制作时气隙要尽量小，要求绕组的电阻、漏抗尽量小。

3. 电流互感器的型号与技术特性

(1) 型号　电流互感器的型号，主要由名称、一次绕组形式、绝缘结构、用途、设计序号和额定电压等部分组成，如图 5-20 所示。

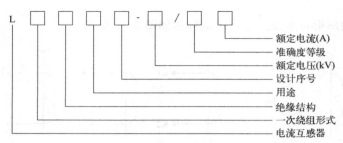

图 5-20 电流互感器型号

电流互感器的型号中常见的字母含义如下。

① 一次绕组形式。Q：线圈式（俗称羊角式）；M：母线式（俗称穿芯式）；D：贯穿单匝式；F：贯穿复杂式。

② 绝缘结构。Z：浇注绝缘；G：改进型；K：塑料外壳绝缘；C：瓷绝缘。

③ 用途。J：加大容量；Q：加强型。

④ 设计序号，用数字表示。

⑤ 额定电压。单位为 kV，低压为 0.5，高压为 10、35 等。

(2) 技术特性

① 变流比 K_I。电流互感器二次额定电流规定为 5A，所以变流比的大小，就取决于一次绕组额定电流的大小。目前常用的电流互感器一次额定电流等级有 20、30、40、50、75、100、150、200、(250)、300、400、(500)、600、800、1000、1500、2000A 等。

变流比的另一个概念，就是倍率。如一只配用变流比为 150/5 的电流互感器的电能表，若电能表走了 10kW·h，则电能的实际消耗数应该是 10 乘以倍率 30，即 300kW·h。

② 准确度等级。电流互感器的准确度等级，是指在负载功率因数为额定值时，在规定的二次负载范围内，一次电流为额定值时的最大误差限值，其中包括变流比误差和相位角误差。国产电流互感器的准确度等级有 0.01、0.02、0.05、0.1、0.2、0.5、1.0、3.0、10 级。

准确度等级为 0.1 级及以上的电流互感器，主要用于实验室进行精密测量，或者用来校验准确度等级较低的电流互感器，也可以与标准仪表配合，用来校验仪表，故称标准互感器，0.2 级和 0.5 级电流互感器常与计算电费用的电能表连接，1.0 级电流互感器常与作为监视用的指示仪表连接，3.0 级和 10 级电流互感器主要与继电器配合使用，作为继电保护和控制设备的电流源。

电流互感器的负载阻抗与准确度是相对应的，负载阻抗增大则准确度降低，如 LQG0.5 型电流互感器，在负载为 0.4Ω 时准确度为 0.5 级，而负载为 0.6Ω 时则为 1.0 级。因此 0.5 级的电流互感器二次回路的总阻抗不应超过 0.4Ω，才能保证准确度为 0.5 级。

③ 极性。交流电流在电路中流动时，方向随时间作周期性变化，但在某一瞬间，一次绕组中的电流必然从一端流入，而从另一端流出，感应出的二次电流也同样有流入和流出。电流互感器的极性就是指其一次电流方向与二次电流方向之间的关系。

电流互感器采用减极性标示方法，其意义与变压器的极性相同，即当一次电流方向从极性端 L1 流入时，其二次电流从极性端 K1 流出。如图 5-21 所示，在接线中，L1 和 K1 称为同极性端（或称"同名端"），同极性端也有用"+"或"*"表示的。

④ 额定容量。电流互感器的额定容量 S，以二次侧额定电流 I_2 通过额定负载 Z_2 所消耗视在功率的伏安数表示，即

$$S = I_2 Z_2 \tag{5-11}$$

根据额定容量的伏安数，就可以确定电流互感器二次侧所能接入负载的大小。

4. 电流互感器的使用及要求

接在电流互感器二次绕组上的仪表线圈的阻抗是很小的，所以电流互感器相当于在二次侧短路的状态下运行。此时，互感器二次绕组端子上的电压值一般只有几伏，因而铁芯中的磁通量很小，一次绕组磁动势虽然可以达到几百安匝甚至更大，但是大部分被短路的二次绕组所建立的去磁磁动势所抵消，只剩下很小一部分（大约相当于 I_1N_1 的 0.5%）作为铁芯的励磁磁动势以建立铁芯中的磁通。

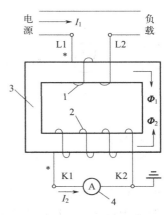

图 5-21　电流互感器的极性与接线
1—一次绕组；2—二次绕组；
3—铁芯；4—电流表

如果在运行时二次绕组断开，二次电流 $I_2=0$，那么起去磁作用的磁动势消失，而一次侧磁动势是不变的（因为被测电路中的电流由负载大小决定），仍然是 I_1N_1，于是，这个磁动势就全部用来建立铁芯中的磁通，或者说，一次侧的被测电流将全部成为励磁电流，这将使铁芯中的磁通量急剧地增加，铁芯严重过热，以致烧坏绕组绝缘，或使高压侧对地短路。另一方面，在二次绕组的两端将会感应出很高的电压（达几百伏甚至 1000V 以上），这对操作人员和仪表都是很危险的。

因此，电流互感器严禁二次侧开路运行，它的二次绕组应该经常接在仪表上。当必须从使用着的电流互感器上拆除电流表时，应首先将互感器二次绕组可靠地短接，然后才能把仪表连接线拆开。

为了保证操作人员的安全和保护测量仪表，电流互感器二次绕组的一端应该和铁芯同时接地。

（三）电压互感器

用测量仪表直接测量电力网的高电压时，必须用绝缘水平很高的仪表，并且操作人员触及这些仪表时，会有很大的危险。因此，我们在测量高电压时，常借助于特制的仪表变压器，将一次高压转换为较低的二次电压后，再去测量。这样不仅可以使高电压与低电压隔离，以保证测量人员和仪表的安全，而且可以扩大仪表的量程。这种专门在测量时用于变换电压的仪表变压器叫作电压互感器。

测量用电压互感器是一种将高电压变为易测量的低电压（通常为 100V）的电压转换装置。电压互感器一般用"PT""YH"（汉语拼音用字母）表示，现国家标准规定为"TV"。图 5-22 所示为 JDJ-10 型电压互感器外形及内部结构。

1. 电压互感器的结构

电压互感器相当于一台降压变压器，其结构也与普通电力变压器基本相同，由一、二次绕组、铁芯、接线端子（瓷套管）及绝缘支持物等组成。

（1）一次绕组　匝数较多，与被测电路并联连接。电压互感器一次绕组的首端一般用字母 U_1 表示，尾端用字母 U_2 表示。

（2）二次绕组　匝数较少，接入高阻抗的测量

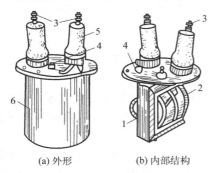

图 5-22　JDJ-10 型电压互感器
1—铁芯；2—10kV 绕组；3—一次绕组引出端；
4—二次绕组引出端；5—套管绝缘子；6—外壳

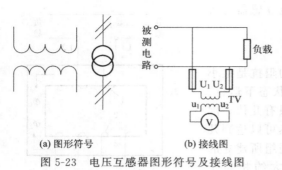

图 5-23 电压互感器图形符号及接线图

仪表（例如功率表的电压线圈、电能表的电压线圈、继电器的高阻抗线圈等）。由于电压互感器二次侧的负载是高阻抗仪表，二次绕组电流很小，一、二次绕组中的漏阻抗压降都很小。电压互感器二次绕组首端用字母 U_1 表示，尾端用 U_2 表示。电压互感器的图形符号及绕组首尾端标示如图 5-23 所示。

电压互感器的绝缘除绕组的绝缘支持物之外，一般采用油浸绝缘，油箱内的油通常选用 10 号（凝固点 -10℃）或 25 号（凝固点 -25℃）变压器油作为绝缘介质。

绝缘子是一、二次绕组引到油箱外部的绝缘装置，它是内外连接的枢纽，同时起着固定引线与对地绝缘的作用。

为了保证测量的精度，电压互感器在结构上应具有下列特点：铁芯不饱和，采用铁耗小的高档电工钢片，绕组导线较粗以减少电阻，绕线绕制时应尽量减少漏磁通。

2. 电压互感器的工作原理

电压互感器按工作原理，可以分为电磁感应原理和电容分压原理（在 220kV 及以上电力系统中使用）两类。在测量中，连接在二次绕组上的仪表的阻抗较高，所以电压互感器在正常工作时近似于一个开路运行的变压器。

电压互感器的一、二次绕组中电压具有如下关系

$$U_1 = K_U U_2 \tag{5-12}$$

式中，U_1、U_2 为电压互感器一、二次绕组端电压；K_U 为电压互感器额定电压的变压比，K_U 是一个常数，通常会标注在铭牌上。

$$K_U = N_1 / N_2 \tag{5-13}$$

3. 电压互感器的型号与技术特性

（1）型号 电压互感器的型号主要由设备名称、相数、绝缘结构、铁芯及绕组结构和一次额定电压五部分组成，如图 5-24 所示。

相数：D 为单相；S 为三相。

绝缘结构：J 为油浸；G 为干式；Z 为浇注绝缘。

铁芯及绕组结构：W 为五柱三绕组；J 为接地保护；B 为三柱带补偿绕组。

（2）技术特性

① 变压比。电压互感器的变压比 K_U 又称为倍率，倍率是电压互感器的变换系数。利用电

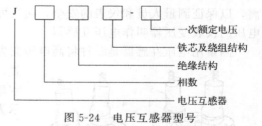

图 5-24 电压互感器型号

压互感器，可以将被测量的高电压变换为低电压，然后用电压表去测量这个低电压，电压表上的读数 U_2 乘上倍率就是被测量的高电压 U_1。在电压表的刻度盘上，可以直接标出被测量的高电压值。

② 准确度等级。电压互感器的准确度等级是指在规定的一次电压和二次负载变化范围内，负载功率因数为额定值时，误差的最大限值。误差包括变压比误差与相位角误差两种。通常电力系统用的电压互感器准确度等级有 0.1、0.2、0.5、1.0、3.0 级。其中，0.1、0.2 级主要用于实验室进行功率、电能的精密测量，或者作为标准校验低等级的电压互感器，也

可与标准仪表配合来校验,因此也叫标准电压互感器;0.5 级主要用于电能表计量电能;1.0 级用于配电盘仪表测量电压、功率等;3.0 级用于一般的测量仪表和继电保护装置。

③ 极性。电压互感器的极性也规定为减极性,即当一次绕组感应电动势和二次绕组感应电动势的方向一致时,称为减极性。也就是说,同一铁芯上一、二次侧电压是同相的。一、二次绕组的极性取决于两个绕组的绕向,绕向确定后,绕组的同极性端也就确定了。同极性端常用"＋""·"或"＊"来表示。

④ 容量。电压互感器的容量是指二次绕组允许接入的负载功率。一般分为额定容量和最大容量两种,单位为 V·A。额定容量是指对应于最高准确度等级的容量。最大容量是长期工作时允许发热条件规定的极限容量,正常运行时二次负载一般不会达到这个容量。

4. 电压互感器的使用及要求

不管电压互感器的一次侧电压有多高,电压互感器的二次侧额定电压一般都是 100V。这样,与电压互感器二次绕组相连接的各种仪表和继电器,都可以统一制造而实现标准化。在测量不同等级的高电压时,只要换用不同电压等级的电压互感器就行了。如果电压表与一只专用的电压互感器配套使用,就可以直接按电压互感器的高压侧的电压在表上标示刻度。

电压互感器的二次绕组一定要接地,以免当一、二次绕组之间的绝缘击穿时,二次绕组上可能出现的高压使工作人员发生危险和仪表遭到损坏。如果电压互感器的二次绕组在运行中短路,那么二次侧电路的阻抗大大减小,就会出现很大的短路电流,使二次绕组因严重发热而烧毁。因此,必须注意电压互感器在运行时二次绕组不能短路。同时,电压互感器的二次侧要装熔断器,在过负载和二次侧电路发生短路时保护互感器不致损坏。熔断器的额定电流取 2A 以下。只有在 35kV 及以下(包括 35kV)的电压互感器中,才在高压侧装设熔断器。在高压侧装设熔断器的目的,是当电压互感器发生短路时把它从高压电路中切除。

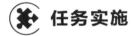 **任务实施**

第一步:熟悉电能表配电流互感器的接线要求

1. 单相有功电能表配电流互感器测量电能的接线要求

① 电流互感器要选用 LQC 型的,其准确度等级应比电能表的准确度高两个等级,且准确度不低于 0.5 级。

② 配用的电流互感器,一次额定电流应等于或略大于负载电流。

③ 电能表的额定电压应与电源电压一致,电能表的额定电流应与电流互感器二次额定电流相适应,一般为 5A。

④ 电流互感器的极性要接对,且电流互感器的二次绕组的 S2 端要接地(或接零)。

⑤ 电能表配电流互感器使用时,电能表的电流回路应选用截面积不小于 $2.5mm^2$ 的单股绝缘铜芯导线,电能表的电压回路应选用截面积不小于 $1.5mm^2$ 的单股绝缘铜芯导线。二次连接导线中间不得有接头,且不能装设开关与熔断器。

⑥ 电能表配电流互感器使用时,电能表所有接线端子与导线连接的压接螺钉要拧紧,导线端头要有清楚明显的编号。

2. 三相有功电能表配互感器的接线要求

① 接线前检查电能表的型号、规格是否与负载的额定参数相适应,电能表的额定电压应与电源电压一致,其额定电流应不小于负载电流。

② 电流互感器要选用 LQG 型的,其精度不应低于 0.5 级,电流互感器的一次额定电流

应不小于负载电流。电流互感器的额定电压应不低于连接处的工作电压。

③ 与电能表相连接的导线必须使用铜芯绝缘导线，导线的截面积应能满足导线的安全载流量及机械强度的要求，对于电压回路不应小于 $1.5 mm^2$，对于电流回路不应小于 $2.5 mm^2$。截面积为 $6 mm^2$ 及以下的导线应采用单股导线。导线中间不得有接头。

④ 要按规定采用正相序接线，三相四线的零线必须进入电能表内，开关、熔断器应接于电能表的负载侧。

⑤ 电流互感器的极性要接对，二次绕组的 S2 端和铁芯以及金属外壳要统一接地。

⑥ 二次回路导线应排列整齐，导线两端应有回路标记和编号的套管。当计量电流超过 250A 时，其二次回路应经专用端子接线，各相导线在专用端子上的排列顺序为自上至下，或自左至右为 L1、L2、L3、N。

第二步：电流互感器的识别

将电流互感器的铭牌参数写在以下横线上。

_____
_____
_____

第三步：单相电能表配电流互感器的安装

① 单相有功电能表配电流互感器测量电能的接线如图 5-25 所示。

② 单相有功电能表配电流互感器测量三相四线制对称负载电能的接线原理如图 5-26 所示。先直接测量任意一相负载所消耗的电能，然后将读数乘以 3，即为三相负载所消耗的电能。

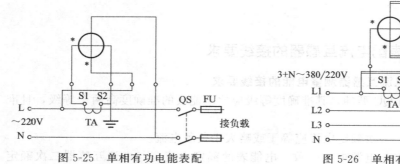

图 5-25　单相有功电能表配
电流互感器接线图

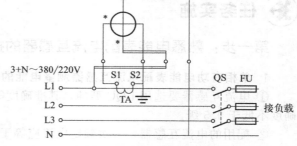

图 5-26　单相有功电能表配电流互感器测量三相四线制对称负载电能

第四步：三相电能表配电流互感器的安装

三相有功电能表测量的负载电流较大时，除可以使用额定电流较大的三相有功电能表外，还可以将三相有功电能表与电流互感器配合使用。配用电流互感器时，由于电流互感器的二次电流都是 5A，因此电能表的额定电流也应选用 5A 的，这种配合关系称为电能表与电流互感器的匹配。

（1）三相三线有功电能表配电流互感器的接线

① DS 型三相三线有功电能表配电流互感器的接线原理如图 5-27 所示。

② DS 型三相三线有功电能表配电压互感器和电流互感器的接线原理如图 5-28 所示。

（2）DT 型三相四线有功电能表配电流互感器的接线　DT 型三相四线有功电能表配电

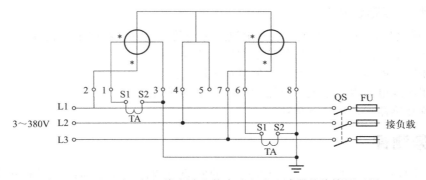

图 5-27 DS 型三相三线有功电能表配电流互感器的接线原理图

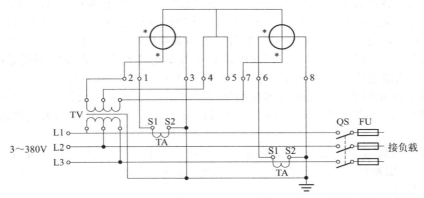

图 5-28 DS 型三相三线有功电能表配电压互感器和电流互感器的接线原理图

流互感器的接线原理如图 5-29 所示。

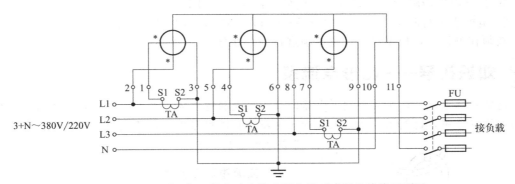

图 5-29 DT 型三相四线有功电能表配电流互感器的接线原理图

第五步：正确读数

① 电能表直接接入被测电路中，可以从电能表上直接读得实际的用电量。

② 电能表经电流互感器接入被测电路中，则实际电能按式(5-14) 计算

$$W = K_I W_0 \tag{5-14}$$

式中，W_0 为电能表的读数，kW·h；K_I 为电流互感器的变比。

③ 有些电能表上标有 "$10 \times$ kW·h" "$100 \times$ kW·h" 字样，表示应将电能表的读数乘以 10 或 100 才是实际的电能。

第六步：实施过程回顾

任务完成之后，总结一下电能表和电流互感器的接线方法和使用注意事项。
① 单相电能表配电流互感器的接线方法及读数。
② 三相三线电能表配电流互感器的接线方法及读数。
③ 三相四线电能表配电流互感器的接线方法及读数。
④ 电流互感器的使用注意事项。

任务测评

本任务主要内容是电能表配电流互感器的安装与测试。技能训练主要有几个方面的内容，一是电流互感器的识别，二是单相电能表配电流互感器的安装与测试，三是三相三线制电能表配电流互感器的安装与测试，四是三相四线制电能表配电流互感器的安装与测试。首先将电能表与电流互感器安装在电工胶木板上，按照原理图接好线。检查无误后方可通电，通电后注意安全，防止触电。在任务实施时，教师须提醒学生注意以下事项（评分标准）。

① 按照原理接线图进行接线，接线时注意导线颜色的使用，火线应用黄绿红三种颜色导线，零线可用黑色或者蓝色导线。导线颜色使用不正确者，扣 10 分。

② 注意电流互感器与电能表同名端的接线。如电流互感器一次线从 P1 穿过到 P2，则 S1 应接电能表电流线圈的同名端。同名端接错，电能表会出现反转。同名端接线不正确者，扣 10 分。

③ 如接入负载过小，则可以改变电流互感器的变比以加快电能表的走字，如变比为 30∶5 的电流互感器可以将穿芯而过的一次导线绕 6 匝，变比就成为 1∶1。穿芯导线绕制不正确者，扣 10 分。

④ 在检查无误时，方可通电进行测试。测试时注意安全，防止触电。通电前未检查者，扣 10 分。

⑤ 最终电能应将读数乘以变比。读数不正确者，扣 10 分。

⑥ 电能表运行时须将电工胶木板垂直竖起。电能表不走字者，扣 10 分。

教师在测评时，根据以上注意事项进行综合评分。

知识拓展——钳形电流表

通常在测量电流时需要将被测电路断开，才能将电流表的线圈或电流互感器的一次绕组接到被测电路中，而利用钳形电流表则无需断开被测电路就可以测电流。因此，钳形电流表得到了广泛的应用。

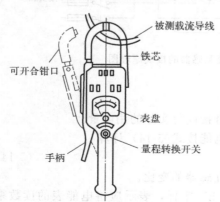

图 5-30 交流钳形电流表外形

1. 交流钳形电流表

图 5-30 是交流钳形电流表的外形。它由电流互感器和电流表两部分组成，电流互感器的铁芯有一活动部分，与手柄相连。测量时，用手握紧钳形电流表的手柄，电流互感器的铁芯便张开，将被测电流的导线卡入钳口中，然后放开手柄，铁芯闭合。此时，被测电流的导线相当于电流互感器的一次绕组，绕在铁芯上的二次绕组与电流表连接。电流表所指示的电流数值取决于二次绕组中电流的大小，而二次绕组电流的大小又与被测电流成正比。所以只要将折算好的刻度

作为电流表的刻度,测量时,与二次绕组相接的电流表的指针便按比例偏转,指示出被测电流的数值。电流量程可通过转换开关选择。

图5-31是钳形电流表的原理电路图。图中TA为电流互感器的二次绕组。指示仪表是磁电系电流表,二极管$VD_1 \sim VD_4$构成桥式整流电路,其作用是将电流互感器二次侧的交流电流变换成直流电流,然后由磁电系电流表指示出被测电流的数值。

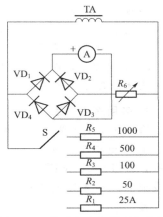

图5-31 钳形电流表原理电路图

由图可见,钳形电流表是磁电系电流表和桥式整流电路共同构成的整流系电流表,电阻$R_1 \sim R_5$是用于扩大电流量程的分流电阻;R_6为各电流量程的公共电阻,调节R_6可以消除仪表的误差。

上述钳形电流表中采用磁电系电流表作为指示仪表,只能用于交流电流的测量,如T301型钳形电流表。如果采用电磁系电流表作指示仪表,则可以交直流两用。

2. 交直流两用钳形电流表

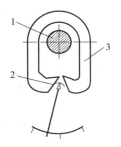

图5-32 交直流钳形电流表结构示意图
1—被测导线;2—可动铁片;3—磁路系统

交直流两用钳形电流表的外形虽然与交流钳形电流表相同,但结构和工作原理却不一样。交直流两用钳形电流表是按电磁系测量机构的工作原理制成的,没有二次绕组,测量机构的活动部分为软磁铁片,放在钳形铁芯的圆形缺口中间,如图5-32所示。

被夹在钳口中央的被测电流的导线,作为电磁系测量机构中的固定线圈,导线中的被测电流在铁芯中建立磁场,其磁通在铁芯中形成闭合回路,同时使圆形缺口中间的活动软磁铁片磁化。活动铁片与铁芯之间的作用,与电磁系排斥型测量机构的作用原理相同,即可动铁片在磁场力的作用下发生偏转。从而带动指针指示出被测电流的数值。如MG-20、MG-21型都是交直流两用钳形电流表。

3. 钳形电流表的使用

① 测量前,应将转换开关置于合适的量程。若被测电流大小预先无法估计,则应先将转换开关置于最高挡进行试测,然后根据被测电流的大小,变换到合适的量程。必须注意:在测量过程中不能切换量程、变换量程时,要将钳形电流表从被测电路中移去,以免损坏钳形电流表。

② 进行测量时,被测导线应放在钳口中央,以减小误差。

③ 注意保持固定和活动铁芯钳口两个结合面的衔合良好,测量时如有杂音,可将钳口重新开合一次。钳口若有污垢,可用汽油擦净。

④ 测量小于5A的电流时,为了获得较准确的测量值,在条件允许的情况下,可将被测导线多绕几圈,再放进钳口进行测量。这时,实际的被测电流数值,等于仪表的读数除以放进钳口内的导线根数。

⑤ 不能用钳形电流表测量裸导线中的电流,以防触电和短路。

⑥ 通常不可用钳形电流表测量高压电路中的电流,以免发生事故。

⑦ 测量时,只能卡一根导线。单相电路中,如果同时卡进火线和中线,则因两根导线中的电流相等、方向相反,使电流表的读数为零。三相对称电路中,同时卡进两相火线,与

卡进一相火线时电流读数相同；同时卡进三相火线时读数为零。三相不对称电路中，也只能一相一相地测量，不能同时卡进两相或三相火线。

⑧ 交直流两用钳形电流表要区别使用。

⑨ 测量完毕，必须把仪表的量程开关置于最大量程位置上，以防下次使用时，因疏忽大意未选择量程就进行测量，而造成仪表损坏的意外事故。

4. 多用途钳形表

除了钳形电流表外，还有各种多用途钳形表，它们可以测量电流、电压等多种电量。

① 交流电流、电压钳形表。这种钳形表不仅可以测量交流电流，而且可以测量交流电压，如 T302、MP24、MG26 型都是交流电流、电压表。这种表的侧面有供电压测量的接线插口。测量交流电压时，不用电流互感器，另外用两根钳形表表笔插入电压插口接线测量。

② 电流、电压、功率三用钳形表。这种钳形表除能测量电流、电压外，还能测量功率，如 MG41 型三用钳形表。另外，JQD-85A 型钳形表除可测量电流、电压外，还可测量功率因数和功率。

③ 多用钳形表。多用钳形表由钳形电流互感器和袖珍万用表组合而成，二者分开后，万用表可单独使用。如 MG-28 型就是多用钳形表，可以测量交直流电流、交直流电压和电阻。

④ 钳形负序电流表。钳形负序电流表可以测量三相三线制系统中的负序和正序电流。

⑤ 钳形相位伏安表。钳形相位伏安表可以测量工频交流电量的幅值和相位，是一种新型的电子式仪表，测量幅值为 1~10A 的电流、15~450V 的电压，以及测量两个同频率正弦量之间的相位差，也可测量相序和功率因数。这种表具有一表多用、输入阻抗高、体积小、重量轻、测量准确、维修简单、使用方便等优点，适用于电力系统中二次回路的检查、继电保护和自动装置的调试。

总之，钳形表正在向着多功能的方向发展。除了指示式钳形表外，各种数字式钳形表，如 DM6013 袖珍型及 DM6055 型自动换程数字式钳形表等也得到了广泛的应用。

习题

1. 填空题

(1) 某测量装置互感器的额定变比：电压为 10000/100，电流为 100/5，该装置所能测量的额定视在功率为_____。

(2) 电压互感器使用时应将其一次绕组_____接入被测电路。

(3) 电压互感器二次负荷功率因数减小时，互感器的相位差_____。

(4) 电流互感器工作时相当于普通变压器_____运行状态。

(5) 电流互感器铭牌上的额定电压是指_____电压。

(6) 穿芯一匝 500/5A 的电流互感器，若穿芯 4 匝，则倍率变为_____。

2. 简述电压互感器的基本工作原理。

3. 简述电流互感器的结构和基本原理。

4. 根据等值电路说明电压互感器二次侧为什么不能短路。

5. 电流互感器和电压互感器在使用时应该注意什么（开路和短路）？有什么后果？

任务三　电气设备的故障检测

【技能目标】

1. 能应用兆欧表对电路中的故障设备进行绝缘测试。
2. 能应用双臂电桥对电路中的故障设备进行匝间短路测试。
3. 能根据测试结果判断故障原因并能进行简单的维修。

【知识目标】

1. 掌握兆欧表的原理和绝缘电阻测试方法。
2. 掌握双臂电桥的原理和小电阻测量方法。
3. 理解设备绝缘的概念。
4. 理解匝间短路的概念

【素质目标】

1. 培养服务社会的意识。
2. 培养爱惜公物、热爱维修的基本职业素养。

任务引入

工厂动力电路里运行有大量的电气设备，如电动机、变压器、开关等。这些设备在长期的运行中，常常因受到日晒雨淋或者潮湿的空气侵蚀，或者长期过热运行而导致绝缘损坏、匝间短路等故障的发生。在工程中，常常利用兆欧表对电气设备的绝缘电阻进行测试，利用双臂电桥对电机和变压器的绕组的直流电阻进行测试，以检出绝缘损坏和匝间短路等故障。假如你是工厂里的一名电气检修人员，现车间运行的一台电机发生故障，要求你判断发生了什么故障，你将如何去做呢？

相关知识

（一）绝缘和匝间短路

1. 绝缘与绝缘损坏

所谓绝缘就是使用不导电的物质将带电体隔离或包裹起来，以对触电起保护作用的一种安全措施。良好的绝缘对于保证电气设备与线路的安全运行，防止人身触电事故的发生是最基本的和最可靠的手段。

绝缘通常可分为气体绝缘、液体绝缘和固体绝缘三类。在实际应用中，固体绝缘是使用最为广泛，且最为可靠的一种绝缘物质。

在强电作用下，绝缘物质可能被击穿而丧失其绝缘性能。在上述三种绝缘物质中，气体绝缘物质被击穿后，一旦去掉外界因素（强电场）后即可自行恢复其固有的电气绝缘性能，而固体绝缘物质被击穿以后，则不可逆地完全丧失了其电气绝缘性能。因此，电气线路与设备的绝缘选择必须与电压等级相配合，而且须与使用环境及运行条件相适应，以保证绝缘的安全作用。

此外，腐蚀性气体、蒸气、潮气、导电性粉尘以及机械操作等原因，均可能使绝缘物质的绝缘性能降低甚至破坏。而且，日光、风雨等环境因素的长期作用，也可以使绝缘物质老化而逐渐失去其绝缘性能。

各种线路与设备在不同条件下所应具备的绝缘电阻大致如下。

一般情况下，运行中的低压线路与设备，其绝缘电阻不应低于1000Ω；在潮湿场合下的设备与线路，其绝缘电阻不应低于500Ω；控制线路中的绝缘电阻一般不应低于1MΩ，而高压线路与设备的绝缘电阻一般不应低于1000MΩ。

2. 匝间短路

电机与变压器是工厂常用的电气设备。这些设备在长期运行时，容易发生匝间短路现象。产生匝间短路的原因主要有以下几个方面。

（1）导线质量 电机（变压器）绕组由电磁绝缘线绕制而成，绝缘线的质量直接影响绕组匝间的绝缘性能。若绝缘线的绝缘层漆膜较脆且附着力又弱，在绕制绕组的过程中，绝缘线受拉伸延长及弯曲作用，会使绝缘漆产生微小开裂，甚至漆皮剥离，绕组就可能产生匝间短路故障。此外，绝缘层厚薄不均、导线的光洁度较差等，则会使绝缘线产生"针孔现象"——绝缘线表面存在微小的无绝缘小孔。"针孔现象"可以通过将绝缘线放入浓盐水中，对盐水及绝缘线施加直流电压，从其电解产生的气泡量来观察。该实验表明绝缘线也参与电解反应，看似绝缘层表面完好，但仍然存在许多导电小孔。当然，"针孔现象"需达到一定的量才对绕组绝缘产生损害，所以"针孔"也是绕组绝缘损坏的原因之一。

（2）绕制工艺 电机（变压器）绕组的绕制过程，如绕线、嵌线、整形、模压、接线、装配、周转等过程中，绝缘线受到拉伸、扭曲、摩擦、挤压、刮划、碰撞、敲打等机械原因，绝缘线的绝缘层就可能会被损坏，从而产生匝间短路。

（3）绝缘漆的浸渍 绕组绕成后需浸漆。在采用老工艺的浸漆过程中不容易把绕组中的空气排尽，绕组中有残留气泡。气泡的存在会降低绕组的层间绝缘程度。同时电机运行时，气泡处导线一方面没有固定住，受机械、电磁力的作用，产生振动和位移，使绝缘层较其他部位更容易损坏。另一方面封闭气泡中的潮气对绕组中的绝缘性能也是一种损害，因此气泡也是绕组匝间绝缘故障产生的原因之一。目前大多数厂家都采用滴浸工艺，这可避免绕组浸漆后产生的气泡，但滴浸前一定要使工件预烘热以排除绕组中的潮气。

（4）电机运行中的过电压 电机绕组在正常运行时，绕组匝间承受的电压很低，一般只有数伏至几十伏，远远低于电磁绝缘线的耐压水平。但是电机在运行中绕组会受到自身电机转—停、停—转等操作中的过电压及电网中的邻处用电负载产生的脉冲电压作用及雷电波等冲击波。这些冲击波可使绕组承受较正常电压几十倍甚至几百倍的过电压的冲击，很容易在绕组的薄弱处使匝间绝缘击穿，形成匝间短路故障。

（5）绝缘老化 电机在运行及停用过程中，绕组绝缘会反复受到热的作用和冷热交替的冲击、潮气湿度变化的影响及电机机械振动等多方面因素的共同作用，使绕组的绝缘老化，绕组绝缘层的机械强度下降，在电磁力的作用下，绕组匝间就可能发生短路。

（二）兆欧表的结构、工作原理和绝缘测试方法

绝缘诊断是检测电气设备绝缘缺陷或故障的重要手段。兆欧表（绝缘电阻测试仪）是测量绝缘电阻的专用仪表。目前，电气设备（如变压器、电机等）朝着大容量化、高电压化、结构多样化及密封化的趋势发展。这就需要绝缘电阻测试仪本身具有容量大、抗干扰能力强、测量指标多样化、测量结果准确、测量过程简单并迅速、便于携带等特点。

兆欧表又称摇表，是专门用于测量绝缘电阻的仪表，它的计量单位是兆欧（MΩ）。

1. 兆欧表的结构

常用的兆欧表主要由一只磁电系比率表和一台手摇发电机组成。它的形式有几种，但基本结构和工作原理是一样的。图 5-33 为比率型磁电系兆欧表的结构示意图。

固定部分由永久磁铁、极掌、铁芯等部件组成。由于铁芯开口，极掌与铁芯的形状比较特殊，因而铁芯与磁极间的气隙中磁场不均匀。

活动部分有两个可动线圈，它们彼此间相交成一固定角度 α，并连同指针装在同一转轴上，当线圈中通有电流时，其中一个产生转动力矩，另一个产生反作用力矩，当转矩平衡时，指针停留在稳定的位置上。磁电系兆欧表没有产生反作用力的游丝，转轴上虽然装有导电丝，但不产生反作用力矩，只用来引导电流。

兆欧表的手摇发电机一般为直流发电机或交流发电机与整流电路配合的装置，其容量很小，但电压却很高，兆欧表以发电机的额定电压来分类，其输出电压有 500V、1000V、2500V、5000V 几种。随着电子技术的发展，现在也出现用干电池及晶体管直流变换器把电池低压直流转换为高压直流，来代替手摇发电机的兆欧表。

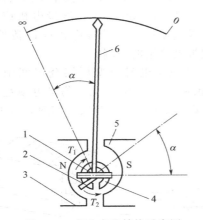

图 5-33　兆欧表的结构示意图
1,2—动圈；3—永久磁铁；
4—带缺口的圆柱形铁芯；5—极掌；6—指针

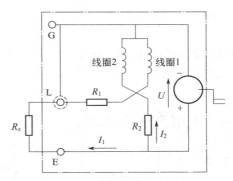

图 5-34　兆欧表的工作原理

2. 兆欧表的工作原理

兆欧表的工作原理如图 5-34 所示。被测电阻 R_x 接于兆欧表测量端子"线端"L 与"地端"E 之间。摇动手柄，直流发电机输出直流电流。线圈 1、电阻 R_1 和被测电阻 R_x 串联，线圈 2 和电阻 R_2 串联，然后两条电路并联后接于发电机电压 U 上。设线圈 1 电阻为 r_1，线圈 2 电阻为 r_2，则两个线圈上电流分别是

$$I_1 = \frac{U}{r_1 + R_1 + R_x}$$

$$I_2 = \frac{U}{r_2 + R_2}$$

两式相除得

$$\frac{I_1}{I_2} = \frac{r_2 + R_2}{r_1 + R_1 + R_x}$$

式中，r_1、r_2、R_1 和 R_2 为定值，R_x 为变量，所以改变 R_x 会引起比值 I_1/I_2 的变化。

由于线圈 1 与线圈 2 绕向相反，流入电流 I_1 和 I_2 后在永久磁场作用下，在两个线圈上分别产生两个方向相反的转矩 M_1 和 M_2，由于气隙磁场不均匀，因此 M_1 和 M_2 既与对应的电流成正比又与其线圈所处的角度有关。当 $M_1 \neq M_2$ 时指针发生偏转，直到 $M_1 = M_2$

时，指针停止。指针偏转的角度只决定于 I_1 和 I_2 的比值，此时指针所指的是刻度盘上显示的被测设备的绝缘电阻值。

当 E 端与 L 端短接时，I_1 为最大，指针顺时针方向偏转到最大位置，即 "0" 位置；当 E、L 端未接被测电阻时，R_x 趋于无限大，$I_1=0$，指针逆时针方向转到 "∞" 的位置。该仪表结构中没有产生反作用力矩的游丝，使用之前，指针可以停留在刻度盘的任意位置。

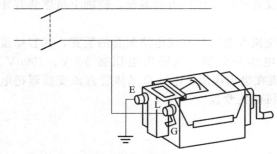

图 5-35　兆欧表的测量接线 1

3. 兆欧表的使用

兆欧表有三个接线柱：线路（L）、接地（E）、屏蔽（G）。根据不同测量对象，作相应接线。

① 如图 5-35 所示，测量线路对地绝缘电阻时，E 端接地，L 端接于被测线路上。

② 如图 5-36 所示，测量电机或其他设备绝缘电阻时，E 端接电机或设备外壳，L 端接被测绕组的一端。

③ 测量电机或变压器绕组间绝缘电阻时，先拆除绕组间的连接线，将 E、L 端分别接于被测的两相绕组上；测量电缆绝缘电阻时，E 端接电缆外表皮（铅套），L 端接线芯，G 端接芯线最外层绝缘层，如图 5-37 所示。

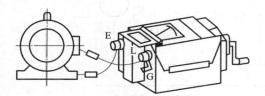

图 5-36　兆欧表的测量接线 2

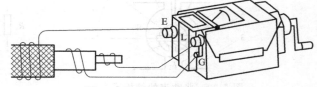

图 5-37　兆欧表的测量接线 3

④ 由慢到快摇动手柄，直到转速达 120r/min 左右，保持手柄的转速均匀、稳定，一般转动 1min，待指针稳定后读数。

⑤ 测量完毕，待兆欧表停止转动和被测物接地放电后方能拆除连接导线。

4. 注意事项

因兆欧表工作时产生高压电，为避免人身及设备事故必须重视以下几点。

① 不能在设备带电的情况下测量其绝缘电阻。测量前被测设备必须切断电源和负载，并进行放电；已用兆欧表测量过的设备如要再次测量，也必须先接地放电。

② 兆欧表测量时要远离大电流导体和外磁场。

③ 与被测设备连接的导线应用兆欧表专用测量线或选用绝缘强度高的两根单芯多股软线，两根导线切忌绞在一起，以免影响测量准确度。

④ 测量过程中，如果指针指向 "0" 位，表示被测设备短路，应立即停止转动手柄。

⑤ 被测设备中如有半导体器件，应先将其插件板拆去。

⑥ 测量过程中不得触及设备的测量部分，以防触电。

⑦ 测量电容性设备的绝缘电阻时，测量完毕，应对设备进行充分放电。

（三）直流双臂电桥

直流双臂电桥是从单臂电桥演变成的一种专门测量小电阻的比较式仪器。由式 $R_x = \dfrac{R_2}{R_3}$

R_4 可以看出，当被测电阻 R_x 很小时，R_2 或 R_4 中必须有一个小电阻，例如，将 R_4 做成小电阻。对于小电阻 R_x 和 R_4 都必须避免接头处的接触电阻和连接导线的电阻所造成的误差。消除此误差的方法是采用双对接头，即一对电流接头和一对电位接头。图 5-38 是双臂电桥的测量接线图。R_x 是被测的小电阻，有两对接头，P1 和 P2 是电位接头，它们之间的电阻数值为待测量的电阻 R_x，C1 和 C2 是它的电流接头。

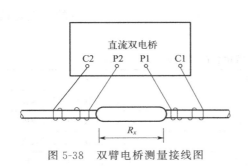

图 5-38　双臂电桥测量接线图　　图 5-39　QJ44 型直流双臂电桥的面板

图 5-39 是国产 QJ44 型直流双臂电桥的面板。图中，1 为比（倍）率旋钮，分成 0.01、0.1、1、10、100 五个挡位，2 为标准电阻读数盘，由一个标准的滑线电阻器构成，可在 0.01~0.11 之间变动，3 为检流计，面板中下方有两个按钮开关，其中 G 为检流计的开关，B 为电源的开关，面板右上角的 B 是一对接线柱，标有 +、- 符号，供外接电源连接，面板左边是被测电阻 R 的电流接线端 C1、C2 和电位接线端 P1、P2。

测量时，调节比（倍）率旋钮和标准电阻，使检流计指零，电桥平衡，则

被测电阻 R_x = 比倍率读数 × 标准电阻读数。

1. 双臂电桥的使用方法

① 在电池盒内装入 1.5V 1 号电池 1~5 节并联使用和 1~2 节 9V 电池并联使用，此时电桥就能正常工作。如用外接直流电源 1.5~2V 时，电池盒内的 1.5V 电池应全部取出。

②"B1"开关扳到零位置，等稳定后（约 5min），调节检流计指针在零位。

③ 灵敏度旋钮应放在最低位置。

④ 将被测电阻，按四端连接法，接在电桥相应的 C1、P1、C2、P2 的接线上，如图 5-38 所示。

⑤ 估计被测电阻值大小，选择适当倍率位置，先按"B"开关，再按"G"开关，调节步进读数和滑线读数，使检流指针在零位上。如发现检流计灵敏度不够，应增加其灵敏度，移动滑线盘 4 小格，检流指针偏离零位约 1 格就能满足测量要求，在改变灵敏度时，会引起检流计指针偏离零位，在测量之前，随时都可以调节检流计零位。被测电阻按下式计算。

被测电阻值 R_x = 倍率读数 ×（步进读数 + 滑线读数）

被测电阻范围与倍率位置选择按表 5-4 所示。

表 5-4　QJ44 直流双臂电桥电阻范围与倍率位置选择

倍率	被测电阻范围/Ω	倍率	被测电阻范围/Ω
×100	1.1~11	×0.1	0.0011~0.011
×10	0.11~1.1	×0.01	0.0001~0.0011
×1	0.011~0.11		

国产 QJ44 型直流双臂电桥能测量的电阻值范围为 0.0001～11Ω，且测量误差仅有 ±0.2%，可谓相当准确。

直流双臂电桥与直流单臂电桥使用步骤基本相同。但是，由于双桥比单桥工作电流大，测量时动作应该尽量迅速。另外，被测电阻 R 的电流接线端 C1、C2 和电位接线端 P1、P2 务必按图 5-38 所示要求连接，否则会造成难以避免的测量误差。

2. 数字双臂电桥的使用方法

SQJ44 型数字直流双臂电桥的测量范围及分辨力如表 5-5 所示。该电桥的特点是精确度高，功耗低，并且操作简便。

表 5-5　SQJ44 型数字直流双臂电桥的测量范围及分辨率

量程/mΩ	有效测量范围/mΩ	分辨力	基本误差
2	0.1～1.9999	1μΩ	±(0.5%读数+0.05%满度)
20	2～19.99	1μΩ	±(0.2%读数+0.05%满度)
200	20～199.99	10μΩ	±(0.1%读数+0.02%满度)
2Ω	0.2～1.5999	0.1mΩ	±(0.1%读数+0.02%满度)
20Ω	2～19.99	1mΩ	±(0.1%读数+0.02%满度)

图 5-40 所示为 SQJ44 型数字直流双电桥的面板，其具体操作步骤如下。

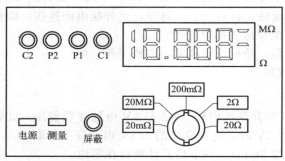

图 5-40　SQJ44 型数字直流双电桥的面板

① 按下电源按钮，接通电源，预热 5min，接通电源后，液晶显示器相应量程的小数点和数码管应点亮，同时首位显示 1 或显示某一随机数字，这是正常状态。

② 将两个测量夹分别夹住被测量电阻的两端，测量线的另一端按四线制分别接 C1、P1、P2、C2。

③ 按下测量按钮，不要松开，即可开始测量。待保持指示灯熄灭后，松开测量按钮，这时测量结果将保持不变，直到再次按下测量按钮。

④ 使用注意事项。保持指示灯点亮后应及时松开测量按钮，每次测量完毕，应及时断开电源，以节省电能。屏蔽端钮在内部已与仪器外壳及测量电路接好，使用时测量端钮不得再与外壳连接。

任务实施

第一步：绝缘电阻的测量

(1) 正确选用兆欧表　兆欧表的额定电压应根据被测电气设备的额定电压来选择。
① 测量 500V 以下的设备，选用 500V 或 1000V 的兆欧表；
② 额定电压在 500V 以上的设备，应选用 1000V 或 2500V 的兆欧表；
③ 对于绝缘子、母线等要选用 2500V 或 3000V 的兆欧表。

(2) 使用前检查兆欧表是否完好　将兆欧表水平且平稳放置，检查指针偏转情况：
① 将 E、L 两端开路，以约 120r/min 的转速摇动手柄，观测指针是否指到 "∞" 处；
② 然后将 E、L 两端短接，缓慢摇动手柄，观测指针是否指到 "0" 处，经检查完好才

能使用。

绝缘材料常常因为发热、受潮、污染和老化等，使其绝缘电阻值降低以至损坏，造成漏电或发生短路事故。因此必须定期对电气设备或配电线路彼此绝缘的导电部分之间，或导电部分与外壳之间的绝缘电阻进行检查。说明绝缘材料性能好坏的重要标志是它的绝缘电阻的大小，绝缘电阻越大，其绝缘性能越好。现对工厂动力电路中的两种重要设备，变压器和电动机的绝缘电阻进行测量。由于设备额定电压在 500V 以下，选用 500V 兆欧表即可。

分别对电动机和变压器进行绝缘电阻的测量，数据记录如下
① 用 500V 兆欧表测量 180W/380V 三相异步电动机绕组的绝缘电阻。
电机绕组对外壳的绝缘电阻 = ＿＿＿＿＿＿＿＿＿＿＿＿＿＿＿＿
电机绕组之间的绝缘电阻 = ＿＿＿＿＿＿＿＿＿＿＿＿＿＿＿＿
② 用 500V 兆欧表测量小型三相变压器各绕组的绝缘电阻，填入表 5-6 内。

表 5-6　变压器绝缘电阻测试

测量对象	高、低压绕组之间	高压绕组、机壳之间	低压绕组、机壳之间
绝缘电阻/MΩ			
是否有绝缘故障			

根据以上测量结果，判断电机和变压器的绝缘是否损坏。

第二步：电动机和变压器的直流电阻的测量

(1) 双臂电桥的使用
① 在测量电感电路的直流电阻时，应先按下"B"开关，再按下"G"开关，断开时应先断开"G"，后断开"B"。
② 测量 0.1Ω 以下值时，"B"开关应间歇使用。
③ 在测量 0.1Ω 以下阻值时，C1、P1、C2、P2 线端到被测电阻之间的连接导线电阻为 0.005Ω～0.01Ω，测量其他阻值时，连接导线电阻可大于 0.5Ω。
④ 电桥使用完毕后，"B"与"G"开关应放开，避免浪费电子检流计放大器工作电源。
⑤ 如电桥长期搁置不用，应将电池取出。
⑥ 仪器长期搁置不用，在接触处可能出现氧化造成接触不良。为使接触良好，可涂一层无酸性凡士林予以保护。
⑦ 电桥应贮放在环境温度 +5～45℃，相对湿度小于 80% 的条件下，室内空气中不应含有能腐蚀仪器的气体和有害杂质。
⑧ 仪器应保持清洁，并避免直接阳光曝晒和剧烈振动。
(2) 直流电阻的测量　电动机和变压器的某一绕组如果发生匝间短路，则其绕组的直流电阻比其他绕组的直流电阻要小。试测量电动机、变压器三相绕组的直流电阻，并比较其大小，以判断是否有匝间短路发生。
① 用双臂电桥测量电动机各绕组的直流电阻。测量数据填入表 5-7 中。

表 5-7　电动机直流电阻测量

测量对象	电动机 A 绕组	电动机 B 绕组	电动机 C 绕组
比率选择			
直流电阻/Ω			
是否有匝间短路			

② 用双臂电桥测量变压器各绕组的直流电阻。测量数据填入表 5-8 中。

表 5-8　变压器直流电阻测量

测量对象	变压器 A 绕组	变压器 B 绕组	变压器 C 绕组
比率选择			
直流电阻/Ω			
是否有匝间短路			

第三步：实施过程回顾

任务完成之后，应总结：
① 总结兆欧表的接线和使用方法。
② 总结双臂电桥的接线和使用方法。
③ 分析兆欧表能够检测绝缘故障的原因。
④ 分析双臂电桥能够检测匝间短路故障的原因。

任务测评

本任务主要内容是电气设备的故障检测。技能训练主要有两个方面的内容，一是利用兆欧表测量电气设备的绝缘电阻，以判断是否有绝缘故障；二是利用直流双臂电桥测量电气设备绕组的直流电阻，以判断是否有匝间短路故障。教师可选取电动机或者小型变压器等电气设备，进行绝缘电阻和直流电阻的测试演示。在任务实施时，教师须提醒学生注意以下事项（评分标准）。

① 兆欧表在对电气设备测试前，必须将电气设备断电，电容性设备还需要事先进行放电。测试前，未断电、未放电者，扣 10 分。

② 在用兆欧表测量设备绝缘电阻的过程中，不得触及设备的测量部分，以防触电。不按规定测量者，扣 10 分。

③ 在测试前，先要检查兆欧表是否完好。在测试过程中，如发现设备绝缘电阻为 0，应立即停止转动手柄。测试前未检查者，扣 10 分。

④ 兆欧表在测试过程中，手柄转速须在 120r/min 以上，在转动结束前读取绝缘电阻数值。测试方法不正确者，扣 10 分。

⑤ 直流双臂电桥在测试前，被测电阻要按四端连接法进行并联，并将检流计调零。未正确连接电阻、未调零者，扣 10 分。

⑥ 直流双臂电桥在测试时，先根据被测电阻的阻值调节比率旋钮，再调节标准电阻，使得检流计指针到零，然后读取标准电阻数值，并乘以比率，即得到所测电阻数值。测试结果不正确者，扣 10 分。

教师在测评时，根据以上注意事项进行综合评分。

知识拓展——电气设备预防性试验

为了发现运行中设备的隐患，预防发生事故或设备损坏，对设备进行的检查、试验或监测，也包括取油样或气样进行的试验，即为预防性试验。预防性试验是电力设备运行和维护工作中的一个重要环节，是保证电力设备安全运行的有效手段之一。多年来，电力部门和大型工矿企业的高压电力设备基本上都是按照原电力部颁发的《电力设备预防性试验规程》的要求进行试验的，对及时发现、诊断设备缺陷起到重要作用。

无论高压电气设备还是带电作业安全用具，它们都有各自的绝缘结构。这些设备和用具工作时要受到来自内部的和外部的比正常额定工作电压高得多的过电压的作用，可能使绝缘结构出现缺陷，成为潜伏性故障。另一方面，伴随着运行过程，绝缘本身也会出现发热和自然条件下的老化而降低其性能。预防性试验就是针对这些问题和可能，为预防运行中的电气设备绝缘性能改变发生事故而制定的一整套系统的绝缘性能诊断、检测的手段和方法。

习题

1. 填空题

（1）所谓_____就是使用不导电的物质将带电体隔离或包裹起来，以对触电起保护作用的一种安全措施。

（2）绝缘通常可分为_____、_____和_____三类。

（3）电气线路与设备的绝缘选择必须与_____相配合，而且须与使用环境及运行条件相适应，以保证绝缘的安全作用。

（4）兆欧表（绝缘电阻测试仪）是测量_____的专用仪表。

（5）常用的兆欧表主要由一只_____表和一台_____组成。

（6）测量_____以下的设备，选用500V或1000V的兆欧表。

（7）直流双臂电桥是从单臂电桥演变成的一种专门测量_____的比较式仪器。

（8）对于双臂电桥来说，所接入的小电阻 R_x 和 R_4 都必须避免接头处的接触电阻和连接导线的电阻所造成的误差，消除此误差的方法是采用_____，即一对电流接头和一对电位接头。

（9）兆欧表的手摇发电机一般为直流发电机或交流发电机与_____配合的装置，其容量很小，但电压却很高。

2. 引起匝间短路的可能原因有哪些？

3. 为什么要检测电气设备的绝缘电阻？

4. 利用直流双臂电桥为什么能检测出电气设备的匝间短路？

项目六

动态电路的分析与观测

任务一 电容电路动态过程的观测

【技能目标】

1. 能独立完成电容充放电电路的设计。
2. 能搭建电容充放电电路。
3. 能运用数字示波器观察电容电路充放电过程。
4. 能运用数字示波器测量时间常数。

【知识目标】

1. 理解电容电路换路产生的原因。
2. 理解换路定律并应用。
3. 掌握初始值的确定方法。
4. 理解 RC 动态电路的动态变化过程。

【素质目标】

1. 培养静、动态既相互区别又相互联系的哲学意识。
2. 培养严谨细致的科学精神和职业素养。

任务引入

电容器充放电过程中,当电容电路在开关闭合(或断开)后,电容开始充电(或放电),电容两端电压 u_C 逐渐增大(或减少),经过一段时间后,u_C 等于电源端电压(或零),此时电路进入稳态。这种电容两端电压 u_C 的变化过程,就是过渡过程(或称动态过程)。在电容电路的过渡过程中,还有其他的物理量也会发生变化(如电流),可以通过实验来观测其变化过程。

假如你是学校里的一名实验人员,现要求你搭建电容充放电电路,运用示波器观测电容充放电过程,并测量时间常数 τ,那么你将如何去做呢?

相关知识

(一)电容电路换路产生的原因

电容电路产生过渡过程有内外两种原因,内因是电路中存在动态元件 C;外因是电路发生换路，即电路的状态和结构发生改变，如电路的接通、断开、短路、电路参数或连接方式的突然改变等。

例如，在图 6-1(a) 所示电路中，将 R、C 两个元件分别串联一只同样的灯泡，然后并联在直流电源上，当开关 S 闭合后就会看到如下现象。

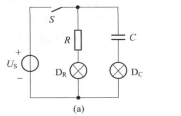 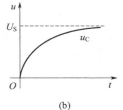 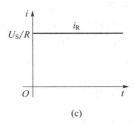

图 6-1 电容充电电路及波形

① 电容支路的灯泡在开关合上后，由最亮到逐渐变暗直至最后熄灭。

即开关合上的瞬间，电容开始充电，电容两端电压 u_C 逐渐增大，经过一段时间后，u_C 等于电源端电压，电容不再充电，充电电流为 0，相当于断路，此时电路进入稳态。这种 u_C 由零状态过渡到等于电源端电压的过程，是一种过渡过程。其电压变化曲线如图 6-1(b) 所示。

② 电阻支路的灯泡在开关合上后，灯泡亮度不变，支路电流由零立即跃变到稳定值，不存在过渡过程。其电流变化规律如图 6-1(c) 所示。

对于电阻元件，电压与电流的关系为 $i_R = \dfrac{u_R}{R}$。因此，在电阻元件上，有电压就有电流。其任意时刻的电压大小决定该时刻电流的大小。电阻支路在接通电源的瞬间，其电流就已经由零到达新稳态值了，电阻上的电压和电流产生了跃变。因此，电阻支路没有过渡过程。对于电容元件，电压与电流的关系为 $i_C = C\dfrac{\mathrm{d}u_C}{\mathrm{d}t}$，即电容元件每一瞬间的电流值是由该时刻电压的变化率决定的。在开关闭合的瞬间电容元件没有储存电荷，电容端电压 u_C 为零，此时电容元件相当于短路，电容支路的灯泡两端电压等于电源端电压，所以此刻的灯泡最亮；开关合上后，随着电容充电电压的不断升高，灯泡电压逐渐减小，灯泡也逐渐由亮变暗，当电容电压等于电源端电压时，电容充电完毕，电路达到新的稳态，电容相当于断路，电路电流为零，灯泡熄灭，所以电容电压 u_C 由零达到最大有一个过渡过程。

（二）电容电路换路定律

通过以上分析可知，在换路后的一瞬间，如果流过电容元件的电流为一有效值，则其电压 u_C 不能跃变。如把换路发生的时刻取为计时起点，即取 $t=0$，而以 $t=0_-$ 表示换路前的一瞬间，$t=0_+$ 表示换路后的一瞬间，则换路定律可用公式表示为

$$u_C(0_+) = u_C(0_-) \tag{6-1}$$

在应用换路定律时，要注意的是电容电压 u_C 不能跃变，而电容电流 i_C 以及电阻上的电压 u_R 及电流 i_R 等是可以跃变的。

（三）电容电路初始值的确定

电路的初始值就是换路后 $t=0_+$ 时刻的电压、电流值，它们可以由 $t=0_-$ 时刻的电路响应，根据换路定律和基尔霍夫定律求得，其方法如下。

① 根据 KCL、KVL、欧姆定律等电路定理及元件的约束关系计算换路前的稳态参数，即 $t=0_-$ 的等效电路计算出电容电压 $u_C(0_-)$，其他的电压和电流与初始值无关，不必计算。

② 根据换路定律可以得到换路后电容电压的初始值，即 $u_C(0_+)=u_C(0_-)$。

③ 电容电流和电阻电压、电流的初始值要由换路后 $t=0_+$ 时的等效电路求出。在 $t=0_+$ 的等效电路中，如果电容无储能，即 $u_C(0_+)=0$，就将电容 C 短路，若电容有储能，即 $u_C(0_+)=U_0$，则用一个电压为 U_0 的电压源替代电容。由 $t=0_+$ 的等效电路，利用稳态电路的分析方法可以计算出电路的任一初始值。

（四）RC 电路

1. 电容器的充电过程

在图 6-2 所示的电路中，开关 S 打开很久，电容器已无储能，在 $t=0$ 时，开关 S 合上，此时 $u_C(0_+)=0$，电源开始向电容器充电，$i_C(0_+)=U_S/R$，$u_C(\infty)=U_S$，$i_C(\infty)=0$。

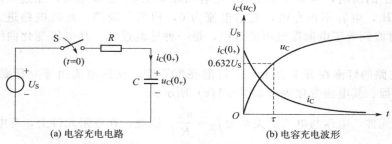

图 6-2 电容充电电路及其充电规律

对图 6-2(a) 可列出其 KVL 方程式为

$$RC\frac{du_C}{dt}+u_C=U_S$$

这是一个一阶的线性非齐次方程，对此方程进行求解可得电容 C 的电压为

$$u_C(t)=U_S(1-e^{-\frac{t}{RC}})=U_S(1-e^{-t/\tau}) \tag{6-2}$$

流过电容 C 的电流为

$$i_C(t)=\frac{U_S}{R}e^{-t/\tau} \tag{6-3}$$

电容器充电过程的电流、电压变化曲线如图 6-2(b) 所示。式(6-2) 和式(6-3) 中的 $\tau=RC$ 为电路的时间常数。充电开始时，由于电容的电压不能发生跃变，$U_C=0$；随着充电过程的进行，电容电压按指数规律增长并趋于稳定值 U_S。

与此同时，电路中的电流从零值跃变到最大值 U_S/R 后再按指数规律衰减并逐渐趋于零值。电压和电流上升或下降的快慢取决于时间常数 τ 的大小。τ 越大，U_C 上升越慢，过渡过程时间越长。反之 τ 越小，则 U_C 上升越快，过渡过程时间越短。

从理论上讲，当开关 S 闭合后，经过足够长的时间，电容的充电电压才能等于电源电压 U_S，充电过程结束，充电电流 i_C 也才能衰减到零。通常认为一般换路后，当 $t=(3\sim5)\tau$ 时，过渡过程结束，即电容器充电完毕，进入稳态。

2. 电容器的放电过程

如图 6-3(a) 所示的 RC 放电电路。开关 S 在位置 1 时电容 C 被充电，充电完毕后电路处于稳态。$t=0$ 时换路，开关 S 由位置 1 迅速投向位置 2，放电过程开始。

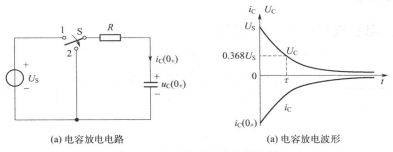

(a) 电容放电电路　　　　　　　　(a) 电容放电波形

图 6-3　电容放电电路及其波形

放电过程开始一瞬间，根据换路定律可得 $u_C(0_+)=u_C(0_-)=U_S$。此时电路中的电容元件与电阻 R 串联后构成放电回路，由 KVL 定律可得

$$RC\frac{du_C}{dt}+u_C=0$$

这是一个一阶的常系数齐次微分方程，对其求解可得

$$u_C(t)=U_C(0_+)e^{-\frac{t}{RC}}=U_Se^{-\frac{t}{RC}}=U_Se^{-t/\tau} \tag{6-4}$$

电容上的电流为

$$i_C(t)=-\frac{U_S}{R}e^{-t/\tau} \tag{6-5}$$

式中，U_S 为过渡过程开始时电容电压的初始值 $u_C(0_+)$；$\tau=RC$ 称为电路的时间常数。

如果用许多不同数值的 R、C 及 U_S 来重复上述放电实验可发现，不论 R、C 及 U_S 的值如何，RC 一阶电路中的响应都是按指数规律变化的，如图 6-3(b) 所示。

如果让电路中的 U_S 不变而取几组不同的 R 和 C 值，观察电路响应的变化可发现，当 R 和 C 值越大时，放电过程进行得越慢，R 和 C 值越小时，放电过程进行得越快。也就是说，RC 一阶电路放电速度的快慢，同时取决于 R 和 C 两者的大小，即取决于它们的乘积（时间常数 τ）。因此，时间常数 $\tau=RC$ 是反映过渡过程进行快慢程度的物理量。

让式 (6-4) 中的 t 值分别等于 1τ、2τ、3τ、4τ、5τ，可得出 u_C 随时间变化的衰减表。时间常数 τ 的物理意义可由表 6-1 的数据来进一步说明。

表 6-1　电容电压随时间衰减表

τ	2τ	3τ	4τ	5τ
e^{-1}	e^{-2}	e^{-3}	e^{-4}	e^{-5}
$0.368U_S$	$0.135U_S$	$0.050U_S$	$0.018U_S$	$0.007U_S$

由表中数据可知，当放电过程经历了一个 τ 的时间，电容电压就衰减为初始值的 36.8%，经历了 2τ 后衰减为初始值的 13.5%，经历了 3τ 就衰减为初始值的 5%，经历了 5τ 后则衰减为初始值的 0.7%。理论上，根据指数规律，必须经过无限长时间，过渡过程才能结束，但实际上，过渡过程经历了 $3\sim 5\tau$ 的时间后，剩下的电容电压值已经微不足道了。因此，在工程上一般可认为此时电路已经进入稳态。

由此也可得出：时间常数 τ 是过渡过程经历了总变化量的 63.2% 所需要的时间，其单位是秒（s）。

任务实施

第一步：电容充放电电路的搭建

搭建如图 6-4 所示的电路，所需仪器及元器件清单如表 6-2 所示。

表 6-2 电容器充放电电路所需仪器及元器件清单

器件名称	参数	数量	器件名称	参数	数量
函数信号发生器	DG1022	1	数字示波器	DS1052E	1
电容 C	$0.47\mu F$	1	万用表	MF47 或 MY65	1
电阻 R	$10k\Omega, 100k\Omega$	2	导线	铜线，$1.0mm^2$	若干

第二步：电容充放电波形的观测

在图 6-4 电路中，U_S 为函数信号发生器产生的 $f=10Hz$、$V_{pp}=5V$ 的方波信号，将示波器的探头接在电容器两端，观测电容电压 U_C 的波形，并记录下来。

第三步：电容充放电时间常数的读取

当电容充电时间 $t=\tau=RC$ 时，$u_C=0.632U_S$，如图 6-5 所示，读取 $u_C=0.632U_S$ 所对应的时间即为时间常数 τ。

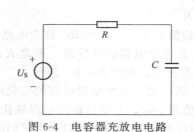

图 6-4 电容器充放电电路　　　　图 6-5 时间常数的读取

调整示波器显示的电容充电电压波形，读出 $0.632U_S$ 处对应的时间 τ，填入表 6-3 中，并与计算值 $\tau=RC$ 进行比较。改变电阻使 $R=20k\Omega$ 时，重复上述过程，测出时间常数 τ，填入表 6-3 中。

表 6-3 电容器充放电电路数据记录

电路参数	时间常数计算值/s	时间常数测量值/s
$R=20k\Omega, C=0.47\mu F$		
结论		

第四步：实施过程回顾

任务完成之后，应总结：
① 总结利用信号发生器输出一个方波信号的方法。
② 总结利用示波器测得时间常数的方法。
③ R 增大后时间常数增大了多少倍？体会时间常数的意义所在。
④ 对观测到的电容充放电电压波形进行分析，说出充放电电压波形是何种函数。

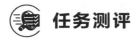 任务测评

本任务主要内容是电容充放电电路的波形观测。技能训练主要有两个方面的内容，一是电路的设计与搭建，二是信号发生器、示波器等的使用。在电路的设计与搭建时，可在电工胶木板上将电路元器件固定好，然后布线。也可在电工实验箱上利用现有元器件进行插接接线。教师在讲解和演示后，须提醒学生注意以下事项（评分标准）。

① 按照原理接线图进行接线。未按照原理图接线者，扣 10 分。

② 信号发生器事先调整好设定频率、幅值的方波信号，测试时需按下对应通道的输出按钮。输出信号调整不正确者，扣 10 分。

③ 示波器在测量时间常数时，注意要找准充电波形 $u_C = 0.632U_S$ 处所对应的时间，否则导致的误差较大。时间常数测量不正确者，扣 10 分。

④ 注意比较时间常数的测量值与计算值，如偏离过大，则需要重新测量。时间常数测量值与计算值差异较大者，扣 10 分。

教师在测评时，根据以上注意事项进行综合评分。

知识拓展——一阶电路的三要素法

在电路分析里，"激励"与"响应"是经常提到的词语。那么，什么是激励？什么是响应呢？简单地说，施加于电路的信号称为激励，对激励做出的反应称为响应。在电容充电电路里，$u_C(0_+) = 0$，故称其响应为零状态响应。而在电容放电电路里，由于输入的激励为零，故称其响应为零输入响应。

在动态电路里，只含有一个储能元件或可等效为一个储能元件的动态电路称为一阶线性电路。求解一阶线性电路的目的就是找出整个过渡过程中的电压、电流各量的变化规律。而整个变化规律又由电压或电流的初始值、稳态值和决定过渡过程变化速度的时间常数三个要素决定。如果用 $f(t)$ 表示电路的电压（或电流），$f(0_+)$ 和 $f(\infty)$ 分别表示初始值和稳态值，则一阶线性电路的一般公式为

$$f(t) = f(\infty) + [f(0_+) - f(\infty)]e^{-\frac{t}{\tau}} \tag{6-6}$$

由此可见，只要确定了电路的初始值 $f(0_+)$、稳态值 $f(\infty)$ 和时间常数 τ，就可以由式(6-6) 求出换路后电压或电流随时间变化的规律。通过 $f(0_+)$、$f(\infty)$ 和 τ 来分析线性电路过渡过程的方法叫三要素法。利用三要素法求解电路过渡过程的方法如下：

① 确定初始值。利用换路定律和 $t = 0_+$ 时的等效电路求得初始值。

② 确定稳态值。由换路后 $t = \infty$ 时的稳态等效电路求得稳态值。

③ 确定时间常数 τ。

τ 只与电路的结构和参数有关，单位为秒（s）。在 RC 电路中，$\tau = RC$；在 RL 电路中，$\tau = L/R$。其中 R 是换路后从元件 C 或 L 两端看进去的等效电阻。

习题

1. 填空题

（1）电容电路产生过渡过程有内外两种原因，内因是_____，外因是_____，即电路的状态和结构发生改变，如电路的接通、断开、短路，电路参数或连接方式的突然改变等。

（2）在换路后一瞬间，如果电容元件的电流为有效值，则其电容_____不能跃变。如

把换路发生的时刻取为计时起点，即取为 $t=0$，而以 $t=0_-$ 表示换路前的一瞬间，$t=0_+$ 表示换路后的一瞬间，则换路定律可用公式表示为_____。

（3）电容器充电过程中，电容电压按_____规律变化。电压上升的快慢取决于_____的大小。_____越大，u_C 上升越慢，过渡过程时间越长。反之_____越小，则 u_C 上升越快，过渡过程时间越短。通常认为一般换路后，当_____时，过渡过程结束，即电容器充电完毕，进入稳态。

（4）电容器放电过程中，经历了一个 τ 的时间，电容电压就衰减为初始值的_____，经历了 2τ 后衰减为初始值的_____，经历了 3τ 就衰减为初始值的_____，经历了 5τ 后则衰减为初始值的_____。在工程上一般可认为经历_____，电路已经进入稳态。

（5）一阶线性电路的三个要素分别是：_____、_____和_____。

2. 什么是换路定律？在一般情况下，为什么在换路瞬间电容电压不能跃变？
3. 在确定 RC 动态电路的初始值时，若电容元件无储能，则电容元件应视为什么？若有储能，又应视为什么？
4. 如果电容两端有电压，电容中就一定有电流，对吗？
5. 怎样用万用表来测试电容元件的好坏？
6. 当已经充电的电容放电时，怎样可以延长放电的过程？为什么？
7. 动态电路中初始值、稳态值指的是什么意思？

任务二　电感电路动态过程的观测

【技能目标】
1. 能独立完成电感动态电路的搭建。
2. 能够对电感动态电路进行安装和通电测试。
3. 能运用数字示波器观察电感动态电路的过渡过程和时间常数 τ。

【知识目标】
1. 理解电感电路换路产生的原因。
2. 理解电感电路的换路定律并应用。
3. 掌握电感电路初始值的确定方法。
4. 理解 RL 动态电路的变化过程。

【素质目标】
1. 培养理论从实践中来、反过来又指导实践的哲学意识。
2. 培养严谨细致的科学精神和职业素养。

任务引入

在电感电路中也同样存在动态过程。在一电感元件与一灯泡的串联电路中，当开关合上的瞬间，灯泡亮度逐渐增强，经过一段时间后，灯泡维持某一亮度不变，即电路达到了稳定状态。而从开关合上的这一瞬间开始到进入另一稳定的这段时间里，电流是从零逐渐上升到稳定值的，这种电路由一种稳定状态过渡到另一种稳定状态的过程就是过渡过程（或动态过程）。在电感电路的过渡过程中，还有其他的物理量也会发生变化（如电压），可以通过实验来观测其变化过程。

假如你是学校的一名实验人员，现要求你搭建电感动态电路，运用示波器观测电感动态电路的过渡过程，并测量时间常数 τ，那么你将如何去做呢？

相关知识

（一）电感电路换路产生的原因

电感电路产生过渡过程的内因是电路中存在动态元件 L；外因是电路发生换路，即电路的状态和结构发生改变。

对于电感元件，电压与电流的关系是 $u_L = L \dfrac{di_L}{dt}$。在电感元件上，每个瞬间电压值不取决于该瞬间电流的有无，而取决于该瞬间电流的变化情况。在图 6-6 中，由于电感支路在开关闭合的瞬间，电流的变化率最大，电感电压等于电源电压 u_S，此时电感元件相当于开路，灯泡的电压为零，电路中没有电流，灯泡不亮；开关闭合后电感电流逐渐增大，灯泡逐渐变亮，而电流变化率减小，到达新的稳态时，电感对于直流相当于短路，此时电感电压为零，灯泡电压等于电源电压 u_S，因此灯泡达到最亮，所以电感电流由零达到最大值要有一个过渡过程。

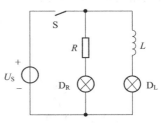

图 6-6　电感动态电路实验

（二）电感电路换路定律

通过以上分析，在换路后一瞬间，如果电感元件的电压为有限值，则其电流 i_L 不能跃变。如把换路发生的时刻取为计时起点，即取为 $t=0$，而以 $t=0_-$ 表示换路前的一瞬间，$t=0_+$ 表示换路后的一瞬间，则换路定律可用公式表示为

$$i_L(0_+) = i_L(0_-) \tag{6-7}$$

在应用换路定律时，要注意的是电感电流 i_L 不能跃变，而电感电压 u_L 以及电阻上的电压 u_R 与电流 i_R 等是可以跃变的。

（三）电感电路初始值的确定

电路的初始值就是换路后 $t=0_+$ 时刻的电压、电流值，它们可以由 $t=0_-$ 时刻的电路响应，根据换路定律和基尔霍夫定律求得，其方法如下：

① 根据 KCL、KVL 和 VCR 等电路定理及元件的约束关系计算换路前的稳态参数，即根据 $t=0_-$ 的等效电路计算出电感电流 $i_L(0_-)$，其他的电压和电流与初始值无关，不必计算。

② 根据换路定律可以得到电感电流的初始值，即 $i_L(0_+) = i_L(0_-)$。

③ 电感电压和电阻电压、电流的初始值要由换路后 $t=0_+$ 时的等效电路求出。在 $t=0_+$ 的等效电路中，如果电感无储能，即 $i_L(0_+)=0$，就将电感 L 开路，若电感有储能，即 $i_L(0_+)=I_0$，则用一个电流为 I_0 的电流源替代电感。由 $t=0_+$ 的等效电路，利用稳态电路的分析方法可以计算出电路的任一初始值。

（四）RL 电路

1. RL 一阶电路的零状态响应

如图 6-7 所示电路，在 $t=0$ 时开关闭合。换路前由于电感中的电流为零，根据换路律，换路后 $t=0_+$ 瞬间 $i_L(0_+) = i_L(0_-) = 0$。电流为零，说明此时的电感元件相当于开路；

在过渡过程结束时，电路重新达到稳态时，由于直流情况下电路电流恒定，电感元件上不会引起感抗，它又相当于短路，这一点恰好与电容元件的作用相反。

在图 6-7 所示的 RL 零状态响应电路中，$t=0_+$ 时由于电流等于零，因此电阻上电压 $u_R=0$，由 KVL 定律可知，此时电感元件两端的电压 $u_L(0_+)=U_S$。当达到稳态后，电感电压 u_L 为零，电路中电流将由零增至 $i_L(\infty)=\dfrac{U_S}{R}$ 后保持恒定。显然在这一过渡过程中，电感电压 u_L 是按指数规律衰减的，而电流 i_L 则是按指数规律上升的，电阻两端电压始终与电流成正比，因此，u_R 从零增至 U_S。其变化规律如图 6-8 所示。

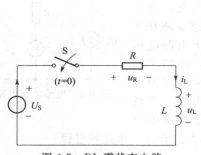

图 6-7 RL 零状态电路

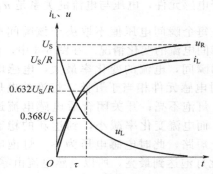

图 6-8 RL 零状态响应波形图

RL 一阶电路的零状态响应规律的数学表达式为：

$$i_L(t)=\frac{U_S}{R}(1-e^{-\frac{t}{\tau}})$$

$$u_R(t)=Ri_L=U_S(1-e^{-\frac{t}{\tau}}) \tag{6-8}$$

$$u_L(t)=L\frac{di_L}{dt}=U_S e^{-\frac{t}{\tau}}$$

式中，$\tau=\dfrac{L}{R}$，是 RL 一阶电路的时间常数，其单位也是秒（s）。显然在 RL 一阶电路中，L 值越小、R 值越大时，过渡过程进行得越快，反之越慢。

2. RL 一阶电路的零输入响应

RL 电路的零输入响应，是指电感储存的磁场能量通过电阻 R 进行释放的物理过程。

根据电磁感应定律可知，电感线圈通过变化的电流时，总会产生自感电压，自感电压限定了电流必须是从零开始连续地增加，而不会发生不占用时间的跳变，不占用时间的变化率将是无限大的变化率，这在事实上是不可能的。实际应用中，本来在电感线圈中流过的电流也不会产生跳变而消失。含有电感线圈的电路拉断开关时，触点上会产生电弧，原因就在于此。

图 6-9(a) 所示电路，在 $t<0$ 时通过电感中的电流为 I_0。设在 $t=0$ 时开关 S 闭合，根据换路定律，电感中仍具有初始电流 I_0，此电流将在 RL 回路中逐渐衰减，最后为零。在这一过程中，电感元件在初始时刻的原始能量 $W_L=0.5LI_0^2$ 逐渐被电阻消耗，转化为热能。

根据图示电路中电压和电流的参考方向及元件上的伏安关系，应用 KVL 定律可得

$$Ri+L\frac{di}{dt}=0 \quad (t\geqslant 0)$$

若以储能元件 L 上的电流 i_L 作为待求响应，则可解得

项目六 动态电路的分析与观测

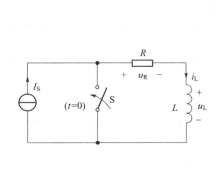 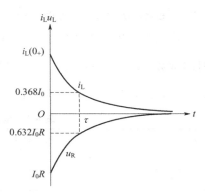

(a) RL 零输入电路   (b) RL 零输入响应波形

图 6-9　RL 零输入电路与波形

$$i_L(t)=I_0 e^{-\frac{R}{L}t}=i_L(0_+)e^{-\frac{t}{\tau}} \tag{6-9}$$

电感元件两端的电压

$$u_L(t)=L\frac{di}{dt}=-RI_0 e^{-\frac{t}{\tau}} \tag{6-10}$$

电路中响应的波形如图 6-9(b) 所示，显然它们也都是随时间按指数规律衰减的曲线。

任务实施

第一步：电感动态电路的搭建

搭建如图 6-10(a) 所示的电路，所需仪器及元器件清单如表 6-4 所示。

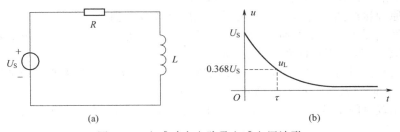

图 6-10　电感动态电路及电感电压波形

表 6-4　电感动态电路所需仪器及元器件清单

器件名称	参数	数量	器件名称	参数	数量
函数信号发生器	DG1022	1	数字示波器	DS1052E	1
电容 C	10mH	1	万用表	MF47 或 MY65	1
电阻 R	510kΩ、1kΩ	2	导线	铜线，1.0mm²	若干

第二步：电感电压波形的观测

在图 6-10(a) 所示电路中，U_S 为函数信号发生器产生的 $f=300\text{Hz}$、$V_{pp}=5\text{V}$ 的方波信号，将示波器的探头接在电感两端，观测电感电压 u_L 的波形，并记录下来。

第三步：电感动态电路时间常数的读取

调整示波器显示的电感电压波形，读出 $u_L = 0.368 U_S$ 所对应的时间，如图 6-10(b) 所示，即为时间常数，填入表 6-5 中，并与计算值 $\tau = \dfrac{L}{R}$ 比较。改变电阻使 $R = 1\text{k}\Omega$ 时，重复上述过程，测出时间常数，填入表 6-5 中。

表 6-5　电感电路数据记录

电路参数	时间常数计算值/s	时间常数测量值/s
$R=1\text{k}\Omega, L=10\text{mH}$		
结论		

第四步：实施过程回顾

任务完成之后，应总结：
① 对观测到的电感充放电电压波形进行分析，说出充放电电压波形是何种函数？
② 为什么电容电路动态过程的时间常数所对应的是 $u_C = 0.632 U_S$ 处的电压，而电感电路动态过程的时间常数所对应的是 $u_L = 0.368 U_S$ 处的电压呢？

任务测评

本任务主要内容是电感充放电电路的波形观测。技能训练主要有两个方面的内容，一是电路的设计与搭建，二是信号发生器、示波器等的使用。在电路的设计与搭建时，可在电工胶木板上将电路元器件固定好，然后布线。也可在电工实验箱上利用现有元器件进行插接接线。教师在讲解和演示后，须提醒学生注意以下事项（评分标准）。
① 按照原理接线图进行接线。未按照原理图接线者，扣 10 分。
② 信号发生器事先调整好所设定频率、幅值的方波信号，测试时需按下对应通道的输出按钮。输出信号调整不正确者，扣 10 分。
③ 示波器在测量时间常数时，注意要找准 $u_L = 0.368 U_S$ 处电压所对应的时间，否则将导致误差较大。时间常数测量不正确者，扣 10 分。
④ 注意比较时间常数的测量值与计算值，如偏离过大，则需要重新测量。时间常数测量值与计算值差别较大者，扣 10 分。

教师在测评时，根据以上注意事项进行综合评分。

知识拓展——一阶电路的全响应

在一阶线性电路中，若电感或电容元件中的初始储能不为零，同时又有独立电源作用时所产生的响应，称为一阶电路的全响应。即一阶电路的全响应为零输入响应加零状态响应。同样可以用三要素法对一阶电路的全响应进行求解。

$$f(t) = f(\infty) + [f(0_+) - f(\infty)] e^{-\frac{t}{\tau}} \quad (t \geqslant 0_+) \quad (6-11)$$

式 (6-11) 包含了一阶电路响应的各种可能。该表达式中响应 $f(t)$ 主要由初始值 $f(0_+)$、换路后的稳态值 $f(\infty)$ 和时间常数 τ 三个因素决定。

式 (6-11) 从形式上也由两个分量组成，第一分量 $f(\infty)$ 为稳态分量（或称强迫分量）；第二分量 $[f(0_+) - f(\infty)] e^{-\frac{t}{\tau}}$ 为瞬态分量（或称自由分量），两个分量的变化规律不同。稳态分量只与输入激励有关，当输入的是直流量时，稳态分量也是恒定不变的；当输入的是正弦量时，稳态分量也是同频率的正弦量。瞬态分量则既与初始状态有关，也与输入有关，确切地说，它与初始值与稳态值之差有关，只有在这差值不为零时，才有瞬态分量。实际上，瞬态分量可以认为在 $t=5\tau$ 时趋于零，此后电路的响应全由稳态分量决定，电路进入了新的稳态。

习题

1. 填空题

(1) 在换路后一瞬间，如果电感元件的电压为有效值，则其电感_____不能跃变。如把换路发生的时刻取为计时起点，即取为 $t=0$，而以 $t=0_-$ 表示换路前的一瞬间，$t=0_+$ 表示换路后的一瞬间，则换路定律可用公式表示为_____。

(2) 电感电路动态过程中，电感电流按_____规律变化。电感上升的快慢取决于_____的大小。_____越大，i_L 上升越慢，过渡过程时间越长。反之_____越小，则 i_L 上升越快，过渡过程时间越短。

(3) 在确定动态电路的初始值时，若电感元件无储能，则电感元件视为_____；若有储能，又应视为_____。

(4) 一阶线性电路的全响应为_____加_____。

2. 如果电感两端电压为零，它储存的磁能也为零，对吗？

3. 对于 RL 电路，时间常数如何确定？求取时间常数时应注意些什么？

4. 如题图 6-1 所示，当开关 S 动作后，电路中是否产生过渡过程？为什么？

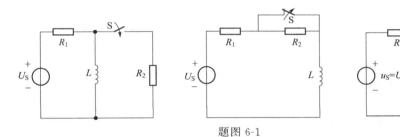

题图 6-1

部分习题参考答案

项目二

任务一

4. 1V，1V
5. 0.5%，2.5%
6. 2%

任务二

3. 3A

任务三

2. 15V，5V，−5V；10V，0V，10V
4. 0A，0V；4mA，−8V
6. −70W，−20W，40W，5W，45W

任务四

2. 4V
3. −0.38A，1.62A
4. 1A，2A，−1A
5. 5Ω，18V，−1V
6. 3A，−2A，−1A

任务五

2. (a) 5Ω；(b) 9Ω
4. $\sqrt{2}-1$
5. (a) 10.5Ω；(b) 9.6Ω；(c) 3Ω
6. 30Ω，5Ω
7. 2.5A

任务六

2. 4A，−0.5A，3.5A
3. (1) −2A，6A，4A；(2) 24V，96W；(3) −7/3A，6A，11/3A

任务七

2. −1V
3. −6V
4. 2A
5. 5Ω，1.25W

项目三

任务一

4. 4V，8s，90°

5. 150°超前

6. 311V，537V

任务二

3. $6.91-j1.83$A 或 $7.16\angle-14.9°$A，$7.16\sqrt{2}\sin(\omega t-14.9°)$ A

任务三

2. 2A，0.2W

3. 0.3185A，0.003185A

4. 6V，3.6W

5. 22A，-4840Var

6. (1) $10-j10\Omega$，阻容性

(2) $\dot{I}=10\angle 75°$A，$\dot{U}_R=100\angle 75°$A，$\dot{U}_L=50\angle 165°$，$\dot{U}_C=150\angle-15°$

任务四

3. 435kVar

任务五

2. (1) 500rad/s，0.1A，1V，1V，1

(2) 50μF，0.1A，2V，2V，2

任务六

2. 30 度

项目四

任务一

2. $127\angle-30°$V，$127\angle-150°$V

任务二

6. $44\angle-45°$A，$44\angle-165°$A，$44\angle 75°$A

任务三

5. $132\angle-45°$A，$132\angle-165°$A，$132\angle 75°$A

任务四

5. 8712W，26136W

项目五

任务一

2. 50 匝，50 匝

3. 10：1，20 匝

4. 14 匝

参 考 文 献

[1] 张若愚. 电工测量技术 [M]. 2版. 北京：中国电力出版社，2019.
[2] 王慧玲. 电路基础 [M]. 4版. 北京：高等教育出版社，2019.
[3] 张仁醒. 电工基本技能实训 [M]. 2版. 北京：机械工业出版社，2018.
[4] 熊幸明. 电工电子技能训练 [M]. 2版. 北京：电子工业出版社，2018.
[5] 徐红升. 电工基础及实训 [M]. 北京：清华大学出版社，2009.
[6] 王金花. 电工技术 [M]. 2版. 北京：人民邮电出版社，2013.
[7] 付植桐. 电工技术实训教程 [M]. 北京：高等教育出版社，2004.
[8] 刘光源. 电工技能训练 [M]. 4版. 北京：中国劳动社会保障出版社，2009.
[9] 苏文成. 无功补偿与电力电子技术 [M]. 北京：机械工业出版社，1989.
[10] 叶水春. 电工技术应用 [M]. 北京：人民邮电出版社，2009.
[11] 陆安定. 功率因数与无功补偿 [M]. 上海：上海科学普及出版社，2004.
[12] 靳龙章，丁毓山. 电网无功补偿实用技术 [M]. 北京：中国水利水电出版社，2008.
[13] 马高原. 维修电工技能训练 [M]. 5版. 北京：机械工业出版社，2014.
[14] 吕景泉. 现代电气测量技术 [M]. 天津：天津大学出版社，2008.
[15] 程周. 电工基础 [M]. 北京：电子工业出版社，2007.